China's Basic Research Competitiveness Report 2021

中国基础研究竞争力报告2021

中国科学院武汉文献情报中心
科技大数据湖北省重点实验室◎研发

钟永恒 王 辉 刘 佳 等◎著

科学出版社

北 京

内 容 简 介

本书基于国家自然科学基金、基础研究创新平台、高端人才、学术论文、发明专利、国家科技奖励的相关数据，构建基础研究竞争力指数，对我国的基础研究竞争力展开分析。本书主要内容分为两大部分。第一部分是基础研究竞争力整体评价报告。本部分从基础研究投入和基础研究产出两个方面展开，并对其基本数据进行分析及可视化展示。第二部分是中国省域基础研究竞争力报告。本部分以各省级行政单元（省、自治区、直辖市）为研究对象，基于国家自然科学基金、基础研究创新平台、高端人才、学术论文、发明专利、国家科技奖励对我国省域的基础研究竞争力进行评价排名与分析；然后分别从活跃学科分布及其高频词、ESI学科及机构分布、发明专利申请优势领域和优势机构、国家科技奖励获奖机构等维度介绍具体情况，揭示各省（自治区、直辖市）的基础研究现状。

本书适合科研机构、科研人员、科技管理部门和管理者、科技服务部门阅读和参考。

图书在版编目（CIP）数据

中国基础研究竞争力报告. 2021 / 钟永恒等著. —北京：科学出版社，2022.3

ISBN 978-7-03-071542-5

Ⅰ. ①中…　Ⅱ. ①钟…　Ⅲ. ①基础研究-竞争力-研究报告-中国-2021　Ⅳ. ①G322

中国版本图书馆CIP数据核字（2022）第029771号

责任编辑：张　莉 / 责任校对：韩　杨
责任印制：徐晓晨 / 封面设计：有道文化

科学出版社出版
北京东黄城根北街16号
邮政编码：100717
http://www.sciencep.com
北京中石油彩色印刷有限责任公司印刷
科学出版社发行　各地新华书店经销
*
2022年3月第　一　版　开本：787×1092　1/16
2022年3月第一次印刷　印张：13 3/4
字数：326 000
定价：98.00元
（如有印装质量问题，我社负责调换）

《中国基础研究竞争力报告 2021》研究组

组　　长　钟永恒

副 组 长　王　辉　刘　佳

成　　员　赵展一　孙　源　宋姗姗

　　　　　李晓妍　李贞贞

研发单位　中国科学院武汉文献情报中心

　　　　　科技大数据湖北省重点实验室

前　言

2021年是极不平凡的一年，是党和国家历史上具有里程碑意义的一年。面对百年未有之大变局和世纪疫情，2021年中国共产党成立一百周年，中国打赢了脱贫攻坚战，消除了绝对贫困，开启了全面建设社会主义现代化国家新征程。2021年，中国科技领域捷报频传，“祝融”探火、“羲和”探日、“华龙一号”自主三代核电机组投入商业运行等重大创新成果竞相涌现，科技创新能力持续提升，全球创新指数排名上升至第12位。但我国科技领域仍有一些关键核心技术受制于人，一些“卡脖子”问题还比较突出。在百年未有之大变局中，建设科技强国、实现高水平科技自立自强，比过去任何时候都更加迫切。2021年5月，习近平在中国科学院第二十次院士大会、中国工程院第十五次院士大会、中国科协第十次全国代表大会上发表的重要讲话强调：“加强基础研究是科技自立自强的必然要求，是我们从未知到已知、从不确定性到确定性的必然选择。”①

强大的基础研究是实现科技自立自强的前提和根基。2021年，我国第二次修订通过了《中华人民共和国科学技术进步法》(以下简称《科技进步法》)，自2022年1月1日起施行。作为我国科技领域具有基本法性质的法律，《科技进步法》对促进科技事业长足进步、推动科技为经济社会发展服务发挥了重要作用。本次修订，专门用第二章共七条来详细阐述基础研究，基础研究在最新修订的《科技进步法》中的地位显著上升，进一步凸显了基础研究在科技创新体系中的核心地位、央地关系重塑、国内国际并重和创新安全统筹的更大升级。

修订后的《科技进步法》，提出推动基础研究自由探索和目标导向有机结合，围绕科学技术前沿、经济社会发展、国家安全重大需求和人民生命健康，聚焦重大关键技术问题，加强新兴和战略产业等领域基础研究，提升科学技术的源头供给能力。国家引导企业加大基础研究投入，鼓励社会力量通过捐赠、设立基金等方式多渠道投入基础研究，给予财政、金融、税收等政策支持。逐步提高基础研究经费在全社会科学技术研究开发经费总额中的比例，与创新型国家和科技强国建设要求相适应。为加大科研投入力度，新修订的《科技进步法》还要求国家财政建立稳定支持基础研究的投入机制，鼓励有条件的地方人民政府结合本地区经济社会发展需要，合理确定基础研究财政投入，加强对基础研究的支持。《科技进步法》还首

① 新华社. 习近平：在中国科学院第二十次院士大会、中国工程院第十五次院士大会、中国科协第十次全国代表大会上的讲话[EB/OL]. [2022-011-16]. http://www.gov.cn/xinwen/2021-05/28/content_5613746.htm.

次突出“国家实验室”是重要的“国家战略科技力量”，要求构建和强化以国家实验室、国家科学技术研究开发机构、高水平研究型大学、科技领军企业为重要组成部分的国家战略科技力量，在关键领域和重点方向上发挥战略支撑引领作用和重大原始创新效能，服务国家重大战略需要等。

为了服务基础研究科技创新，中国科学院武汉文献情报中心中国产业智库大数据中心、科技大数据湖北省重点实验室长期跟踪监测世界发达国家和地区，以及我国各级政府科技创新、基础研究的发展态势、政策规划、投入产出等数据信息，建成了基础研究大数据体系和知识服务系统，通过大数据分析和可视化呈现，反映先进国家和地区的基础研究发展轨迹，总结基础研究发展规律；客观评价中国各地区、各机构的基础研究综合竞争力，明确各地区的基础研究优势学科方向和重点研究机构，辅助基础研究管理工作与政策制定。

《中国基础研究竞争力报告 2021》作为中国科学院武汉文献情报中心中国产业智库大数据中心、科技大数据湖北省重点实验室持续发布的年度报告，基于国家自然科学基金、基础研究创新平台、高端人才、学术论文、发明专利、国家科技奖励的相关数据，构建基础研究竞争力指数，对我国的基础研究竞争力展开分析。本书主要内容分为两大部分：第一部分是基础研究竞争力整体评价报告。本部分从基础研究投入和基础研究产出两方面展开，并对其基本数据进行分析及可视化展示。第二部分是中国省域基础研究竞争力报告。本部分以各省级行政单元（省、自治区、直辖市）为研究对象，基于国家自然科学基金、基础研究创新平台、高端人才、学术论文、发明专利、国家科技奖励对我国省域的基础研究竞争力进行评价排名与分析；然后分别从活跃学科分布及其高频词、ESI 学科及机构分布、发明专利申请优势领域和优势机构、国家科技奖励获奖机构等维度介绍具体情况，揭示各省（自治区、直辖市）的基础研究现状。

本书的完成得到了湖北省科技创新“十四五”规划编制研究专题项目“湖北省‘十四五’基础研究重点领域和重大部署研究”、2021 年度湖北省科技创新人才及服务专项软科学研究项目重大项目“湖北省重大科技创新平台建设若干重点问题研究”的资助。

基础研究涉及领域、学科众多，具有创新性和前瞻性，由于本书作者专业和水平所限，对诸多问题理解难免不尽准确，如有不妥之处，请各位专家、读者提出宝贵意见和建议，以便进一步修改和完善。

中国科学院武汉文献情报中心
科技大数据湖北省重点实验室 钟永恒

2021 年 12 月于武汉小洪山

目 录

图目录

表目录

第1章 导论

1.1 研究目的与意义

基础研究是指以认识自然现象与自然规律为直接目的，而不是以社会实用为直接目的的研究，其成果多具有理论性，需要通过应用研究的环节才能转化为现实生产力。基础研究是人类文明进步的动力、科技进步的先导、人才培养的摇篮[1]。随着知识经济的迅速崛起，综合国力竞争的前沿已从技术开发拓展到基础研究。基础研究既是知识生产的主要源泉和科技发展的先导与动力，也是一个国家和地区科技发展水平的标志，代表着国家和地区的科技实力。

当今全球各创新大国无不重视基础科学研究。2021年，美国国会通过了《2021年美国创新与竞争法案》，提出将在未来几年拨款2500亿美元用于人工智能、量子计算、先进通信和先进制造等领域的基础和先进技术的科学研究[2]。德国政府自2018年以来每年额外增加3.85亿欧元的经费投入以资助国内高校开展研发工作，并且从2021年起的未来10年，对马克斯·普朗克科学促进学会、亥姆霍兹国家研究中心联合会等从事基础研究的机构的研究经费资助额度每年递增3%。俄罗斯最新公布的2030年科技发展规划明确提出，要保证基础研究经费投入在全社会研发投入中的占比不低于2015年的水平（14.4%）[3]。

在我国，党和政府高度重视基础研究。2021年《中华人民共和国国民经济和社会发展第十四个五年规划和2035年远景目标纲要》中明确提到我国将制定实施基础研究十年行动方案，重点布局一批基础学科研究中心，将基础研究经费投入占研发经费投入的比重从2020年的6%提高到8%以上[4]。我国于2021年采取了多项举措，例如，制定了基础研究十年规划，并明确于2022年正式实施，加强基础研究和关键核心技术攻关；修订了《科技进步法》，明确加强对基础研究的国家财政投入和其他多渠道投入，支持基础研究；制定了重组国家重点实验室体系方案，加快建设国家实验室体系；中国科学院作为中国自然科学领域的最高学术机构，发布《中国科学院关于加强基础研究的若干意见》，调整了基础研究的战略定位、重点布局和发展目标等。

2021年，科技部制定了基础研究十年规划，该项规划在2020年和2021年两届中央经济工作会议上被连续强调，又在2022年全国科技工作会议上被明确于2022年正式实施[5]。2022年全国科技工作会议总结了2021年科技工作，提到国家聚焦“四个面向”加强研发部署、基础研究和关键核心技术攻关取得了新进展：①制定了基础研究十年规划。重点研发计划涉及70多个重点专项全面启动实施，新一代人工智能、量子、脑科学科技创新2030—重大项目加快实施。②基础前沿领域取得重大原创成果，成功证明凯勒几何两大核心猜想，国际首次在实验室实现人工合成淀粉，“祖冲之二号”和“九章二号”在超导量子和光量子两个物理体系上实现量子优越性。③战略高技术取得新进展。“天问一号”开启火星之旅，“羲和号”实现太阳探测零的突破，“神舟十三号”与“天和”核心舱成功对接，“海斗一号”全海深潜水器打破多项世界纪录，高温气冷堆核电示范工程首次并网。同时部署了2022年重点任务，即全面落实基础研究十年规划，抓好关键核心技术攻关[6]。

2021年12月24日，第十三届全国人民代表大会常务委员会第三十二次会议表决通过了修订后的《科技进步法》[7]，第二章为基础研究部分，修订后的内容如下：①国家加强基础研究能力建设，尊重科学发展规律和人才成长规律，强化项目、人才、基地系统布局，为基础研究发展提供良好的物质条件和有力的制度保障。国家加强规划和部署，推动基础研究自由探索和目标导向有机结合，围绕科学技术前沿、经济社会发展、国家安全重大需求和人民生命健康，聚焦重大关键技术问题，加强新兴和战略产业等领域基础研究，提升科学技术的源头供给能力。国家鼓励科学技术研究开发机构、高等学校、企业等发挥自身优势，加强基础研究，推动原始创新。②国家财政建立稳定支持基础研究的投入机制。国家鼓励有条件的地方人民政府结合本地区经济社会发展需要，合理确定基础研究财政投入，加强对基础研究的支持。国家引导企业加大基础研究投入，鼓励社会力量通过捐赠、设立基金等方式多渠道投入基础研究，给予财政、金融、税收等政策支持。逐步提高基础研究经费在全社会科学技术研究开发经费总额中的比例，与创新型国家和科技强国建设要求相适应。③国家设立自然科学基金，资助基础研究，支持人才培养和团队建设。确定国家自然科学基金资助项目，应当坚持宏观引导、自主申请、平等竞争、同行评审、择优支持的原则。有条件的地方人民政府结合本地区经济社会实际情况和发展需要，可以设立自然科学基金，支持基础研究。④国家完善学科布局和知识体系建设，推进学科交叉融合，促进基础研究与应用研究协调发展。⑤国家加大基础研究人才培养力度，强化对基础研究人才的稳定支持，提高基础研究人才队伍质量和水平。国家建立满足基础研究需要的资源配置机制，建立与基础研究相适应的评价体系和激励机制，营造潜心基础研究的良好环境，鼓励和吸引优秀科学技术人员投身基础研究。⑥国家强化基础研究基地建设。国家完善基础研究的基础条件建设，推进开放共享。⑦国家支持高等学校加强基础学科建设和基础研究人才培养，增强基础研究自主布局能力，推动高等学校基础研究高质量发展。

2021年，有关部门编制完成了重组国家重点实验室的体系方案，加快建设国家实验室体系。国家实验室是国家战略科技力量的重要部分，数量众多但体系杂乱。在2022年全国科技工作会议上以及修订后的《科技进步法》中都明确提到了要在事关国家安全和经济社会发展全局的重大科技创新领域建设国家实验室，建立健全以国家实验室为引领、全国重点实验室为支撑的实验室体系，完善稳定支持机制。

2021年11月，中国科学院召开全院基础研究工作会议，制定并发布了《中国科学院关于加强基础研究的若干意见》[8]，明确了中国科学院基础研究的战略定位、重点布局和发展目标，从选题机制、组织模式、条件支撑、人才队伍、评价制度、国际合作等方面提出了一系列有针对性、可操作的政策措施，强调了学风作风和学术生态建设。基本内容如下：①调整基础研究定位，把围绕国家战略需求和科学前沿重大问题的定向性、体系化基础研究作为主要任务。②优化重点科研布局，聚焦新一轮科技革命的前沿方向，构建引领科技创新、支撑产业发展的基础研究布局。③深化科研院所改革，加快建设国际一流科研机构，打造具有国际影响力的基础研究高地。④创新科研选题机制，强化需求导向和问题导向，实现从“在干什么”“想干什么”向“该干什么”的转变。⑤变革科研组织方式，改革基础研究组织模式和管理方式，激发创新活力，提升创新效能。⑥发挥重大设施作用，开展依托国家重大科技基础设施的建制化基础研究。发挥国家重大科技基础设施作为“国之重器”“科技利器”的作用，为提升我国基础研究和应用研究水平、促进相关领域国际科技合作提供重要支撑。⑦强化人才队伍建设，加快建设面向2030、以青年科学家为主体的高水平基础研究人才队伍。⑧改革科技评价制度，构建符合基础研究规律、适应建制化科研要求的评价体系。⑨加强国际科技合作，提出并发起实施若干国际大科学计划。⑩营造良好科研生态，大力弘扬科学家精神，强化基础研究服务国家发展和社会进步的价值引领。

目前，我国基础研究整体水平显著提高，国际影响力日益提升，支撑引领经济社会发展的作用不断增强。但与建设世界科技强国的要求相比，仍存在研究短板和薄弱环节，具有投入不足、结构不合理、顶尖人才和重大原创性成果匮乏、评价激励制度不够完善等问题，全社会支持基础研究的环境需要进一步优化。

中国基础研究竞争力的评价及其评价策略研究受到学术界、管理界、企业界的持续关注，《中国基础研究竞争力报告》的价值主要体现在以下三个方面。

一是长期跟踪国内外基础研究的发展态势、政策规划、投入产出等数据信息，建立起一套基础研究数据资源的标准管理系统，持续跟踪监测世界发达国家和地区，以及我国各级政府基础研究各项指标进展情况，形成基础研究大数据体系，通过大数据分析和可视化分析呈现，反映各地区基础研究发展轨迹，总结基础研究发展规律。

二是客观评价中国各地区基础研究综合竞争力，通过数据分析挖掘，明确各地区基础研究优势学科方向和重点研究机构，辅助基础研究管理工作与政策制定。

三是为相关政府部门、相关大学与科研机构判断自身基础研究发展状况、制定政策和措施提供参考。

1.2 研究内容

1.2.1 基础研究竞争力的内涵

基础研究竞争力研究主要从基础研究投入、基础研究队伍与基地建设、基础研究产出三个角度展开。基础研究投入一般包括国家自然科学基金、国家科技重大专项、国家重点研发计划、技术创新引导专项（基金）、基地人才专项五类国家科技计划。基础研究队伍包括从事基础研究的人员、高水平学者等；基础研究创新平台包括国家重点实验室、重大科技基础设施等。基础研究产出包括学术论文、专利、专著和奖励等。

本书作者认为，基础研究竞争力主要是研究涉及基础研究的资源投入与成果产出的能力，具体体现在基础研究的科研经费投入、项目数量、队伍情况、基地数量、产出成果等方面。本书主要从国家自然科学基金、基础研究创新平台、高端人才、学术论文、发明专利、国家科技奖励等角度研究基础研究竞争力。

1.2.2 本书的框架结构

本书基于国家自然科学基金、基础研究创新平台、高端人才、学术论文、发明专利、国家科技奖励的相关数据，构建基础研究竞争力指数，对我国的基础研究竞争力展开分析。本书主要内容分为两大部分：第一部分是基础研究竞争力整体评价报告。本部分从基础研究投入和基础研究产出两方面展开，并对其基本数据进行分析及可视化展示。第二部分是中国省域基础研究竞争力报告。本部分以各省级行政单元（省、自治区、直辖市）为研究对象，基于国家自然科学基金、基础研究创新平台、高端人才、学术论文、发明专利、国家科技奖励对我国省域的基础研究竞争力进行评价分析与排名；然后分别从活跃学科分布及其高频词、ESI 学科及机构分布、发明专利申请优势领域和优势机构、国家科技奖励获奖机构等维度介绍具体情况，揭示各省（自治区、直辖市）的基础研究现状。

1.3 研究方法

1.3.1 主要分析指标及其统计口径

（1）国家自然科学基金

1986 年，为推动我国科技体制改革，变革科研经费拨款方式，国务院设立了国家自然科学基金（National Natural Science Foundation of China，NSFC），这是我国实施科教兴国和人才强国战略的一项重要举措。作为我国支持基础研究的主要渠道之一，国家自然科学基金有力地促进了我国基础研究的持续、稳定和协调发展，已经成为我国国家创新体系的重要组成部分。国家自然科学基金主要分为八大学部，即数理科学部、化学科学部、生命科学部、地球科学部、工程与材料科学部、信息科学部、管理科学部、医学科学部，与国家自然科学基金委员会下设的8个科学部相对应。2020年11月29日，经中央编办复字〔2020〕46号文件批准，国家自然科学基金委员会第九个学部——交叉科学部正式成立，负责统筹国家自然科学基金交叉科学领域的整体资助工作；组织拟定跨科学部领域的发展战略和资助政策；提出交叉科学优先资助方向，组织编写项目指南；受理、评审和管理跨学部交叉科学领域项目；相关领域重大国际合作研究的组织和管理；相关领域专家评审系统的组织与建设；承担交叉科学相关问题的咨询[9]。交叉科学部接收申请的项目类型包括优秀青年科学基金项目、国家杰出青年科学基金项目、创新研究群体项目和基础科学中心项目[10]。

本书中的国家自然科学基金项目重点统计面上项目、青年科学基金项目和地区科学基金项目三类。2020年，国家自然科学基金委员会共批准资助项目45 656项，直接费用283.03亿元。国家自然科学基金委员会继续稳定对面上项目、青年科学基金项目和地区科学基金项目的资助力度，保持自由探索类项目经费占比，支持科研人员在科学基金资助范围内进行自由探索，三类直接费用合计165.93亿元，占2020年批准资助项目总直接费用的58.63%，与2019年基本持平。其中，面上项目19 357项，直接费用111.30亿元；青年科学基金项目18 276项，直接费用43.56亿元；地区科学基金项目3177项，直接费用11.07亿元[11]。

（2）学术论文

学术论文是对某个科学领域的学术问题进行研究后表述科学研究成果的理论文章，具有学术性、科学性、创造性、学理性。SCI论文是指美国科学引文索引（Science Citation Index，SCI）收录的论文。科学引文索引是由美国科学信息研究所（ISI）于1961年创办的引文数据库，是国际公认的进行科学统计与科学评价的主要检索工具之一。科学引文索引以其独特的引证途径和综合全面的科学数据，通过统计大量的引文，然后得出某期刊某论文在某学科内的影响因子、被引频次、即时指数等量化指标来对期刊、论文等进行分析与排行。一般认为，被引频次高，说明该论文在其所研究的领域产生了巨大的影响，学术水平高，被国际同行重视。学术论文是基础研究学术产出的代表性形式之一，而SCI收录的论文主要来自自然科学的基础研究领域，所以SCI指标常被应用于评价基础研究的成果产出及其影响力。本书采用3个SCI论文相关指标，即论文数、高水平论文数、SCI学科活跃度。

1）论文数，指被Web of Science核心合集SCI-E引文数据库收录，且文献类型为论文（article）、综述（review）、社论（editorial material）或书信（letter）的论文（以下简称SCI论文）数量。其中某省（自治区、直辖市）的论文数，是指某省（自治区、直辖市）作为第一作者地址的发文量。

2）高水平论文数，包括两部分，一是发表在《科学》（*Science*）、《自然》（*Nature*）、《细胞》（*Cell*）（以下简称SNC）等国际一流期刊主刊的研究论文；二是基本科学指标（Essential Science Indicate，ESI）TOP 1%高被引论文。

3）SCI学科活跃度，是指综合考虑各学科在某省（自治区、直辖市）的论文数与篇均被引量，筛选出某省（自治区、直辖市）2020年较为活跃的SCI学科，其中论文数与篇均被引量分别代表学科规模与质量，各赋予50%的权重。该指数计算方式为：某学科某省（自治区、直辖市）论文数/某省（自治区、直辖市）所有学科平均论文数×50%+某学科某省（自治区、直辖市）篇均被引量/某省（自治区、直辖市）所有学科篇均被引量×50%。

本书中，学科分类体系按照 Web of Science 核心合集收录的期刊进行学科分类，共分为22个学科（简称 ESI 学科），包括农业科学、生物与生化、化学、临床医学、计算机科学、经济与商学、工程科学、环境/生态学、地球科学、免疫学、材料科学、数学、微生物学、分子生物与遗传学、综合交叉学科、神经科学与行为、药理学与毒物学、物理学、植物与动物科学、精神病学/心理学、一般社会科学、空间科学。需要注意的是，计算某省（自治区、直辖市）SCI 学科活跃度和筛选某省（自治区、直辖市）论文数排名在全国较为突出的 SCI 学科使用的是 Web of Science 核心合集的细分学科分类体系，共包括 252 个学科类别。

（3）基本科学指标

基本科学指标是衡量科学研究绩效、跟踪科学发展趋势的评价工具。ESI 对全球所有研究机构在近 11 年被科学引文索引数据库（Science Citation Index Expanded，SCIE）和社会科学引文索引数据库（Social Sciences Citation Index，SSCI）收录的文献类型为 article 或 review 的论文进行统计，按总被引频次高低确定衡量研究绩效的阈值，每隔两月发布各学科世界排名前 1%的研究机构榜单。被 SCIE、SSCI 收录的每种期刊对应一个学科，其中综合类期刊中的部分论文对应到其他学科[12]。

ESI 评价通常应用于以下 6 个方面：①分析评价科学家、期刊、研究机构以及国家或地区在 22 个学科中的排名情况；②评价发现学科的研究热点和前沿研究成果；③评价高校的优势学科，提升潜势学科，以及学术竞争力的评价分析，为学科建设规划提供决策依据；④通过分析学科领域的热点论文，把握研究前沿；⑤分析某一学科的高被引论文及机构，寻求科研合作伙伴和调整科学研究方向；⑥评价某一学科在世界范围内的影响与竞争情况[13]。本书主要统计各地区 ESI 高被引论文、入围 ESI 全球前 1%的机构及其机构排名、各机构入围 ESI 全球前 1%的学科及其学科排名。

（4）发明专利

专利是由国家专利主管机关（国家知识产权局）授予申请人在一定期限内对其发明创造所享有的独占实施的专有权。我国现行《中华人民共和国专利法》（2020 年修正）[14]中所指的专利包括发明创造、实用新型和外观设计。其中，发明创造专利具有突出的实质性特点和显著的进步，具有较高的创造性、新颖性，发明创造专利的申请量和拥有量是衡量一个国家和地区科技水平高低的重要指标，可以从侧面反映一个国家和地区的创新能力、科技水平和市场化程度[15]。本书选用 3 个发明专利指标，即发明专利申请量、有效发明专利拥有量、万人发明专利拥有量。

（5）基础研究创新平台

创新平台是指由政府或某一组织牵头，通过政策支撑、投入引导，汇集具有科技关联性的多主体创新要素，形成规模的投资额度与条件设施，以开展关系到科技重大突破、长远发展、国家经济稳定需求的创新活动，以支撑行业和区域自主创新与科技进步的集成系统，是国家创新体系的重要组成部分。基础研究创新平台是当今企业、高校、科研院所进行基础科学研究的重要载体，根据国家国防、科技、经济、社会发展的需要，由政府投资建设，集成各类科技资源，开展以基础研究为主要科技活动的科技创新基地，代表性形式包括国家重大科学工程，实验室体系（国家实验室、国家重点实验室、企业国家重点实验室、地方重点实验室、国防安全实验室、特殊类型国家重点实验室等），科学研究中心，野外科学观测站等[16]。

2021年《中华人民共和国国民经济和社会发展第十四个五年规划和2035年远景目标纲要》中明确提出以国家战略性需求为导向推进创新体系优化组合，加快构建以国家实验室为引领的战略科技力量。聚焦量子信息、光子与微纳电子、网络通信、人工智能、生物医药、现代能源系统等重大创新领域组建一批国家实验室，重组国家重点实验室，形成结构合理、运行高效的实验室体系[4]，实验室体系在基础研究创新平台中得到高度重视。国家重点实验室是国家科技创新体系的重要组成部分，是国家组织高水平基础研究和应用基础研究、聚集和培养优秀科技人才、开展高水平学术交流、科研装备先进的重要基地，主要任务是针对学科发展前沿和国民经济、社会发展及国家安全的重要科技领域和方向，开展创新性研究。省级重点实验室是由省级政府确认并支持建设的区域性科技创新平台，承担着科技创新、基础研究和为地方经济服务的任务[17]，在地区科研事业发展过程中，省级重点实验室起到了重要作用，关系到地区能否获得足够科技人才和创新能力，从而影响地区科技现代化发展[18]。本书重点关注各省（自治区、直辖市）基础研究创新平台中的国家重点实验室、省级重点实验室和省级实验室情况。

（6）国家科技奖励

设立国家科学技术奖励是为了奖励在科学技术进步活动中做出突出贡献的个人、组织，调动科学技术工作者的积极性和创造性，建设创新型国家和世界科技强国。

国家科技奖励应与国家重大战略需要和中长期科技发展规划紧密结合，国家应加大对自然科学基金与应用基础研究的奖励[19]。国务院设立五类国家科学技术奖：国家最高科学技术奖、国家自然科学奖、国家技术发明奖、国家科学技术进步奖、中华人民共和国国际科学技术合作奖。

本书主要统计国家最高科学技术奖、国家自然科学奖、国家技术发明奖、国家科学技术进步奖中的通用项目，不含各类项目中的专用项目，也不含中华人民共和国国际科学技术合作奖。

（7）高端人才

党的十八大以来，我国大力推进创新驱动发展战略和人才强国战略，把引进、培养和使用高端人才作为实现中华民族伟大复兴的重要举措。高端人才是人才群体的引领者、科技创新的原动力、社会进步的推动者，往往决定着国家和地区的核心竞争力[20]，通常指对前沿科学研究、科技创新或某一领域发挥引领作用的科学家、研究人员以及其他具有潜力的创新创业人才[21]，如院士、国家杰出青年科学基金获得者、国家优秀青年科学基金获得者以及作为高端人才后备军的研究生、博士后等。

其中，院士是我国最具代表性的高端人才。院士是世界历史上国家科学院成员的学术荣誉称号，享有崇高的学术地位[22]。在中国，院士通常是指中国科学院院士或中国工程院院士。中国科学院于1955年建立了学部委员制，1993年学部委员改称中国科学院院士，这是国家在科技领域设立的最高学术称号[23]。中国工程院是中国工程科学技术界最高的荣誉性、咨询性学术机构，中国工程院院士是中国工程科学技术方面的最高学术称号，为终身荣誉，于1994年6月设立[24]。

1994年，为支持在基础研究方面已取得突出成绩的青年学者自主选择研究方向开展创新研究，促进青年科学技术人才的成长，吸引海外人才，培育和造就一批进入世界科技前沿的优秀学术带头人，国务院批准设立国家杰出青年科学基金。国家杰出青年科学基金为我国的基础研究活动培养了大批优秀人才，有效推动了我国基础研究的快速发展[25]。

本书重点关注中国科学院院士、中国工程院院士和国家杰出青年科学基金项目获得者。

（8）基础研究竞争力指数

基础研究竞争力与人力、财力、物力的投入及产出有关。本书将高端人才、争取国家自然科学基金、实验室平台建设视为“投入”，并形成投入规模指数和投入增长率指数；将论文、专利、奖励等视为“产出”，并形成产出规模指数、产出质量指数、产出增长率指数和产出效率指数。

在进行基础研究竞争力指数计算时，由于各指标的数量级和单位不同，如万元、比率、个、篇等，需要对指标值进行无量纲化处理，以消除指标间量纲的影响。本书采用正态分布的累计分布函数对基础研究竞争力指数中的数据进行无量纲化处理。

正态分布$N\left(\mu,\sigma^2\right)$的分布函数为：

$$F(x)=\frac{1}{\sqrt{2\pi}\sigma}\int_{-\infty}^{x}e^{-\frac{(x-\mu)^2}{2\sigma^2}}\mathrm{d}x,\quad -\infty<x<+\infty$$

其中，x为代入值，μ为期望，σ为方差。

采用正态分布累积分布函数，可以实现边际效益递减的预期。期望值取中位数或平均值，方差衡量数据的波动情况，两个参数可以根据实际数据进行动态调整。采用正态分布累积分布函数计算，可实现三个目的：一是量大的比量小的更优；二是控制得分边界；三是可根据实际数据情况进行动态调整。

由于基础研究竞争力指标原始数据均未通过正态性检验，因此本书中的数据采用Box-Cox广义幂变换方法，一定程度上能够减小不可观测的误差和预测变量的相关性，对基础研究竞争力指数的各组指标原始数据进行正态化处理。经过Box-Cox变换的各组指标数据均通过正态性检验，再利用正态分布的累计分布函数对变换后的指标数据进行无量纲化处理。

以下指数计算过程涉及的指标数值均为无量纲化处理后的数值。

投入规模指数A由2011～2020年累计争取国家自然科学基金项目数（AU_1）、2011～2020年累计争取国家自然科学基金项目金额（AU_2）、截至2020年底拥有高端人才总数（AU_3）、截至2020年底拥有基础研究创新平台个数（AU_4）组成。其中，高端人才总数（AU_3）=累计拥有两院院士数×1+国家杰出青年科学基金项目获得者人数×0.1；基础研究创新平台个数（AU_4）=省（级）实验室数量×1+国家重点实验室数量×0.5+省级重点实验室数量×0.05。某地区投入规模指数计算公式为：$A_i=AU_1\times5+AU_2\times5+AU_3\times5+AU_4\times5$。

投入增长率指数B由2020年争取国家自然科学基金项目数占近十年争取国家自然科学基金项目数年平均数量的比重（BU_1）、2020年争取国家自然科学基金项目经费占近十年争取国家自然科学基金项目经费年平均经费的比重（BU_2）、2020年新增高端人才数量占截至当前累计拥有高端人才数的比重（BU_3）、2020年新增基础研究创新平台数量占当前累计拥有基础研究创新平台数量的比重（BU_4）组成。某地区投入增长率指数计算公式为：$B_i=BU_1\times5+BU_2\times5+BU_3\times5+BU_4\times5$。

产出规模指数C由2011～2020年累计发表SCI论文数（CU_1）、2011～2020年累计获得国家科技奖励数（CU_2）、2011～2020年累计发明专利申请量（CU_3）组成。其中，国家科技奖励数（CU_2）按照奖励等次和奖励单位所在省（自治区、直辖市）的排名顺序设置不同的权重，权重设置方案如表1-1。某地区产出规模指数计算公式为：$C_i=CU_1\times8+CU_2\times6+CU_3\times6$。

表1-1 国家科技奖励数权重设置方案

排名顺序＼奖励等次	特等奖	一等奖	二等奖
1	1.0	1.0	0.9
2	0.9	0.9	0.8
3	0.8	0.8	0.7
4	0.7	0.7	0.6
5	0.6	0.6	0.5
6	0.5	0.5	0.5

产出质量指数D由2011～2020年累计发表高质量论文数（DU_1）、2011～2020年累计主导国家科技奖励数（DU_2）、截至2020年底拥有的有效发明专利量（DU_3）组成。某地区产出质量指数计算公式为：$D_i=DU_1\times8+DU_2\times6+DU_3\times6$。

产出增长率指数E由某地区2020年发表SCI论文数占2011～2020年发表SCI论文年平均数的比重（EU_1）、2020年某地区获得国家科技奖励数占2011～2020年获得国家科技奖励年平均数的比重（EU_2）、2020年某地区发明专利申请量占2011～2020年发明专利申请量年平均数的比重（EU_3）组成。某地区产出增长率指数计算公式为：$E_i=EU_1\times5+EU_2\times3+EU_3\times2$。

产出效率指数F由2011～2020年某地区人均SCI论文数（FU_1）、2011～2020年某地区每百万人国家科技奖励数（FU_2）、2011～2020年某地区每万人发明专利拥有量（FU_3）组成。某地区产出效率指数计算公式为：$F_i=FU_1\times5+FU_2\times3+FU_3\times2$。

《中国基础研究竞争力报告2021》基于投入规模指数、投入增长率指数、产出规模指数、产出质量指数、产出增长率指数和产出效率指数共6个指数，构建基础研究竞争力指数（basic research competitiveness Index，BRCI），具体公式如下：

$$BRCI = A_i\times\lambda_A + B_i\times\lambda_B + C_i\times\lambda_C + D_i\times\lambda_D + E_i\times\lambda_E + F_i\times\lambda_F$$

式中，A_i表示投入规模指数，λ_A表示投入规模指数的权重；B_i表示投入增长率指数，λ_B表示投入规模指数的权重；C_i表示产出规模指数，λ_C表示产出规模指数的权重；D_i表示产出质量指数，λ_D 表示产出质量指数的权重；E_i 表示产出增长率指数，λ_E 表示产出增长率指数的权重；F_i 表示产出效率指数，λ_F 表示产出效率指数的权重。λ_A、λ_B、λ_C、λ_D、λ_E、λ_F 的权重依次为 20、20、20、20、10、10。

1.3.2 数据来源

本书原始数据涵盖国家自然科学基金、SCI 论文、ESI、发明专利、基础研究创新平台、国家科技奖励、人才队伍等数据，其中国家自然科学基金数据来自国家自然科学基金网络信息系统（ISIS 系统），SCI 论文数据来自科睿唯安旗下的 Web of Science 核心合集数据库，ESI 数据来自科睿唯安旗下的 ESI 指标数据库，发明专利数据来自中外专利数据库服务平台（CNIPR），基础研究创新平台数据来自各地区科技厅，国家科技奖励数据来自科技部，人才队伍数据来自中国科学院、中国工程院、科技部、国家自然科学基金委员会等。数据获取时间为 2021 年 3 月 15 日～2021 年 11 月 10 日。数据经中国产业智库大数据平台采集、清洗、整理和集成分析。

参考文献

[1] 国家自然科学基金委员会. 国家自然科学基金“十三五”发展规划[EB/OL].［2021-11-29］. http://www.china.com.cn/zhibo/zhuanti/ch-xinwen/2016-06/14/content_38662624.htm.
[2] 胡升华. 重砸 2500 亿美元！美最新法案开启“国家科学”时代[EB/OL].［2021-06-11］. https://www.sohu.com/a/471703127_773043.
[3] 姜桂兴. 国外基础研究投入呈现显著新趋势[EB/OL].［2020-11-12］. https://news.gmw.cn/2020-11/12/content_34360826.htm.
[4] 中华人民共和国中央人民政府. 中华人民共和国国民经济和社会发展第十四个五年规划和 2035 年远景目标纲要[EB/OL].［2021-03-13］. http://www.gov.cn/xinwen/2021-03/13/content_5592681.htm.
[5] 中华人民共和国中央人民政府. 2022 年全国科技工作会议在京召开[EB/OL].［2022-01-07］. http://www.gov.cn/xinwen/2022-01/07/content_5666813.htm.
[6] 中华人民共和国中央人民政府. 我国将实施基础研究十年规划[EB/OL].［2022-01-07］. http://www.gov.cn/xinwen/2022-01/07/content_5666824.htm.
[7] 中华人民共和国中央人民政府. 中华人民共和国科学技术进步法[EB/OL].［2021-12-25］. http://www.gov.cn/xinwen/2021-12/25/content_5664471.htm.
[8] 中国科学院. 一图读懂：中国科学院“基础研究十条”[EB/OL].［2021-11-25］. https://www.cas.cn/gd/202111/t20211125_4815846. shtml.
[9] 学部简介[EB/OL].［2021-01-11］. http://dids.nsfc.gov.cn/brief.html.
[10] 国家自然科学基金委员会. 2021 年度国家自然科学基金委员会交叉科学部项目申请指南[EB/OL].［2021-01-28］. https://www.nsfc.gov.cn/publish/portal0/tab442/info79804.htm.
[11] 赵英弘，郑知敏，郝红全，等. 2020 年度国家自然科学基金项目申请、评审与资助工作综述[J]. 中国科学基金，2021，35（1）：12-15.
[12] 管翠中，范爱红，贺维平，等. 学术机构入围 FSI 前 1%学科时间的曲线拟合预测方法研究——以清华大学为例[J]. 图书情报工作，2016，22：88-93.
[13] 颜惠，黄创. ESI 评价工具及其改进漫谈[J]. 情报理论与实践，2016，39（5）：101-104.
[14] 国家知识产权局. 中华人民共和国专利法（2020 年修正）[EB/OL].［2021-05-31］. https://www.cnipa.gov.cn/art/2020/11/23/art_97_155167.html.
[15] 毕胜. 中国近五年专利申请现状及其原因分析[J]. 中国高新科技，2020（3）：43-44.
[16] 袁润松. 基础研究创新平台运行效率评价及其影响因素研究[D]. 长沙：中南大学，2010.
[17] 潘长江，刘涛，丁红燕. 基于协同创新理念推进地方院校省级重点实验室建设的实践探究[J]. 实验室研究与探索，2017，36（4）：236-240.

［18］吴娟，徐晓英. 省级重点实验室建设管理中存在的问题及对策建议［J］. 管理观察，2019（15）：112-113.
［19］中华人民共和国中央人民政府. 中华人民共和国国务院令第731号［EB/OL］.［2020-10-27］. http://www.gov.cn/zhengce/content/2020-10/27/content_5555074.htm.
［20］张波. 国内高端人才研究：理论视角与最新进展［J］. 科学学研究，2018，36（8）：1414-1420.
［21］黄海刚，曲越. 中国高端人才政策的生成逻辑与战略转型：1978—2017［J］. 华中师范大学学报（人文社会科学版），2018，57（4）：181-192.
［22］叶小丽. 中国院士制度的历史演进分析及启示［D］. 武汉：华中师范大学，2016.
［23］王福涛，周丹丹，张振刚，等. 中国科学院院士遴选效度评价研究［J］. 科技进步与对策，2017，34（11）：108-113.
［24］万汝洋. 院士制度在中国的发展［D］. 上海：复旦大学，2008.
［25］方勇，邵振权，冯勇. 国家杰出青年科学基金项目负责人成长特征研究——基于学术生命周期理论与数据分析［J］. 中国高校科技，2021，7：28-33.

第2章 中国基础研究综合分析

2.1 中国基础研究概况

2020 年，全国共投入研究与试验发展（R&D）经费 24 393.1 亿元，比 2019 年全国共投入研究与试验发展经费（22 143.6 亿元）增加 2249.5 亿元，增长 10.2%，增速比上年回落 2.3 个百分点；研究与试验发展经费投入强度为 2.40%，比上年提高 0.16 个百分点。按研究与试验发展人员全时工作量计算的人均经费为 46.6 万元，比上年增加 0.5 万元。

按活动类型来看，全国投入基础研究经费 1467.0 亿元，比上年增长 9.8%；应用研究经费 2757.2 亿元，增长 10.4%；试验发展经费 20 168.9 亿元，增长 10.2%。基础研究、应用研究和试验发展经费所占比重分别为 6.0%、11.3%和 82.7%。

按地区来看，研究与试验发展经费投入超过千亿元的省（直辖市）有 8 个，分别为广东（3479.9 亿元）、江苏（3005.9 亿元）、北京（2326.6 亿元）、浙江（1859.9 亿元）、山东（1681.9 亿元）、上海（1615.7 亿元）、四川（1055.3 亿元）和湖北（1005.3 亿元）。研究与试验发展经费投入强度超过全国平均水平的省（市）有 7 个，分别为北京、上海、天津、广东、江苏、浙江和陕西（表 2-1）。

表 2-1　2020 年各地区研究与试验发展经费情况

地区	R&D 经费/亿元（全国排名）	R&D 经费投入强度/%
全国	24 393.1	2.40
北京市	2 326.6（3）	6.44
上海市	1 615.7（6）	4.17
江苏省	3 005.9（2）	2.93

续表

地区	R&D 经费/亿元（全国排名）	R&D 经费投入强度/%
广东省	3 479.9（1）	3.14
浙江省	1 859.9（4）	2.88
湖北省	1 005.3（8）	2.31
山东省	1 681.9（5）	2.30
陕西省	109.6（25）	1.22
四川省	1 055.3（7）	2.17
安徽省	883.2（11）	2.28
湖南省	898.7（10）	2.15
天津市	485（16）	3.44
辽宁省	549（14）	2.19
福建省	842.4（12）	1.92
河南省	901.3（9）	1.64
黑龙江省	173.2（20）	1.26
重庆市	526.8（15）	2.11
吉林省	159.5（24）	1.30
江西省	430.7（17）	1.68
甘肃省	109.6（25）	1.22
云南省	246（18）	1.00
广西壮族自治区	173.2（20）	0.78
贵州省	161.7（22）	0.91
河北省	634.4（13）	1.75
山西省	211.1（19）	1.20
内蒙古自治区	161.1（23）	0.93
海南省	36.6（29）	0.66
新疆维吾尔自治区	61.6（27）	0.45
青海省	21.3（30）	0.71
宁夏回族自治区	59.6（28）	1.52
西藏自治区	4.4（31）	0.23

资料来源：《2020 年全国科技经费投入统计公报》

2020 年，SCI 收录的中国论文（根据作者署名的机构地址筛选）共 588 226 篇，全球排名第二位，SCI 论文数五十强学科见表 2-2。中国 SCI 论文发文领先学科主要集中在多学科材料、电子与电气工程、环境科学等，其中，多学科材料共发表 SCI 论文 58 705 篇，电子与电气工程共发表 SCI 论文 46 227 篇，环境科学共发表 SCI 论文 34 858 篇。

表 2-2　2020 年中国 SCI 论文数五十强学科

排名	学科	SCI 论文数/篇	排名	学科	SCI 论文数/篇
1	多学科材料	58 705	26	多学科地球科学	11 532
2	电子与电气工程	46 227		土木工程	
3	环境科学	34 858	28	机械工程	10 698
4	物理化学	31 990	29	多学科工程	10 173
5	多学科化学	31 597	30	力学	9 701
6	应用物理学	30 820	31	聚合物学	9 588
7	能源与燃料	22 350	32	仪器与仪表	9 483
8	肿瘤学	22 125	33	应用化学	9 448
9	纳米科学与技术	21 816	34	食品科学	9 431
10	计算机信息系统	21 263	35	植物学	9 255
11	通信	19 975	36	应用数学	8 836
12	药学与药理学	19 910	37	绿色与可持续科技	8 668
13	化学工程	19 108	38	自动控制	8 384
14	生物化学与分子生物学	18 939	39	内科学	8 153
15	实验医学	17 456	40	神经科学	7 621
16	光学	15 783	41	遗传学	7 426
17	细胞生物学	14 104	42	免疫学	7 236
18	凝聚态物理	13 463	43	跨学科应用数学	7 232
19	多学科科学	13 108	44	数学	7 017
20	环境工程	12 583	45	多学科物理学	6 936
21	人工智能	12 298	46	电化学	6 671
22	分析化学	12 230	47	建造技术	6 662
23	冶金	12 203	48	计算机跨学科应用	6 435
24	生物技术与应用微生物学	11 986	49	外科学	6 398
25	多学科地球学	11 949	50	计算机科学理论与方法	6 369
总计：588 226					

资料来源：科技大数据湖北省重点实验室

2020 年，国家知识产权局共受理国内外发明专利申请 134.48 万件，中国（不包括港澳台地区数据）经初步审查合格并公布的发明专利申请共 102.42 万件，发明专利申请量五十强技术领域及申请量如表 2-3 所示。中国发明专利技术领域分布显示，电子数字数据处理、化学分析方法或化学检测方法、大数据处理系统和方法是研发活跃领域。

表 2-3　2020 年中国发明专利申请量五十强技术领域及申请量

排序	申请量/件	IPC 号	分类号含义
1	74 441	G06F	电子数字数据处理
2	30 499	G01N	化学分析方法或化学检测方法
3	28 004	G06Q	专门适用于行政、商业、金融、管理、监督或预测目的的数据处理系统或方法；其他类目不包含的专门适用于行政、商业、金融、管理、监督或预测目的的处理系统或方法
4	22 103	G06K	数据处理

续表

排序	申请量/件	IPC 号	分类号含义
5	19 909	H04L	数字信息的传输，例如电报通信（电报和电话通信的公用设备入 H04M）
6	18 118	A61K	医用、牙科用或梳妆用的配制品（专门适用于将药品制成特殊的物理或服用形式的装置或方法 A61J 3/00；空气除臭、消毒或灭菌，或者绷带、敷料、吸收垫或外科用品的化学方面，或材料的使用入 A61L；肥皂组合物入 C11D）
7	16 031	G06T	图像数据处理
8	14 049	C02F	水、废水、污水或污泥的处理（通过在物质中产生化学变化使有害的化学物质无害或降低危害的方法入 A62D 3/00；分离、沉淀箱或过滤设备入 B01D；有关处理水、废水或污水生产装置的水运容器的特殊设备，例如用于制备淡水入 B63J；为防止水的腐蚀用的添加物质入 C23F；放射性废液的处理入 G21F 9/04）
9	13 928	H01L	半导体器件；其他类目中不包括的电固体器件（使用半导体器件的测量入 G01；一般电阻器入 H01C；磁体、电感器、变压器入 H01F；一般电容器入 H01G；电解型器件入 H01G9/00；电池组、蓄电池入 H01M；波导管、谐振器或波导型线路入 H01P；线路连接器、汇流器入 H01R；受激发射器件入 H01S；机电谐振器入 H03H；扬声器、送话器、留声机拾音器或类似的声机电传感器入 H04R；一般电光源入 H05B；印刷电路、混合电路、电设备的外壳或结构零部件、电气元件的组件的制造入 H05K；在具有特殊应用的电路中使用的半导体器件见应用相关的小类）
10	12 965	B01D	分离（用湿法从固体中分离固体入 B03B、B03D，用风力跳汰机或摇床入 B03B，用其他干法入 B07；固体物料从固体物料或流体中的磁或静电分离，利用高压电场的分离入 B03C；离心机、涡旋装置入 B04B；涡旋装置入 B04C；用于从含液物料中挤出液体的压力机本身入 B30B 9/02）
11	12 869	A61B	诊断；外科；鉴定（分析生物材料入 G01N，如 G01N 33/48）
12	11 699	G01R	物理测定方法、设备
13	11 511	B65G	运输或贮存装置，例如装载或倾卸用输送机、车间输送机系统或气动管道输送机（包装用的入 B65B；搬运薄的或细丝状材料如纸张或细丝入 B65H；起重机入 B66C；便携式或可移动的举升或牵引器具，如升降机入 B66D；用于装载或卸载目的的升降货物的装置，如叉车，入 B66F9/00；不包括在其他类目中的瓶子、罐、罐头、木桶、桶或类似容器的排空入 B67C9/00；液体分配或转移入 B67D；将压缩的、液化的或固体化的气体灌入容器或从容器内排出入 F17C；流体用管道系统入 F17D）
14	11 259	H04N	图像通信，如电视
15	10 545	H01M	用于直接转变化学能为电能的方法或装置，例如电池组
16	9 588	B29C	塑料的成型或连接；塑性状态材料的成型，不包含在其他类目中的；已成型产品的后处理，例如修整（制作预型件入 B29B 11/00；通过将原本不相连接的层结合成为各层连在一起的产品来制造层状产品入 B32B 7/00 至 B32B 41/00）
17	9 525	A01G	园艺；蔬菜、花卉、稻、果树、葡萄、啤酒花或海菜的栽培；林业；浇水（水果、蔬菜、啤酒花等类植物的采摘入 A01D46/00；繁殖单细胞藻类入 C12N1/12）
18	9 340	B23K	钎焊或脱焊；焊接；用钎焊或焊接方法包覆或镀覆；局部加热切割，如火焰切割；用激光束加工（用金属的挤压来制造金属包覆产品入 B21C 23/22；用铸造方法制造衬套或包覆层入 B22D 19/08；用浸入方式的铸造入 B22D 23/04；用烧结金属粉末制造复合层入 B22F 7/00；机床上的仿形加工或控制装置入 B23Q；不包含在其他类目中的包覆金属或金属包覆材料入 C23C；燃烧器入 F23D）
19	9 285	C04B	石灰；氧化镁；矿渣；水泥；其组合物，例如砂浆、混凝土或类似的建筑材料；人造石；陶瓷（微晶玻璃陶瓷入 C03C 10/00）；耐火材料（难熔金属的合金入 C22C）；天然石的处理
20	8 928	H02J	供电或配电的电路装置或系统；电能存储系统
21	8 808	B01J	化学或物理方法，例如催化作用或胶体化学；其有关设备
22	8 165	H04W	无线通信网络（广播通信入 H04H；使用无线链路来进行非选择性通信的通信系统，如无线扩展入 H04M1/72）
23	7 902	C08L	高分子化合物的组合物（基于可聚合单体的组成成分入 C08F、C08G；人造丝或纤维入 D01F；织物处理的配方入 D06）

续表

排序	申请量/件	IPC 号	分类号含义
24	7 873	B24B	用于磨削或抛光的机床、装置或工艺（用电蚀入 B23H；磨料或有关喷射入 B24C；电解浸蚀或电解抛光入 C25F 3/00）；磨具磨损表面的修理或调节；磨削，抛光剂或研磨剂的进给
25	7 844	C12N	微生物或酶；其组合物（杀生剂、害虫驱避剂或引诱剂，或含有微生物、病毒、微生物真菌、酶、发酵物的植物生长调节剂，或从微生物或动物材料产生或提取制得的物质入 A01N63/00；药品入 A61K；肥料入 C05F）；繁殖、保藏或维持微生物；变异或遗传工程；培养基（微生物学的试验介质入 C12Q1/00）
26	7 558	G01M	机器或结构部件的静或动平衡的测试；其他类目中不包括的结构部件或设备的测试
27	7 168	A23L	不包含在 A21D 或 A23B 至 A23J 小类中的食品、食料或非酒精饮料；它们的制备或处理，例如烹调、营养品质的改进、物理处理（不能为本小类完全包含的成型或加工入 A23P）；食品或食料的一般保存（用于烘焙的面粉或面团的保存入 A21D）
28	7 113	F24F	空气调节；空气增湿；通风；空气流作为屏蔽的应用（从尘、烟产生区消除尘、烟入 B08B 15/00；从建筑物中排除废气的竖向管道入 E04F17/02；烟道末端入 F23L17/02）
29	6 849	G05B	一般的控制或调节系统；这种系统的功能单元；用于这种系统或单元的监视或测试装置（应用流体作用的一般流体压力执行器或系统入 F15B；阀门本身入 F16K；仅按机械特征区分的入 G05G；传感元件见相应小类，例如 G12B，G01、H01 的小类；校正单元见相应的小类，例如 H02K）
30	6 550	E02D	基础；挖方；填方（专用于水利工程的入 E02B）；地下或水下结构物
31	6 311	B08B	一般清洁；一般污垢的防除（刷子入 A46；家庭或类似清洁装置入 A47L；颗粒从液体或气体中分离入 B01D；固体分离入 B03，B07；一般对表面喷射或涂覆液体或其他流体材料入 B05；用于输送机的清洗装置入 B65G 45/10；对瓶子同时进行清洗、灌注和封装的入 B67C 7/00；一般腐蚀或积垢的防止入 C23；街道、永久性道路、海滨或陆地的清洗入 E01H；专门用于游泳池或仿海滨浴场浅水池或池子的部件、零件或辅助设备清洁的入 E04H 4/16；防止或清除静电荷入 H05F）
32	6 232	B23P	金属的其他加工；组合加工；万能机床（仿形加工或控制装置入 B23Q）
33	6 171	B65B	包装物件或物料的机械，装置或设备，或方法；启封（雪茄烟的捆扎和压紧装置入 A24C1/44；适合于由物品或要包扎物件支承的包扎带的固定和拉紧装置入 B25B25/00；将瓶子、罐或相似容器的封闭件入 B67B1/00-B67B6/00；对瓶子同时进行清洗，灌注和封装入 B67C7/00；瓶子、罐、罐头、木桶、桶或类似容器的排空入 B67C9/00）
34	6 163	E21B	土层或岩石的钻进（采矿、采石入 E21C；开凿立井、掘进平巷或隧洞入 E21D）；从井中开采油、气、水、可溶解或可熔化物质或矿物泥浆
35	5 979	G02B	光学元件、系统或仪器（G02F 优先；专用于照明装置或系统的光学元件入 F21V1/00 至 F21V13/00；测量仪器见 G01 类的有关小类，例如，光学测距仪入 G01C；光学元件、系统或仪器的测试入 G01M11/00；眼镜入 G02C；摄影、放映或观看用的装置或设备入 G03B；声透镜入 G10K11/30；电子和离子“光学”入 H01J；X 射线“光学”入 H01J，H05G1/00；结构上与放电管相组合的光学元件入 H01J5/16，H01J29/89，H01J37/22；微波“光学”入 H01Q；光学元件与电视接收机的组合入 H04N5/72；彩色电视系统的光学系统或布置入 H04N9/00；特别适用于透明或反射区域的加热布置入 H05B3/84）
36	5 894	E04B	一般建筑物构造；墙，例如，间壁墙；屋顶；楼板；顶棚；建筑物的隔绝或其他防护（墙、楼板或顶棚上的开口的边沿构造入 E06B 1/00）
37	5 789	G01S	无线电定向；无线电导航；采用无线电波测距或测速；采用无线电波的反射或再辐射的定位或存在检测；采用其他波的类似装置
38	5 730	B21D	金属板或管、棒或型材的基本无切削加工或处理；冲压金属（线材的加工或处理入 B21F）
39	5 700	G01B	长度、厚度或类似线性尺寸的计量；角度的计量；面积的计量；不规则的表面或轮廓的计量
40	5 606	C07D	杂环化合物（高分子化合物入 C08）
41	5 543	A01K	畜牧业；禽类、鱼类、昆虫的管理；捕鱼；饲养或养殖其他类不包含的动物；动物的新品种
42	5 511	B65D	用于物件或物料贮存或运输的容器，如袋、桶、瓶子、箱盒、罐头、纸板箱、板条箱、圆桶、罐、槽、料仓、运输容器；所用的附件、封口或配件；包装元件；包装件

续表

排序	申请量/件	IPC 号	分类号含义
43	5 443	B25J	机械手；装有操纵装置的容器（单独采摘水果、蔬菜、啤酒花或类似作物的自动装置入A01D 46/30；外科用的针头操纵器入 A61B 17/062；与滚轧机有关的机械手入 B21B 39/20；与锻压机有关的机械手入 B21J 13/10；夹持轮子或其部件的装置入 B60B 30/00；起重机入 B66C；用于核反应堆中所用的燃料或其他材料的处理设备入 G21C 19/00；机械手与加有防辐射的小室或房间的组合结构入 G21F 7/06）
44	5 376	C09D	涂料组合物，例如色漆、清漆或天然漆；填充浆料；化学涂料或油墨的去除剂；油墨；改正液；木材着色剂；用于着色或印刷的浆料或固体；原料为此的应用（化妆品入 A61K，一般将液体或其他流动物料涂到表面上的方法入 B05D；木材着色入 B27K 5/02；釉料或搪瓷釉入 C03C；天然树脂、虫胶清漆、干性油、催干剂、松节油本身入 C09F；除虫胶清漆外的抛光组合物、滑雪屐蜡入 C09G；黏合剂或用作黏合剂的物质入 C09J；用于接头或盖的密封或包装材料入 C09K 3/10；用于防止泄漏的材料入 C09K 3/12；电解或电泳生成镀层的方法入 C25D）
45	5 359	B02C	一般破碎、研磨或粉碎；碾磨谷物（用破碎、磨碎或碾磨方法制取金属粉末入 B22F 9/04）
46	5 355	H05K	印刷电路；电设备的外壳或结构零部件；电气元件组件的制造
47	5 181	A61M	将介质输入人体内或输到人体上的器械（将介质输入动物体内或输入动物体上的器械入A61D7/00；用于插入棉塞的装置入 A61F13/26；喂饲食物或口服药物用的器具入 A61J；用于收集、贮存或输注血液或医用液体的容器入 A61J1/05）；为转移人体介质或为从人体内取出介质的器械（外科用的入 A61B，外科用品的化学方面入 A61L；将磁性元件放入体内进行磁疗的入 A61N2/10）；用于产生或结束睡眠或昏迷的器械
48	4 940	C12Q	包含酶、核酸或微生物的测定或检验方法（免疫检测入 G01N33/53）；其所用的组合物或试纸；这种组合物的制备方法；在微生物学方法或酶学方法中的条件反应控制
49	4 839	E04G	脚手架、模壳；模板；施工用具或其他建筑辅助设备，或其应用；建筑材料的现场处理；原有建筑物的修理，拆除或其他工作
50	4 828	B65H	搬运薄的或细丝状材料，如薄板、条材、缆索

资料来源：科技大数据湖北省重点实验室

2.2 中国与全球主要国家和地区基础研究投入比较分析

2.2.1 中国与全球主要国家研究与试验发展经费投入比较

研究与试验发展经费投入强度（研究与试验发展经费投入/国内生产总值）以直观的量化方式比较各个国家和地区的基础研究资助强度差异，是国际上用于衡量一个国家和地区在科技创新方面努力程度的指标。2020 年，我国研究与试验发展经费投入强度为 2.2%，全球排名与法国、荷兰并列第 12 位，较 2019 年（第 15 位）上升了 3 位（表 2-4），已达到中等发达国家水平。

表 2-4 2016～2020 年全球研究与试验发展经费投入强度排名前二十的国家/地区

国家	2016 年研究与实验发展经费投入强度（排名）	2017 年研究与实验发展经费投入强度（排名）	2018 年研究与实验发展经费投入强度（排名）	2019 年研究与实验发展经费投入强度（排名）	2020 年研究与实验发展经费投入强度（排名）
以色列	4.3%（1）	4.11%（2）	4.3%（1）	4.6%（1）	4.9%（1）
韩国	4.23%（2）	4.29%（1）	4.2%（2）	4.6%（1）	4.5%（2）
瑞典	3.28%（4）	3.16%（5）	3.3%（4）	3.4%（3）	3.3%（3）
瑞士	2.97%（7）	2.97%（8）	3.4%（3）	3.4%（3）	3.3%（3）

续表

国家	2016年研究与实验发展经费投入强度（排名）	2017年研究与实验发展经费投入强度（排名）	2018年研究与实验发展经费投入强度（排名）	2019年研究与实验发展经费投入强度（排名）	2020年研究与实验发展经费投入强度（排名）
日本	3.49%（3）	3.58%（3）	3.1%（5）	3.2%（5）	3.3%（3）
奥地利	3.1%（5）	3%（7）	3.1%（6）	3.2%（5）	3.2%（6）
德国	2.88%（9）	2.84%（9）	2.9%（7）	3%（8）	3.1%（7）
丹麦	3.02%（6）	3.08%（6）	2.9%（8）	3.1%（7）	3.1%（7）
美国	2.8%（10）	2.73%（10）	2.7%（10）	2.8%（9）	2.8%（9）
比利时	2.46%（11）	2.46%（11）	2.5%（11）	2.6%（11）	2.8%（9）
芬兰	2.93%（8）	3.17%（4）	2.7%（9）	2.8%（9）	2.8%（9）
法国	2.23%（12）	2.26%（13）	2.2%（12）	2.2%（12）	2.2%（12）
中国	2.09%（17）	2.05%（15）	2.1%（14）	2.1%（15）	2.2%（12）
荷兰	2.01%（18）	1.97%（18）	2%（17）	2%（17）	2.2%（12）
挪威	1.93%（20）	1.71%（20）	2%（16）	2.1%（15）	2.1%（15）
冰岛	2.22%（13）	1.89%（19）	2.1%（15）	2.2%（12）	2%（16）
新加坡	2.2%（15）	2%（16）	2.2%（13）	2.2%（12）	1.9%（17）
斯洛文尼亚	2.21%（14）	2.39%（12）	2%（18）	1.9%（18）	1.9%（17）
捷克共和国	1.98%（19）	2%（17）	1.7%（21）	1.8%（20）	1.9%（17）
澳大利亚	2.2%（16）	2.2%（14）	1.9%（19）	1.9%（18）	1.8%（20）

资料来源：Global Innovation Index 2021. https://www.wipo.int/edocs/pubdocs/en/wipo_pub_gii_2021.pdf

2.2.2 中国与全球主要国家和地区研究与试验发展人员投入比较

每百万人口中的全职研发人员比例是反映国家创新能力的重要指标。2020年，以色列每百万人口中的全职研究人员数为8341.7人，全球排名第1位；我国每百万人口中的全职研发人员数为1307.1人，约为以色列的15.67%，全球排名第48位，仍有很大的发展空间（表2-5）。

表2-5 2016～2020年中国和全球研究与试验发展人员投入人数排名前二十的国家/地区（单位：人/百万人口）

国家	2016年研究与实验发展人员投入人数（排名）	2017年研究与实验发展人员投入人数（排名）	2018年研究与实验发展人员投入人数（排名）	2019年研究与实验发展人员投入人数（排名）	2020年研究与实验发展人员投入人数（排名）
以色列	8255.4（1）	8255.4（1）	8250.5（1）	8250.5（1）	8341.7（1）
丹麦	7198.18（2）	7483.58（2）	7514.7（2）	7923.2（2）	8065.9（2）
韩国	6899（4）	7087.35（3）	7113.2（4）	7514.4（3）	7980.4（3）
瑞典	6868.11（5）	7021.88（4）	7153.4（3）	7268.2（4）	7536.5（4）
芬兰	6985.94（3）	6816.77（5）	6525（7）	6707.5（6）	6861.1（5）
新加坡	6665.19（6）	6658.5（6）	6729.7（5）	6729.7（5）	6802.5（6）
挪威	5703.61（8）	5915.6（7）	5787（8）	6407.5（7）	6466.7（7）
冰岛	5993.08（7）	5902.53（8）	6635.1（6）	6118.9（8）	6088.3（8）
奥地利	4814.55（10）	4955.03（11）	5157.5（12）	5439.8（9）	5733.1（9）
荷兰	4478.05（15）	4548.14（14）	4842.7（14）	5007.1（13）	5604.5（10）
新西兰	4008.71（22）	4008.71（22）	4052.4（22）	4052.4（24）	5529.5（11）

续表

国家	2016 年研究与实验发展人员投入人数（排名）	2017 年研究与实验发展人员投入人数（排名）	2018 年研究与实验发展人员投入人数（排名）	2019 年研究与实验发展人员投入人数（排名）	2020 年研究与实验发展人员投入人数（排名）
瑞士	4481.07（14）	4481.07（17）	5257.3（10）	5257.4（11）	5450.5（12）
日本	5386.15（9）	5230.72（9）	5210（11）	5304.9（10）	5331.2（13）
爱尔兰	3732.06（23）	4575.2（13）	5563.4（9）	4288.6（21）	5243.1（14）
德国	4459.48（16）	4431.08（19）	4893.2（13）	5036.2（12）	5211.9（15）
比利时	4175.88（19）	4875.34（12）	4734（15）	4905.5（14）	5023.3（16）
卢森堡	4577.3（11）	5058.28（10）	4350.9（19）	4682.5（15）	4941.7（17）
斯洛文尼亚	4149.91（20）	3820.99（24）	3899.2（24）	4467.8（17）	4854.6（18）
法国	4201.06（18）	4168.78（21）	4307.2（21）	4441.1（18）	4715.3（19）
英国	4252.36（17）	4470.78（18）	4429.6（18）	4377（19）	4603.3（20）
中国	1113.07（46）	1176.58（45）	1205.7（47）	1234.8（46）	1307.1（48）

资料来源：Global Innovation Index 2021. https://www.wipo.int/edocs/pubdocs/en/wipo_pub_gii_2021.pdf

2.3 中国与全球主要国家和地区基础研究产出比较分析

2.3.1 全球主要国家和地区科技论文产出比较

2020 年，中国（不含港澳台地区数据）SCI 论文数为 588 226 篇，排名世界第二位，与 2019 年排名一致。SCI 论文数前十的国家依次是美国、中国、英国、德国、日本、意大利、加拿大、印度、法国、澳大利亚（表 2-6）。

表 2-6　2016～2020 年 SCI 论文数世界排行榜二十强

排名	区域	2016 年 SCI 论文数/篇（排名）	2017 年 SCI 论文数/篇（排名）	2018 年 SCI 论文数/篇（排名）	2019 年 SCI 论文数/篇（排名）	2020 年 SCI 论文数/篇（排名）
全球		2 426 633	2 293 151	2 880 928	2 736 749	3 519 735
1	美国	631 654（1）	645 681（1）	646 413（1）	665 938（1）	635 754（1）
2	中国	403 317（2）	434 906（2）	475 284（2）	561 098（2）	588 226（2）
3	英国	164 606（3）	167 288（3）	163 116（3）	171 365（3）	157 207（3）
4	德国	121 658（6）	123 852（6）	128 092（6）	134 742（6）	148 612（4）
5	日本	140 672（4）	143 632（4）	139 722（4）	146 887（4）	134 681（5）
6	意大利	132 529（5）	133 316（5）	132 393（5）	138 714（5）	128 626（6）
7	加拿大	92 942（8）	92 992（8）	92 739（8）	100 086（8）	106 713（7）
8	印度	111 368（7）	111 555（7）	114 277（7）	112 268（7）	105 873（8）
9	法国	77 455（12）	80 587（11）	81 025（10）	86 227（10）	86 959（9）
10	澳大利亚	83 045（10）	85 413（9）	85 444（9）	88 989（9）	85 370（10）
11	西班牙	63 925（15）	68 230（15）	71 907（15）	77 365（15）	80 723（11）
12	韩国	79 811（11）	79 105（12）	79 656（12）	84 168（11）	78 809（12）

续表

排名	区域	2016年SCI论文数/篇（排名）	2017年SCI论文数/篇（排名）	2018年SCI论文数/篇（排名）	2019年SCI论文数/篇（排名）	2020年SCI论文数/篇（排名）
13	巴西	83 967（9）	82 488（10）	80 362（11）	81 402（13）	76 304（13）
14	新西兰	71 747（13）	72 481（13）	73 421（14）	77 856（14）	75 900（14）
15	俄罗斯	64 230（14）	71 884（14）	79 161（13）	83 645（12）	75 500（15）
16	瑞士	46 262（17）	50 907（16）	52 321（16）	58 888（16）	62 333（16）
17	伊朗	47 863（16）	45 476（17）	45 946（17）	50 283（17）	53 718（17）
18	土耳其	43 168（18）	43 478（18）	44 460（18）	46 562（18）	43 620（18）
19	波兰	40 316（19）	40 231（19）	42 706（19）	43 271（19）	42 466（19）
20	瑞典	32 946（20）	30 556（21）	29 795（21）	30 747（21）	30 159（20）

注：本表中统计的中国SCI论文数不包含港澳台地区的数据，国别按第一作者统计

资料来源：科技大数据湖北省重点实验室

2.3.2 全球主要国家和地区专利产出比较

德温特创新索引库收录的专利中，2020年中国受理专利申请数量排名稳居全球第一位（表2-7），较2019年专利申请量增长17.81%。

表2-7 2016～2020年全球主要国家和地区专利申请量

序号	区域	2016年专利申请量/项	2017年专利申请量/项	2018年专利申请量/项	2019年专利申请量/项	2020年专利申请量/项
全球		2 630 810	2 910 065	3 412 477	3 532 523	4 161 661
1	中国	1 923 857	2 112 809	2 286 411	2 782 236	3 470 210
2	美国	345 225	263 437	265 661	284 635	299 381
3	日本	252 394	215 323	197 152	210 831	204 658
4	韩国	174 575	145 783	146 599	154 086	166 409
5	德国	68 032	62 198	64 615	64 405	63 784
6	俄罗斯	36 600	36 052	34 041	33 676	31 096
7	印度	39 648	19 255	21 713	25 435	28 711
8	法国	14 971	15 007	18 865	14 609	26 965
9	加拿大	33 169	12 771	14 127	18 749	22 207
10	澳大利亚	25 096	25 981	25 896	17 560	13 789

注：本表中统计的专利申请量仅包含德温特创新索引库中收录的专利申请量，不等于各国实际申请的专利数量。中国的数据不包括港澳台地区的相关数据

资料来源：科技大数据湖北省重点实验室

第3章 中国省域基础研究竞争力报告

3.1 中国省域基础研究竞争力指数（BRCI）2020 排行榜

采用中国基础研究竞争力指数计算方法，代入各地区（省、自治区、直辖市）对应时间期限的高端人才、争取国家自然科学基金、实验室平台建设、论文、专利、奖励等数据，得出中国省域基础研究竞争力指数排行榜（图 3-1）。

综合考虑各省域基础研究竞争力得分与排名情况，我国 31 个省（自治区、直辖市）的基础研究竞争力可分为 5 个梯队。

第一梯队包括北京市、上海市、江苏省、广东省。北京市的基础研究资源雄厚，其 BRCI 为 90.8807，高于其他地区，基础研究综合竞争力最强，上海市、江苏省、广东省的 BRCI 大于 80 小于 90，基础研究综合竞争力很强。

第二梯队包括浙江省、湖北省、山东省、陕西省、四川省，其 BRCI 大于 60 小于 80，基础研究综合竞争力较强。

第三梯队包括安徽省、湖南省、辽宁省、天津市、福建省、河南省，其 BRCI 大于 50 小于 60，基础研究综合竞争力一般。

第四梯队包括重庆市、黑龙江省、吉林省、江西省、云南省、甘肃省、河北省、贵州省、山西省、广西壮族自治区、宁夏回族自治区，其 BRCI 大于 40 小于 50，基础研究综合竞争力较弱。

第五梯队包括新疆维吾尔自治区、青海省、内蒙古自治区、西藏自治区、海南省，其 BRCI 均小于 40，基础研究综合竞争力很弱。

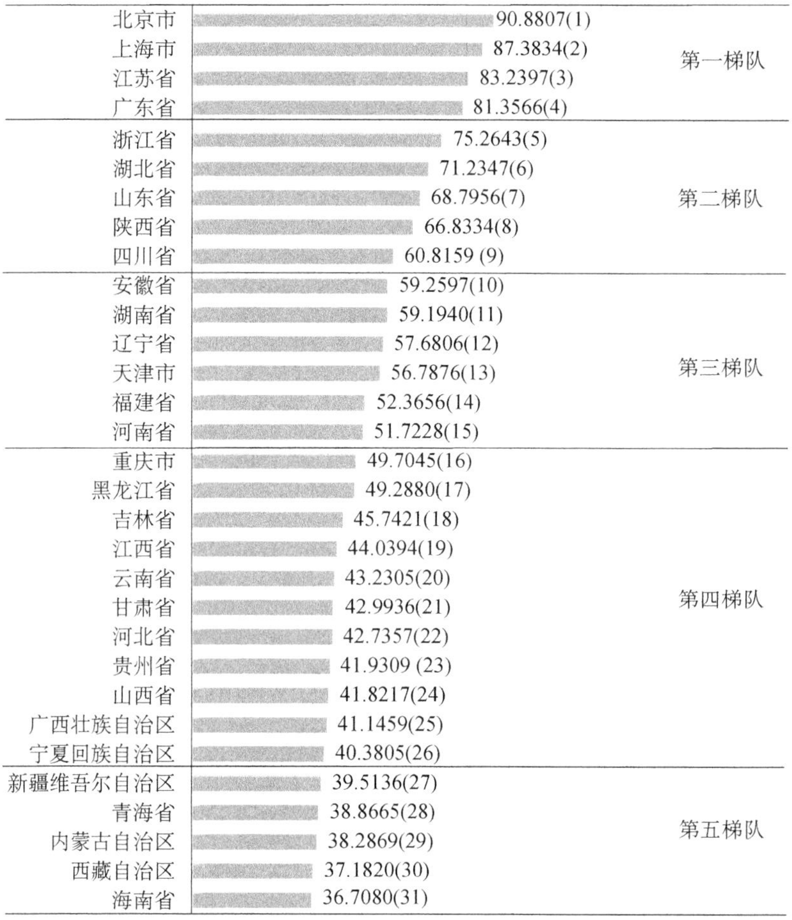

图 3-1　2020 年中国省域基础研究竞争力指数排名

资料来源：科技大数据湖北省重点实验室

3.2 中国省域基础研究投入产出概况

2020 年，国家自然科学基金资助各类项目 45 656 个，资助项目直接费用 283.03 亿元。其中，面上项目资助 19 357 项，资助经费为 1 112 994 万元；青年科学基金项目 18 276 项，资助经费为 43.56 亿元；地区科学基金项目 3177 项，资助经费为 11.07 亿元（表 3-1）。

表 3-1　2020 年中国各省（自治区、直辖市）国家自然科学基金数据一览

地区	国家自然科学基金面上项目		国家自然科学基金青年科学基金项目		国家自然科学基金地区科学基金项目	
	项目数量/项（排名）	项目经费/万元（排名）	项目数量/项（排名）	项目经费/万元（排名）	项目数量/项（排名）	项目经费/万元（排名）
北京市	3 385（1）	194 801.28（1）	2 573（1）	60 960（1）	0（17）	0（17）
上海市	2 057（2）	117 236.25（2）	1 670（4）	39 816（4）	0（17）	0（17）
江苏省	1 974（3）	113 280（3）	1 832（3）	43 808（3）	0（17）	0（17）
广东省	1 850（4）	105 328.1（4）	2 231（2）	52 512（2）	0（17）	0（17）

续表

地区	国家自然科学基金面上项目		国家自然科学基金青年科学基金项目		国家自然科学基金地区科学基金项目	
	项目数量/项（排名）	项目经费/万元（排名）	项目数量/项（排名）	项目经费/万元（排名）	项目数量/项（排名）	项目经费/万元（排名）
浙江省	969（7）	55 624.8（7）	974（8）	23 264（8）	0（17）	0（17）
湖北省	1 221（5）	70 190（5）	982（7）	23 440（7）	9（15）	311（15）
山东省	889（8）	51 447（8）	1 029（6）	24 680（6）	0（17）	0（17）
陕西省	995（6）	57 755（6）	1 059（5）	25 392（5）	35（11）	1 246（11）
四川省	696（9）	40 166（9）	759（9）	18 184（9）	4（16）	137（16）
安徽省	475（14）	27 476（14）	443（14）	10 624（14）	0（17）	0（17）
湖南省	660（10）	37 740（10）	648（10）	15 392（10）	22（14）	753（14）
辽宁省	639（11）	36 959.47（11）	482（12）	11 544（12）	0（17）	0（17）
天津市	576（12）	33 278.2（12）	461（13）	11 024（13）	0（17）	0（17）
福建省	477（13）	27 486（13）	358（16）	8 488（16）	0（17）	0（17）
河南省	308（18）	17 742（18）	560（11）	13 440（11）	0（17）	0（17）
重庆市	432（16）	24 656（16）	420（15）	10 016（15）	0（17）	0（17）
黑龙江省	475（14）	27 398（15）	329（17）	7 856（17）	0（17）	0（17）
吉林省	348（17）	20 339（17）	258（18）	6 192（18）	32（12）	1 107（12）
江西省	70（23）	3 991（23）	194（20）	4 656（20）	666（1）	23 164.07（1）
云南省	124（22）	7 181（22）	117（24）	2 808（24）	473（2）	16 524（2）
甘肃省	191（19）	11 178（19）	157（22）	3 760（22）	265（6）	9 301.93（6）
河北省	179（20）	10 319（20）	172（21）	4 128（21）	0（17）	0（17）
贵州省	38（25）	2 264（25）	83（25）	1 992（25）	404（4）	14 086（4）
山西省	168（21）	9 850（21）	207（19）	4 960（19）	0（17）	0（17）
广西壮族自治区	61（24）	3 540.9（24）	119（23）	2 856（23）	438（3）	15 172.5（3）
宁夏回族自治区	6（29）	344（30）	19（29）	456（29）	126（9）	4 384（9）
新疆维吾尔自治区	31（26）	1 796（26）	42（27）	1 008（27）	273（5）	9 502（5）
青海省	6（29）	354（29）	15（30）	360（30）	39（10）	1 370（10）
内蒙古自治区	31（26）	1 778（27）	47（26）	1 128（26）	223（7）	7 846（7）
西藏自治区	2（31）	117（31）	1（31）	24（31）	24（13）	839（13）
海南省	24（28）	1 378（28）	35（28）	840（28）	144（8）	4 994.5（8）

资料来源：科技大数据湖北省重点实验室根据《国家自然科学基金委员会 2020 年度报告》整理

注：地区排序同基础研究竞争力指数排序

截至 2021 年 9 月，全国共有国家重点实验室 505 个，省级重点实验室 6036 个，省（级）实验室 66 个（表 3-2）；拥有院士人数共 1732 人（表 3-3）。

表 3-2　2020 年中国各地区创新平台和科技奖励数据一览

地区	国家重点实验室/个（排名）	省级重点实验室/个（排名）	省（级）实验室/个（排名）	国家科技奖励数/项（排名）
北京市	124（1）	457（2）	2（9）	134（1）
上海市	44（2）	184（14）	1（11）	43（2）

续表

地区	国家重点实验室/个（排名）	省级重点实验室/个（排名）	省（级）实验室/个（排名）	国家科技奖励数/项（排名）
江苏省	35（3）	71（28）	3（8）	40（3）
广东省	28（5）	429（3）	10（2）	35（5）
浙江省	14（11）	311（6）	7（3）	37（4）
湖北省	29（4）	182（16）	7（3）	24（7）
山东省	23（6）	239（10）	6（5）	30（6）
陕西省	21（7）	184（14）	0（15）	21（9）
四川省	16（9）	130（19）	1（11）	17（11）
安徽省	12（14）	175（17）	15（1）	11（15）
湖南省	14（11）	339（5）	0（15）	12（14）
辽宁省	17（8）	552（1）	0（15）	24（7）
天津市	14（11）	350（4）	1（11）	17（11）
福建省	10（18）	235（11）	6（5）	7（20）
河南省	15（10）	240（9）	2（9）	18（10）
重庆市	10（18）	210（13）	0（15）	9（19）
黑龙江省	6（21）	269（7）	0（15）	11（15）
吉林省	11（15）	102（22）	0（15）	3（25）
江西省	5（24）	213（12）	0（15）	3（25）
云南省	7（20）	75（25）	0（15）	4（22）
甘肃省	11（15）	118（20）	0（15）	10（17）
河北省	11（15）	251（8）	0（15）	14（13）
贵州省	6（21）	67（29）	0（15）	2（28）
山西省	6（21）	93（23）	4（7）	10（17）
广西壮族自治区	3（25）	115（21）	0（15）	4（22）
宁夏回族自治区	3（25）	41（30）	0（15）	4（22）
新疆维吾尔自治区	3（25）	86（24）	0（15）	5（21）
青海省	2（29）	72（27）	0（15）	2（28）
内蒙古自治区	3（25）	148（18）	0（15）	3（25）
西藏自治区	1（30）	23（31）	0（15）	1（30）
海南省	1（30）	75（25）	1（11）	0（31）

资料来源：科技大数据湖北省重点实验室

注：地区排序同基础研究竞争力指数排序；国家科技奖励获奖单位通常有多个，故各地区获奖数量求和大于国家科技奖励总数

表 3-3　2020 年中国各地区院士和国家杰出青年科学基金获得者数据一览

地区	拥有院士人数/人（排名）	新增国家自然科学基金杰出青年科学基金入选者/人（排名）
北京市	806（1）	97（1）
上海市	175（2）	41（2）

续表

地区	拥有院士人数/人（排名）	新增国家自然科学基金杰出青年科学基金入选者/人（排名）
江苏省	104（3）	28（3）
广东省	39（10）	15（5）
浙江省	42（9）	12（8）
湖北省	73（4）	16（4）
山东省	27（14）	7（11）
陕西省	67（5）	14（7）
四川省	53（7）	7（11）
安徽省	39（10）	15（5）
湖南省	43（8）	6（14）
辽宁省	57（6）	4（16）
天津市	31（13）	9（9）
福建省	17（18）	8（10）
河南省	18（16）	0（23）
重庆市	9（21）	1（19）
黑龙江省	35（12）	6（14）
吉林省	21（15）	7（11）
江西省	5（24）	0（23）
云南省	10（20）	0（23）
甘肃省	18（16）	2（17）
河北省	12（19）	1（19）
贵州省	4（25）	2（17）
山西省	6（23）	1（19）
广西壮族自治区	1（28）	0（23）
宁夏回族自治区	1（28）	0（23）
新疆维吾尔自治区	9（21）	1（19）
青海省	2（26）	0（23）
内蒙古自治区	2（26）	0（23）
西藏自治区	1（28）	0（23）
海南省	0（31）	0（23）

资料来源：科技大数据湖北省重点实验室

注：地区排序同基础研究竞争力指数排序

2020年，全国共计颁发国家科技奖励通用项目212项，全国发表SCI论文57.15万篇，高水平论文共5816篇；发明专利申请共102.42万件，有效发明专利拥有量221.27万件，各省（自治区、直辖市）SCI论文数及发明专利申请量等见表3-4。

表 3-4　2020 年中国各省（自治区、直辖市）SCI 论文、入选 ESI 机构及发明专利申请量一览

地区	SCI 论文数/篇（排名）	SCI 论文被引频次/次（排名）	高水平论文数/篇（排名）	入选 ESI 机构数/个（排名）	发明专利申请量/件（排名）
北京市	85 230（1）	248 373（1）	931（1）	442（1）	96 341（4）
上海市	44 646（3）	118 762（5）	500（5）	162（3）	56 987（7）
江苏省	58 283（2）	132 924（3）	674（2）	184（2）	134 358（2）
广东省	40 954（4）	126 336（4）	510（4）	150（4）	158 993（1）
浙江省	29 931（8）	78 615（6）	419（6）	82（7）	112 140（3）
湖北省	31 516（6）	180 222（2）	614（3）	97（6）	36 091（8）
山东省	31 832（5）	74 934（7）	377（8）	100（5）	64 331（5）
陕西省	30 167（7）	67 189（8）	357（9）	79（8）	27 079（13）
四川省	26 926（9）	61 247（9）	324（10）	68（9）	33 627（10）
安徽省	14 823（13）	37 019（13）	165（13）	45（15）	60 755（6）
湖南省	20 632（10）	59 204（10）	399（7）	58（11）	35 365（9）
辽宁省	20 401（11）	45 128（11）	209（11）	63（10）	15 594（18）
天津市	16 509（12）	40 118（12）	207（12）	55（12）	16 118（17）
福建省	12 504（18）	29 265（17）	158（16）	50（13）	27 244（11）
河南省	14 524（15）	34 823（14）	161（15）	39（18）	27 166（12）
重庆市	12 956（16）	33 870（15）	163（14）	47（14）	17 728（14）
黑龙江省	14 727（14）	33 048（16）	139（17）	41（17）	10 610（20）
吉林省	12 741（17）	27 153（18）	91（18）	42（16）	8 746（21）
江西省	7 442（19）	15 868（20）	81（20）	21（21）	16 272（16）
云南省	5 893（23）	11 214（23）	55（22）	22（20）	7 796（23）
甘肃省	7 377（20）	16 405（19）	91（18）	32（19）	4 442（25）
河北省	7 009（21）	11 442（22）	57（21）	18（23）	17 172（15）
贵州省	3 683（25）	5 469（25）	16（25）	9（26）	8 319（22）
山西省	6 279（22）	12 209（21）	41（23）	19（22）	7 501（24）
广西壮族自治区	5 675（24）	10 349（24）	41（23）	14（24）	10 837（19）
宁夏回族自治区	1 010（29）	1 628（29）	3（29）	1（29）	2 378（28）
新疆维吾尔自治区	2 911（26）	4 244（26）	8（27）	11（25）	2 715（27）
青海省	693（30）	575（30）	0（31）	0（30）	1 359（30）
内蒙古自治区	2 450（27）	2 867（28）	8（27）	5（28）	3 973（26）
西藏自治区	111（31）	105（31）	2（30）	0（30）	477（31）
海南省	1 711（28）	3 012（27）	14（26）	7（27）	2 160（29）

资料来源：科技大数据湖北省重点实验室

注：地区排序同基础研究竞争力指数排序

2020 年各省（自治区、直辖市）范围内基础研究较为活跃的 SCI 学科见表 3-5，各地区基础研究 SCI 活跃学科及高频词详见 3.3 节“中国省域基础研究竞争力分析”部分。综合某省（自治区、直辖市）SCI学科在全国范围内的发文数量和排名位次，筛选出某省（自治区、直辖市）在全国较为突出的SCI学科（表3-6），具体筛选标准如下：第一，各地区论文数排名靠前的学科；第二，考虑到不同梯队地区论文数排名靠前的学科数量也不同，为进一步突出重点，按照不同梯队确定细分标准：①第一梯队，选择各地区论文数排名靠前的3个名次的学科，考虑到北京市大多数学科的论文数均在全国领先，因此仅选择北京市排名第一位的学科，上海市、江苏省、广东省均选择论文数在全国排名第一位、第二位、第三位的学科；②第二梯队，选择各地区论文数排名靠前的5个名次的学科，若存在特殊情况，例如浙江省无论文数排名第二位的学科，则选择其论文数排名第一位、第三位、第四位、第五位、第六位的学科，其他地区依次类推；③第三梯队，选择各地区论文数排名靠前的7个名次的学科；④第四梯队，选择各地区论文数排名靠前的9个名次的学科；⑤第五梯队，选择各地区论文数排名靠前的11个名次的学科。

表3-5 2020年各省（自治区、直辖市）基础研究SCI活跃学科

地区	本省（自治区、直辖市）SCI活跃学科（活跃度）
北京市	电子与电气工程（9.13）；多学科材料（5.98）；环境科学（5.84）；危重病医学（4.62）；通信（4.29）；计算机信息系统（3.97）；物理化学（3.86）；应用物理学（3.61）；能源与燃料（3.60）；内科学（3.53）
上海市	多学科材料（6.72）；电子与电气工程（6.38）；物理化学（4.29）；多学科化学（3.96）；环境科学（3.83）；肿瘤学（3.79）；应用物理学（3.73）；纳米科学与技术（3.70）；传染病学（3.23）；化学工程（3.05）
江苏省	电子与电气工程（8.67）；多学科材料（6.10）；环境科学（4.98）；热带医学（4.49）；通信（4.06）；物理化学（3.98）；计算机信息系统（3.65）；多学科化学（3.64）；应用物理学（3.64）；化学工程（3.30）
广东省	电子与电气工程（6.66）；多学科材料（5.79）；病毒学（4.71）；环境科学（4.33）；真菌学（3.90）；物理化学（3.76）；肿瘤学（3.72）；多学科化学（3.70）；纳米科学与技术（3.50）；通信（3.50）
浙江省	电子与电气工程（6.78）；多学科材料（5.20）；病毒学（4.88）；环境科学（4.33）；物理化学（3.86）；多学科化学（3.50）；药学与药理学（3.49）；肿瘤学（3.30）；传染病学（3.30）；应用物理学（3.27）
湖北省	电子与电气工程（6.62）；周围血管病（6.55）；变态反应（5.84）；内科学（5.34）；多学科材料（5.20）；血液学（5.15）；环境科学（4.53）；危重病医学（4.31）；病毒学（3.98）；物理化学（3.40）
山东省	电子与电气工程（5.11）；多学科材料（5.01）；控制论（4.95）；环境科学（4.11）；物理化学（3.99）；病毒学（3.59）；能源与燃料（3.26）；化学工程（3.07）；药学与药理学（2.97）；计算机信息系统（2.93）
陕西省	电子与电气工程（10.54）；多学科材料（6.31）；通信（5.02）；计算机信息系统（4.10）；应用物理学（3.84）；环境科学（3.68）；物理化学（3.66）；能源与燃料（3.06）；多学科化学（2.68）；化学工程（2.66）
四川省	热带医学（9.98）；电子与电气工程（8.71）；寄生物学（7.18）；多学科材料（5.36）；通信（4.07）；物理化学（3.68）；控制论（3.55）；计算机信息系统（3.46）；应用物理学（3.40）；环境科学（3.26）
安徽省	环境与职业健康（8.84）；电子与电气工程（6.33）；多学科材料（5.15）；病毒学（4.52）；环境科学（4.36）；物理化学（3.62）；应用物理学（3.26）；多学科化学（3.12）；计算机信息系统（2.81）；纳米科学与技术（2.74）
湖南省	电子与电气工程（7.29）；多学科材料（6.49）；计算机信息系统（3.83）；物理化学（3.74）；通信（3.68）；应用物理学（3.42）；环境科学（3.26）；传染病学（3.16）；化学工程（2.96）；冶金（2.84）
辽宁省	病毒学（8.54）；多学科材料（6.65）；电子与电气工程（6.21）；语言与语言学（5.17）；语言学（4.15）；冶金（3.75）；物理化学（3.71）；计算机信息系统（3.20）；通信（3.06）；自动控制（3.01）
天津市	电子与电气工程（6.23）；多学科材料（6.05）；物理化学（4.72）；多学科化学（4.28）；应用物理学（3.82）；化学工程（3.76）；纳米科学与技术（3.52）；环境科学（3.37）；能源与燃料（3.24）；药物滥用（2.69）

续表

地区	本省（自治区、直辖市）SCI 活跃学科（活跃度）
福建省	热带医学（10.11）；传染病学（6.35）；寄生物学（5.86）；电子与电气工程（4.93）；多学科材料（4.80）；环境科学（3.85）；物理化学（3.76）；多学科化学（3.51）；纳米科学与技术（2.97）；环境与职业健康（2.96）
河南省	病毒学（6.82）；电子与电气工程（4.89）；多学科材料（4.68）；物理化学（3.55）；环境科学（3.27）；计算机信息系统（3.23）；肿瘤学（3.03）；通信（2.94）；多学科化学（2.91）；药学与药理学（2.79）
重庆市	电子与电气工程（7.27）；病毒学（4.86）；多学科材料（4.85）；通信（3.32）；环境科学（3.31）；计算机信息系统（3.24）；物理化学（3.01）；能源与燃料（2.94）；应用物理学（2.84）；生物化学与分子生物学（2.79）
黑龙江省	电子与电气工程（6.37）；多学科材料（5.40）；控制论（3.79）；物理化学（3.37）；环境科学（3.03）；通信（2.94）；应用物理学（2.86）；能源与燃料（2.67）；环境工程（2.64）；计算机信息系统（2.58）
吉林省	病毒学（7.60）；多学科材料（6.24）；电子与电气工程（4.72）；多学科化学（4.23）；物理化学（4.19）；应用物理学（3.61）；纳米科学与技术（3.52）；环境科学（3.16）；精神病学（2.84）；药学与药理学（2.65）
江西省	多学科材料（4.60）；放射医学与医学影像（3.72）；电子与电气工程（3.55）；物理化学（3.36）；环境科学（3.09）；环境工程（2.74）；食品科学（2.52）；应用化学（2.44）；应用物理学（2.41）；化学工程（2.30）
云南省	真菌学（5.17）；多学科材料（3.9）；植物学（3.89）；环境科学（3.49）；控制论（3.38）；生物化学与分子生物学（2.84）；电子与电气工程（2.82）；物理化学（2.75）；化学工程（2.5）；能源与燃料（2.39）
甘肃省	传染病学（8.30）；病毒学（5.78）；精神病学（5.32）；多学科材料（4.78）；环境科学（4.40）；物理化学（3.30）；应用物理学（2.81）；电子与电气工程（2.71）；多学科化学（2.43）；多学科地球科学（2.29）
河北省	电子与电气工程（4.95）；多学科材料（4.55）；物理化学（3.3）；通信（2.83）；计算机信息系统（2.78）；药学与药理学（2.72）；应用物理学（2.72）；实验医学（2.66）；传染病学（2.49）；环境科学（2.48）
贵州省	环境科学（3.2）；传染病学（3）；多学科材料（2.79）；药学与药理学（2.76）；多学科化学（2.3）；电子与电气工程（2.27）；生物化学与分子生物学（2.26）；物理化学（2.2）；细胞生物学（1.84）；实验医学（1.8）
山西省	精神病学（7.47）；多学科材料（5.64）；病毒学（5.11）；物理化学（4.31）；电子与电气工程（3.39）；应用物理学（3.04）；化学工程（2.93）；环境科学（2.84）；计算机信息系统（2.74）；多学科化学（2.57）
广西壮族自治区	控制论（8.92）；电子与电气工程（4.08）；多学科材料（3.94）；环境科学（2.84）；病毒学（2.67）；护理学（2.62）；肿瘤学（2.6）；物理化学（2.54）；自动控制（2.39）；药学与药理学（2.36）
宁夏回族自治区	物理化学（3.42）；多学科材料（2.53）；药学与药理学（2.38）；涂层与薄膜材料（2.36）；化学工程（2.26）；凝聚态物理（2.1）；应用物理学（1.93）；多学科化学（1.76）；能源与燃料（1.69）；生物化学与分子生物学（1.58）
新疆维吾尔自治区	环境科学（4.12）；控制论（3.25）；电子与电气工程（2.78）；多学科材料（2.44）；物理化学（2.41）；影像科学（1.96）；能源与燃料（1.95）；遥感（1.93）；多学科化学（1.87）；生物化学与分子生物学（1.85）
青海省	多学科材料（2.29）；地质学（2.18）；环境科学（2.12）；电子与电气工程（1.75）；自然地理学（1.75）；物理化学（1.7）；遗传学（1.58）；多学科化学（1.44）；药学与药理学（1.41）；冶金（1.4）
内蒙古自治区	多学科材料（3.9）；环境科学（3.4）；物理化学（3）；多学科化学（2.63）；电子与电气工程（2.61）；生物化学与分子生物学（2.16）；计算机信息系统（2.05）；通信（1.96）；应用物理学（1.86）；冶金（1.82）
西藏自治区	环境科学（1.6）；植物学（1.44）；生物化学与分子生物学（1.42）；生态学（1.36）；遗传学（0.73）；微生物学（0.63）；进化生物学（0.45）；动物学（0.37）
海南省	危重病医学（2.47）；植物学（2.38）；多学科材料（2.29）；生物化学与分子生物学（2.14）；结合与补充医学（2.11）；多学科化学（2.09）；纳米科学与技术（2.09）；物理化学（2.08）；食品科学（2.05）；环境科学（2.05）

资料来源：科技大数据湖北省重点实验室

注：地区排序同基础研究竞争力指数排序

表 3-6　2020 年各省（自治区、直辖市）论文数排名在全国较为突出的 SCI 学科

地区	本省（自治区、直辖市）论文数排名在全国较为突出的 SCI 学科 ［论文数，本省（自治区、直辖市）各学科论文数的全国排名］
北京市	电子与电气工程（51 135，1）；多学科材料（30 147，1）；环境科学（29 965，1）；通信（23 180，1）；计算机信息系统（21 172，1）；能源与燃料（16 735，1）；应用物理学（16 356，1）；物理化学（15 396，1）；多学科化学（14 736，1）；多学科地球科学（13 405，1）；纳米科学与技术（12 411，1）；化学工程（11 449，1）；肿瘤学（10 013，1）；人工智能（8 870，1）；环境工程（8 588，1）；药学与药理学（8 476，1）；冶金（8 358，1）；仪器与仪表（8 041，1）；机械工程（7 766，1）；绿色与可持续科技（7 656，1）；光学（7 267，1）；凝聚态物理（7 051，1）；自动控制（6 981，1）；力学（6 463，1）；多学科工程（6 440，1）；影像科学（6 274，1）；分析化学（5 981，1）；植物学（5 907，1）；神经科学（5 879，1）；遥感（5 800，1）；气象与大气科学（5 511，1）；水资源（5 312，1）；地球化学与地球物理学（5 146，1）；多学科（4 945，1）；热力学（4 901，1）；多学科物理学（4 869，1）；临床神经病学（4 790，1）；计算机跨学科应用（4 759，1）；计算机科学理论与方法（4 606，1）；内科学（4 594，1）；软件工程（4 324，1）；外科学（4 011，1）；环境研究（3 939，1）；交通科学与技术（3 609，1）；环境与职业健康（3 519，1）；微生物学（3 455，1）；经济学（3 412，1）；放射医学与医学影像（3 298，1）；心血管系统（3 285，1）；自然地理学（3 269，1）；遗传学（3 159，1）；航空航天工程（3 062，1）；计算机硬件与体系结构（3 024，1）；生态学（2 943，1）；天文学与天体物理（2 887，1）；跨学科应用数学（2 539，1）；内分泌与代谢病学（2 408，1）；生物医学工程（2 345，1）；工业工程（2 289，1）；核科学与技术（2 102，1）；石油工程（2 015，1）；地质学（1 981，1）；营养与饮食（1 945，1）；传染病学（1 851，1）；矿物加工（1 840，1）；土壤学（1 833，1）；生物化学研究方法（1 826，1）；林业（1 802，1）；矿物学（1 801，1）；呼吸病学（1 712，1）；生物学（1 639，1）；消化内科学与肝病学（1 604，1）；乳品与动物学（1 559，1）；骨科学（1 536，1）；老年病学（1 525，1）；数学物理学（1 523，1）；概率与统计（1 523，1）；生物多样性保护（1 522，1）；结合与补充医学（1 491，1）；生物物理（1 473，1）；多学科心理学（1 471，1）；精神病学（1 432，1）；光谱学（1 366，1）；周围血管病（1 360，1）；控制论（1 327，1）；农业工程（1 309，1）；昆虫学（1 271，1）；血液学（1 264，1）；计算生物学（1 221，1）；流体与等离子体物理（1 221，1）；商学（1 202，1）；妇产科学（1 183，1）；原子、分子与化学物理学（1 141，1）；机器人学（1 131，1）；泌尿科学和肾脏病学（1 120，1）；儿科学（1 117，1）；眼科学（1 091，1）；声学（1 028，1）；医疗科学与服务（996，1）；病毒学（993，1）；口腔医学（968，1）；交通（949，1）；粒子与场物理（914，1）；医学信息学（907，1）；表征与测试材料（883，1）；风湿病学（800，1）；皮肤病学（786，1）；耳鼻喉科学（729，1）；核物理学（725，1）；晶体学（704，1）；进化生物学（704，1）；信息科学与图书馆学（692，1）；古生物学（678，1）；区域与城市规划（608，1）；实验心理学（540，1）；行为科学（512，1）；神经成像（501，1）；心理学（470，1）；发展心理学（415，1）；量子科技（380，1）；真菌学（372，1）；危重病医学（365，1）；麻醉学（360，1）；应用心理学（321，1）；器官移植（315，1）；社会心理学（314，1）；人体工程学（293，1）；鸟类学（111，1）；听力及语言病理学（107，1）；生物心理学（101，1）
上海市	制造工程（1 990，1）；生物材料（1 681，1）；海洋工程（938，1）；海事工程（917，1）；生殖生物学（516，1）；寄生物学（353，1）；热带医学（256，1）；肿瘤学（9 906，2）；实验医学（6 709，2）；神经科学（3 795，2）；外科学（2 779，2）；临床神经病学（2 331，2）；放射医学与医学影像（2 268，2）；生物医学工程（2 175，2）；内分泌与代谢病学（1 800，2）；有机化学（1 752，2）；工业工程（1 570，2）；心血管系统（1 517，2）；消化内科学与肝病学（1 453，2）；生物物理（1 443，2）；生物化学研究方法（1 400，2）；海洋学（1 343，2）；呼吸病学（1 306，2）；老年病学（1 179，2）；纺织材料（1 174，2）；骨科学（1 143，2）；眼科学（1 063，2）；结合与补充医学（1 062，2）；概率与统计（1 062，2）；生物学（1 030，2）；商学（863，2）；周围血管病（812，2）；儿科学（795，2）；泌尿科学和肾脏病学（782，2）；交通（747，2）；血液学（726，2）；皮肤病学（573，2）；发育生物学（570，2）；机器人学（515，2）；耳鼻喉科学（432，2）；危重病医学（348，2）；核物理学（325，2）；麻醉学（255，2）；器官移植（232，2）；法医学（112，2）；分析心理学（7，2）；多学科材料（17 813，3）；物理化学（9 142，3）；多学科化学（8 934，3）；纳米科学与技术（7 900，3）；化学工程（5 852，3）；细胞生物学（5 325，3）；土木工程（5 121，3）；光学（5 102，3）；机械工程（4 758，3）；环境工程（4 358，3）；凝聚态物理（3 879，3）；聚合物学（3 135，3）；绿色与可持续科技（3 085，3）；建造技术（2 606，3）；多学科（2 492，3）；计算机跨学科应用（2 457，3）；数学（1 971，3）；软件工程（1 702，3）；交通科学与技术（1 578，3）；环境研究（1 469，3）；经济学（1 463，3）；跨学科应用数学（1 382，3）；陶瓷材料（1 294，3）；生理学（1 052，3）；妇产科学（1 004，3）；复合材料（877，3）；表征与测试材料（753，3）；声学（749，3）；医疗科学与服务（688，3）；天文学与天体物理（644，3）；细胞与组织工程（559，3）；风湿病学（357，3）；康复学（265，3）；应用心理学（214，3）；量子科技（193，3）；老年学（168，3）；男科（141，3）；药物滥用（76，3）；听力及语言病理学（67，3）；生物心理学（54，3）；初级卫生保健（27，3）

续表

地区	本省（自治区、直辖市）论文数排名在全国较为突出的SCI学科 ［论文数，本省（自治区、直辖市）各学科论文数的全国排名］
江苏省	生物化学与分子生物学（8 390，1）；食品科学（7 008，1）；土木工程（6 984，1）；实验医学（6 821，1）；生物技术与应用微生物学（6 339，1）；应用化学（5 944，1）；聚合物学（4 765，1）；应用数学（4 103，1）；建造技术（3 977，1）；数学（3 103，1）；电化学（2 948，1）；有机化学（2 404，1）；药物化学（2 141，1）；毒理学（2 138，1）；涂层与薄膜材料（2 104，1）；跨学科农业科学（1 895，1）；无机与核化学（1 512，1）；复合材料（1 425，1）；纺织材料（1 244，1）；生理学（1 131，1）；病理学（714，1）；纸质和木质材料（593，1）；园艺（450，1）；男科（213，1）；建筑学（197，1）；电子与电气工程（36 149，2）；多学科材料（23 481，2）；环境科学（18 537，2）；通信（16 206，2）；计算机信息系统（14 224，2）；应用物理学（12 802，2）；物理化学（12 467，2）；多学科化学（11 848，2）；能源与燃料（10 282，2）；化学工程（9 849，2）；纳米科学与技术（9 294，2）；药学与药理学（7 985，2）；自动控制（6 225，2）；环境工程（5 982，2）；人工智能（5 899，2）；仪器与仪表（5 715，2）；凝聚态物理（5 683，2）；细胞生物学（5 402，2）；机械工程（5 352，2）；光学（5 301，2）；分析化学（5 233，2）；绿色与可持续科技（4 811，2）；力学（4 678，2）；多学科工程（4 581，2）；植物学（4 512，2）；水资源（3 785，2）；计算机跨学科应用（3 408，2）；热力学（3 044，2）；多学科（2 951，2）；计算机科学理论与方法（2 951，2）；气象与大气科学（2 853，2）；遗传学（2 845，2）；多学科物理学（2 550，2）；软件工程（2 500，2）；交通科学与技术（2 298，2）；地质工程（2 221，2）；跨学科应用数学（2 219，2）；环境研究（2 178，2）；环境与职业健康（2 115，2）；计算机硬件与体系结构（2 018，2）；运筹学与管理学（1 877，2）；营养与饮食（1 834，2）；农艺学（1 746，2）；自然地理学（1 652，2）；生物材料（1 639，2）；经济学（1 524，2）；土壤学（1 461，2）；兽医学（1 376，2）；农业工程（1 198，2）；生态学（1 158，2）；数学物理学（1 124，2）；乳品与动物学（1 084，2）；天文学与天体物理（1 046，2）；声学（937，2）；控制论（921，2）；原子、分子与化学物理学（876，2）；计算生物学（848，2）；表征与测试材料（820，2）；昆虫学（804，2）；光谱学（739，2）；林业（725，2）；古生物学（631，2）；生物多样性保护（614，2）；晶体学（588，2）；细胞与组织工程（574，2）；粒子与场物理（317，2）；量子科技（296，2）；湖沼生物学（250，2）；人体工程学（175，2）；数理心理学（28，2）；多学科地球科学（5 709，3）；影像科学（3 025，3）；免疫学（2 972，3）；微生物学（2 687，3）；遥感（2 298，3）；制造工程（1 590，3）；工业工程（1 424，3）；生物物理（1 388，3）；生物化学研究方法（1 260，3）；航空航天工程（1 223，3）；心血管系统（1 115，3）；生物学（1 014，3）；海洋学（976，3）；水生生物学（919，3）；海洋工程（828，3）；概率与统计（785，3）；周围血管病（663，3）；矿物加工（641，3）；交通（536，3）；医学检验技术（532，3）；信息科学与图书馆学（518，3）；发育生物学（504，3）；机器人学（495，3）；地理学（339，3）；区域与城市规划（313，3）；进化生物学（301，3）；行为科学（211，3）；急诊医学（127，3）；解剖学（125，3）
广东省	细胞生物学（5 412，1）；免疫学（3 771，1）；渔业（1 903，1）；兽医学（1 434，1）；动物学（832，1）；细胞与组织工程（761，1）；发育生物学（666，1）；变态反应（253，1）；法医学（145，1）；解剖学（144，1）；微生物学（2 800，2）；药物化学（1 961，2）；水生生物学（1 688，2）；传染病学（1 385，2）；精神病学（1 146，2）；妇产科学（1 136，2）；医疗科学与服务（805，2）；医学信息学（571，2）；生殖生物学（511，2）；风湿病学（428，2）；进化生物学（357，2）；心理学（346，2）；行为科学（319，2）；寄生物学（262，2）；真菌学（230，2）；生物心理学（65，2）；肿瘤学（9 407，3）；药学与药理学（7 116，3）；生物化学与分子生物学（6 652，3）；实验医学（6 598，3）；神经科学（3 636，3）；应用化学（3 518，3）；食品科学（3 441，3）；植物学（3 112，3）；遗传学（2 574，3）；放射医学与医学影像（2 258，3）；计算机科学理论与方法（2 254，3）；临床神经病学（1 876，3）；生物医学工程（1 767，3）；外科学（1 691，3）；内分泌与代谢病学（1 660，3）；毒理学（1 627，3）；营养与饮食（1 273，3）；消化内科学与肝病学（1 253，3）；气象与大气科学（1 115，3）；老年病学（1 057，3）；结合与补充医学（1 019，3）；呼吸病学（967，3）；生态学（943，3）；眼科学（916，3）；骨科学（910，3）；跨学科农业科学（894，3）；泌尿科学和肾脏病学（757，3）；多学科心理学（743，3）；病毒学（738，3）；计算生物学（712，3）；昆虫学（687，3）；血液学（676，3）；农业工程（636，3）；儿科学（574，3）；口腔医学（539，3）；生物多样性保护（383，3）；皮肤病学（376，3）；地质学（353，3）；护理学（332，3）；实验心理学（274，3）；神经成像（229，3）；危重病医学（219，3）；器官移植（214，3）；临床心理学（163，3）；发展心理学（154，3）；数理心理学（27，3）
浙江省	医学检验技术（673，1）；内科学（2 916，3）；有机化学（1 577，3）；传染病学（1 077，3）；渔业（962，3）；医学信息学（410，3）；耳鼻喉科学（284，3）；显微学（100，3）；药物滥用（76，3）；食品科学（2 831，4）；营养与饮食（1 061，4）；消化内科学与肝病学（891，4）；眼科学（762，4）；多学科心理学（556，4）；动物学（517，4）；昆虫学（489，4）；儿科学（411，4）；风湿病学（263，4）；行为科学（188，4）；麻醉学（143，4）；分析心理学（3，4）；实验医学（5 635，5）；细胞生物学（3 750，5）；应用化学（2 529，5）；神经科学（2 389，5）；多学科（1 747，5）；生物医学工程（1 026，5）；生物化学研究方法（914，5）；海洋学（858，5）；老年病学（811，5）；水生生物学（807，5）；生物学（748，5）；结合与补充医学（688，5）；跨学科农业科学（662，5）；商学（651，5）；骨科学（620，5）；计算生物学（612，5）；血液学（561，5）；病理学（554，5）；妇产科学（532，5）；细胞与组织工程（439，5）；发育生物学（432，5）；病毒学（432，5）；信息科学与图书馆学（326，5）；实验心理学（208，5）；器官移植（178，5）；急诊医学（101，5）；应用心理学（90，5）；解剖学（85，5）；发展心理学（77，5）

续表

地区	本省（自治区、直辖市）论文数排名在全国较为突出的SCI学科 ［论文数，本省（自治区、直辖市）各学科论文数的全国排名］
湖北省	地质工程（2 249，1）；多学科地球科学（5 728，2）；遥感（3 258，2）；影像科学（3 173，2）；地球化学与地球物理学（2 146，2）；病毒学（936，2）；矿物学（672，2）；信息科学与图书馆学（671，2）；环境科学（10 535，3）；水资源（2 140，3）；自然地理学（1 635，3）；古生物学（260，3）；变态反应（172，3）；社会心理学（159，3）；热带医学（142，3）；计算机科学理论与方法（2 042，4）；环境研究（1 230，4）；传染病学（1 052，4）；生态学（749，4）；矿物加工（581，4）；流体与等离子体物理（533，4）；纺织材料（496，4）；石油工程（345，4）；地质学（343，4）；寄生物学（223，4）；纳米科学与技术（4 881，5）；土木工程（3 368，5）；环境工程（3 148，5）；植物学（3 028，5）；多学科工程（2 520，5）；绿色与可持续科技（2 518，5）；免疫学（2 330，5）；遗传学（1 890，5）；微生物学（1 859，5）；环境与职业健康（1 739，5）；毒理学（1 243，5）；陶瓷材料（1 170，5）；心血管系统（938，5）；气象与大气科学（735，5）；土壤学（511，5）；概率与统计（506，5）；天文学与天体物理（483，5）；昆虫学（481，5）；呼吸病学（450，5）；机器人学（410，5）；周围血管病（383，5）；地理学（305，5）；生物多样性保护（285，5）；护理学（285，5）；进化生物学（227，5）；湖沼生物学（160，5）；危重病医学（159，5）
山东省	海洋学（3 021，1）；水生生物学（2 350，1）；湖沼生物学（742，1）；显微学（144，1）；渔业（1 359，2）；生理学（1 072，2）；无机与核化学（1 050，2）；石油工程（844，2）；病理学（639，2）；地质学（419，2）；能源与燃料（6 279，3）；生物技术与应用微生物学（3 712，3）；分析化学（3 507，3）；应用数学（2 923，3）；电化学（2 206，3）；兽医学（1 040，3）；原子、分子与化学物理学（850，3）；光谱学（551，3）；晶体学（502，3）；纸质和木质材料（374，3）；物理化学（7 715，4）；化学工程（5 227，4）；应用化学（3 219，4）；植物学（3 057，4）；聚合物学（2 891，4）；内科学（2 349，4）；药物化学（1 898，4）；毒理学（1 549，4）；有机化学（1 331，4）；涂层与薄膜材料（1 147，4）；生物物理（1 127，4）；海洋工程（782，4）；妇产科学（566，4）；量子科技（179，4）；古生物学（164，4）；解剖学（115，4）；药学与药理学（6 420，5）；肿瘤学（6 187，5）；生物化学与分子生物学（5 657，5）；多学科化学（5 616，5）；自动控制（3 235，5）；多学科地球科学（3 063，5）；食品科学（2 279，5）；数学（1 746，5）；热力学（1 379，5）；内分泌与代谢病学（1 362，5）；跨学科应用数学（1 196，5）；地球化学与地球物理学（1 109，5）；自然地理学（875，5）；营养与饮食（758，5）；生态学（679，5）；海事工程（591，5）；农业工程（526，5）；纺织材料（487，5）；动物学（469，5）；生殖生物学（349，5）；听力及语言病理学（23，5）
陕西省	陶瓷材料（1 754，1）；航空航天工程（1 467，2）；核科学与技术（1 202，2）；电子与电气工程（27 613，3）；通信（12 832，3）；计算机信息系统（10 243，3）；应用物理学（8 842，3）；人工智能（4 537，3）；力学（3 808，3）；仪器与仪表（3 649，3）；多学科工程（3 092，3）；热力学（2 875，3）；多学科物理学（1 914，3）；地球化学与地球物理学（1 776，3）；涂层与薄膜材料（1 560，3）；计算机硬件与体系结构（1 234，3）；土壤学（1 175，3）；数学物理学（742，3）；流体与等离子体物理（633，3）；多学科材料（15 141，4）；能源与燃料（5 924，4）；机械工程（4 378，4）；冶金（4 282，4）；光学（4 143，4）；土木工程（3 881，4）；凝聚态物理（3 792，4）；多学科地球科学（3 665，4）；建造技术（2 581，4）；影像科学（2 477，4）；计算机跨学科应用（2 363，4）；水资源（2 020，4）；遥感（1 993，4）；跨学科应用数学（1 293，4）；制造工程（1 271，4）；工业工程（971，4）；自然地理学（930，4）；复合材料（871，4）；表征与测试材料（692，4）；跨学科农业科学（678，4）；声学（619，4）；农业工程（576，4）；光谱学（462，4）；晶体学（442，4）；显微学（98，4）；计算机科学理论与方法（1 927，5）；软件工程（1 319，5）；交通科学与技术（1 191，5）；乳品与动物学（575，5）；林业（335，5）；石油工程（281，5）；量子科技（176，5）；古生物学（138，5）；法医学（89，5）
四川省	内科学（3 831，2）；口腔医学（715，2）；神经成像（284，2）；核科学与技术（992，3）；石油工程（733，3）；乳品与动物学（699，3）；麻醉学（162，3）；法医学（109，3）；外科学（1 668，4）；交通科学与技术（1 281，4）；核物理学（212，4）；男科（123，4）；通信（7 875，5）；机械工程（2 791，5）；临床神经病学（1 499，5）；地质工程（1 369，5）；放射医学与医学影像（1 198，5）；生物材料（1 161，5）；经济学（984，5）；原子、分子与化学物理学（658，5）；流体与等离子体物理（527，5）；泌尿科学和肾脏病学（474，5）；数学物理学（473，5）；皮肤病学（279，5）；耳鼻喉科学（161，5）；康复学（149，5）；犯罪与刑罚学（30，5）
安徽省	流体与等离子体物理（723，2）；鸟类学（25，2）；核科学与技术（910，5）；光谱学（461，5）；量子科技（176，5）；概率与统计（502，6）；数学物理学（452，6）；矿物学（284，6）；核物理学（165，6）；原子、分子与化学物理学（512，7）；天文学与天体物理（394，7）；粒子与场物理（206，7）

续表

地区	本省（自治区、直辖市）论文数排名在全国较为突出的SCI学科 ［论文数，本省（自治区、直辖市）各学科论文数的全国排名］
湖南省	矿物加工（690，2）；冶金（4 518，3）；矿物学（467，3）；建造技术（1 842，5）；多学科物理学（1 333，5）；遥感（957，5）；精神病学（785，5）；航空航天工程（566，5）；医学检验技术（399，5）；药物滥用（52，5）；土木工程（3 198，6）；多学科工程（2 392，6）；力学（2 254，6）；地质工程（1 328，6）；表征与测试材料（440，6）；皮肤病学（214，6）；犯罪与刑罚学（27，6）；通信（6 027，7）；应用数学（1 938，7）；计算机跨学科应用（1 863，7）；数学（1 467，7）；计算机科学理论与方法（1 452，7）；影像科学（1 131，7）；跨学科应用数学（1 076，7）；计算机硬件与体系结构（778，7）；泌尿科学和肾脏病学（313，7）；医学伦理（9，7）；多学科材料（10 813，8）；凝聚态物理（2 630，8）；环境工程（2 356，8）；细胞生物学（2 323，8）；软件工程（1 050，8）；地球化学与地球物理学（743，8）；交通科学与技术（626，8）；复合材料（577，8）；概率与统计（467，8）；护理学（267，8）；医学信息学（247，8）；发育生物学（247，8）；男科（92，8）；神经成像（83，8）；湖沼生物学（62，8）；电子与电气工程（12 813，9）；计算机信息系统（6 219，9）；应用物理学（5 151，9）；机械工程（2 325，9）；电化学（1 405，9）；陶瓷材料（790，9）；临床神经病学（758，9）；内分泌与代谢病学（639，9）；老年病学（490，9）；心血管系统（452，9）；核科学与技术（361，9）；控制论（350，9）；数学物理学（349，9）；量子科技（138，9）；心理学（104，9）；危重病医学（74，9）；人体工程学（48，9）
辽宁省	冶金（6 169，2）；海洋工程（895，2）；海事工程（707，2）；自动控制（3 788，3）；控制论（904，3）；海洋学（928，4）；生物心理学（49，4）；仪器与仪表（2 599，5）；力学（2 352，5）；制造工程（1 180，5）；表征与测试材料（585，5）；矿物加工（555，5）；机械工程（2 620，6）；药物化学（1 124，6）；土壤学（448，6）；交通（248，6）；法医学（88，6）；显微学（80，6）；多学科材料（11 337，7）；多学科工程（2 215，7）；运筹学与管理学（907，7）；涂层与薄膜材料（886，7）；流体与等离子体物理（385，7）；声学（373，7）；行为科学（152，7）；肿瘤学（3 579，8）；人工智能（3 149，8）；土木工程（2 408，8）；应用化学（2 128，8）；食品科学（1 791，8）；生物化学研究方法（753，8）；病理学（279，8）；航空航天工程（198，8）；信息科学与图书馆学（186，8）
天津市	纺织材料（535，3）；分析心理学（5，3）；化学工程（4 320，5）；热力学（1 213，7）；血液学（356，7）；男科（95，7）；多学科化学（4 791，8）；生物医学工程（784，8）；海洋工程（457，8）；结合与补充医学（335，8）；眼科学（274，8）；器官移植（112，8）；社会学数学方法（62，8）；解剖学（51，8）；能源与燃料（3 664，9）；光学（2 523，9）；聚合物学（1 797，9）；生物材料（597，9）；概率与统计（448，9）；呼吸病学（347，9）；机器人学（339，9）；农业工程（317，9）；海事工程（287，9）；细胞与组织工程（236，9）；金融学（226，9）；石油工程（103，9）；康复学（80，9）；建筑学（32，9）；纳米科学与技术（3 408，10）；应用化学（1 724，10）；水资源（756，10）；海洋学（472，10）；晶体学（311，10）；急诊医学（41，10）；物理化学（5 355，11）；应用物理学（4 595，11）；环境科学（4 030，11）；凝聚态物理（2 184，11）；环境工程（2 109，11）；生物技术与应用微生物学（1 715，11）；绿色与可持续科技（1 355，11）；生物物理（560，11）；经济学（474，11）；原子、分子与化学物理学（373，11）；泌尿科学和肾脏病学（205，11）；医学检验技术（182，11）；纸质和木质材料（141，11）；粒子与场物理（124，11）；心理学（84，11）；语言与语言学（61，11）
福建省	晶体学（429，5）；水生生物学（722，6）；无机与核化学（699，6）；解剖学（53，6）；渔业（435，7）；林业（297，7）；社会学数学方法（63，7）；金融学（249，8）；纸质和木质材料（177，8）；耳鼻喉科学（112，8）；传播学（64，8）；建筑学（34，8）；微生物学（860，9）；外科学（822，9）；医学检验技术（221，9）；园艺（152，9）；语言与语言学（107，9）；语言学（102，9）；社会心理学（87，9）；经济学（515，10）；昆虫学（272，10）；医疗科学与服务（257，10）；纺织材料（229，10）；生物多样性保护（154，10）；公共管理（22，10）；环境研究（540，11）；海洋学（455，11）；心血管系统（382，11）；生态学（373，11）；妇产科学（256，11）；跨学科社会学（161，11）
河南省	无机与核化学（817，4）；园艺（234，5）；寄生物学（154，7）；有机化学（862，8）；晶体学（360，8）；热带医学（60，8）；植物学（1 839，9）；免疫学（946，9）；毒理学（798，9）；生理学（508，9）；器官移植（101，9）；肿瘤学（3 331，10）；药学与药理学（3 071，10）；生物技术与应用微生物学（1 767，10）；食品科学（1 416，10）；药物化学（832，10）；自然地理学（540，10）；光谱学（338，10）；血液学（178，10）；生殖生物学（158，10）；农业经济与政策（16，10）；生物化学与分子生物学（2 657，11）；细胞生物学（2 019，11）；应用数学（1 421，11）；数学（1 071，11）；农艺学（481，11）；营养与饮食（398，11）；乳品与动物学（340，11）；传染病学（319，11）；动物学（286，11）；农业工程（275，11）；量子科技（104，11）；核物理学（77，11）；建筑学（24，11）

续表

地区	本省（自治区、直辖市）论文数排名在全国较为突出的SCI学科 ［论文数，本省（自治区、直辖市）各学科论文数的全国排名］
重庆市	行为科学（180，5）；教育心理学（61，5）；社会心理学（106，6）；昆虫学（375，7）；多学科心理学（335，8）；儿科学（327，8）；语言与语言学（123，8）；语言学（122，8）；实验心理学（121，8）；危重病医学（81，8）；急诊医学（55，8）；生物心理学（38，8）；骨科学（381，9）；临床心理学（75，9）；发展心理学（38，9）；神经科学（1 419，10）；生物物理（577，10）；交通科学与技术（543，10）；传染病学（372，10）；发育生物学（167，10）；皮肤病学（109，10）；心理学（87，10）；神经成像（73，10）；变态反应（37，10）；建筑学（28，10）；数理心理学（5，10）；免疫学（842，11）；地质工程（587，11）；生物学（369，11）；眼科学（172，11）；人口学（7，11）；冶金（1 585，12）；老年病学（309，12）；消化内科学与肝病学（294，12）；声学（222，12）；呼吸病学（210，12）；泌尿科学和肾脏病学（203，12）；周围血管病（180，12）；量子科技（90，12）；真菌学（58，12）；人体工程学（42，12）；地理学（36，12）；生物医学社会学（25，12）
黑龙江省	林业（676，3）；海事工程（669，3）；航空航天工程（656，4）；兽医学（722，5）；海洋工程（698，5）；纸质和木质材料（233，5）；复合材料（643，6）；乳品与动物学（468，6）；声学（432，6）；海洋学（680，7）；表征与测试材料（421，7）；农业工程（416，7）；石油工程（193，7）；力学（2 017，8）；农艺学（556，8）；核科学与技术（524，8）；跨学科农业科学（431，8）；机器人学（342，8）；病毒学（238，8）；自动控制（2 421，9）；建造技术（1 158，9）；制造工程（918，9）；园艺（152，9）；土木工程（2 356，10）；仪器与仪表（2 338，10）；机械工程（2 172，10）；多学科工程（1 958，10）；冶金（1 956，10）；微生物学（832，10）；流体与等离子体物理（231，10）；地理学（40，10）；能源与燃料（3 258，11）；影像科学（860，11）；光谱学（321，11）；天文学与天体物理（158，11）
吉林省	真菌学（141，4）；地质学（278，7）；数理心理学（9，7）；寄生物学（140，8）；农业经济与政策（28，8）；内科学（1 239，9）；地球化学与地球物理学（593，9）；皮肤病学（128，9）；解剖学（49，9）；鸟类学（11，9）；医学伦理（5，9）；光学（2 366，10）；生物材料（594，10）；无机与核化学（582，10）；病毒学（159，10）；显微学（59，10）；热带医学（58，10）；发展心理学（37，10）；多学科化学（3 827，11）；分析化学（1 932，11）；聚合物学（1 517，11）；交通科学与技术（537，11）；遥感（514，11）；土壤学（347，11）；晶体学（291，11）；结合与补充医学（265，11）；渔业（183，11）；护理学（145，11）；多学科地球科学（1 274，12）；内分泌与代谢病学（501，12）；农艺学（404，12）；乳品与动物学（318，12）；石油工程（70，12）；教育心理学（19，12）；生物心理学（13，12）；纳米科学与技术（2 794，13）；药学与药理学（2 487，13）；生物化学与分子生物学（2 276，13）；影像科学（570，13）；毒理学（558，13）；生理学（410，13）；兽医学（403，13）；概率与统计（346，13）；光谱学（300，13）；公共管理（11，13）；多学科材料（6 100，14）；细胞生物学（1 432，14）；多学科物理学（664，14）；药物化学（532，14）；环境研究（418，14）；原子、分子与化学物理学（342，14）；生物学（321，14）；矿物学（160，14）；林业（130，14）；实验心理学（51，14）；变态反应（19，14）；初级卫生保健（5，14）
江西省	初级卫生保健（13，6）；数理心理学（7，8）；矿物加工（250，10）；矿物学（230，10）；食品科学（1 323，11）；有机化学（771，11）；公共管理（18，11）；营养与饮食（392，12）；应用化学（1 261，13）；无机与核化学（498，13）；昆虫学（190，13）；金融学（164，13）；地质学（98，13）；真菌学（49，13）；显微学（44，13）；消化内科学与肝病学（250，14）；晶体学（178，14）；多学科心理学（152，14）；社会心理学（38，14）；听力及语言病理学（5，14）；内科学（765，15）；地球化学与地球物理学（233，15）；核科学与技术（154，15）；社会学数学方法（16，15）；陶瓷材料（339，16）；经济学（285，16）；光谱学（263，16）；表征与测试材料（111，16）；耳鼻喉科学（35，16）；神经成像（28，16）
云南省	真菌学（224，3）；天文学与天体物理（558，4）；生物多样性保护（319，4）；进化生物学（253，4）；生态学（665，6）；古生物学（104，6）；植物学（2 007，8）；林业（268，8）；遗传学（1 096，11）；矿物加工（247，11）；药物化学（721，11）；病毒学（154，11）
甘肃省	粒子与场物理（303，3）；核物理学（279，3）；土壤学（657，4）；寄生物学（176，5）；鸟类学（18，5）；气象与大气科学（652，7）；古生物学（97，7）；热带医学（67，7）；乳品与动物学（418，8）；自然地理学（545，9）；农艺学（483，10）；生态学（436，10）；核科学与技术（338，10）；天文学与天体物理（191，10）；多学科地球科学（1 365，11）；兽医学（447，11）；生物多样性保护（139，11）；生物心理学（15，11）；初级卫生保健（8，11）；地质学（107，12）；进化生物学（85，12）
河北省	古生物学（31，10）；骨科学（357，11）；内科学（858，12）；医学检验技术（154，12）；显微学（46，12）；动物学（236，13）；病理学（201，13）；康复学（56，13）；急诊医学（19，13）
贵州省	矿物学（293，5）；昆虫学（317，8）；古生物学（42，9）；动物学（307，10）；地质学（125，10）；真菌学（68，10）；鸟类学（10，11）；地球化学与地球物理学（364，13）；矿物加工（191，13）；教育心理学（16，13）

续表

地区	本省（自治区、直辖市）论文数排名在全国较为突出的SCI学科［论文数，本省（自治区、直辖市）各学科论文数的全国排名］
山西省	法医学（50，9）；犯罪与刑罚学（11，13）；昆虫学（173，15）；护理学（54，15）；无机与核化学（463，16）；晶体学（165，16）；乳品与动物学（151，16）；园艺（98，16）；风湿病学（78，16）；粒子与场物理（76，16）；变态反应（15，16）
广西壮族自治区	生殖生物学（166，9）；水生生物学（185，13）；医学检验技术（138，13）；纸质和木质材料（100，13）；兽医学（321，15）；血液学（123，15）；农艺学（327，16）；林业（103，16）；矿物学（95，16）；口腔医学（66，16）；区域和城市规划（23，16）；生物医学社会学（10，16）
宁夏回族自治区	男科（15，15）；耳鼻喉科学（15，21）；生物心理学（5，22）；社会学数学方法（4，23）；城市研究（5，25）；血液学（23，26）；眼科学（15，26）；危重病医学（9，26）；区域和城市规划（5，26）；麻醉学（4，26）；生物医学社会学（1，26）
新疆维吾尔自治区	石油工程（127，8）；初级卫生保健（10，8）；寄生物学（87，10）；天文学与天体物理（144，13）；解剖学（35，14）；热带医学（30，15）；急诊医学（9，17）；兽医学（186，18）；林业（94，18）；生态学（228，19）；气象与大气科学（178，19）；地质学（45，19）
青海省	城市研究（7，22）；社会学数学方法（4，23）；寄生物学（31，24）；地质学（19，24）；真菌学（11，24）；石油工程（7，25）；热带医学（6，25）；乳品与动物学（61，26）；生物多样性保护（56，26）；周围血管病（25，26）
内蒙古自治区	鸟类学（11，9）；乳品与动物学（159，15）；解剖学（32，15）；药物滥用（10，18）；进化生物学（45，19）；兽医学（159，20）；生物多样性保护（80，20）；法医学（10，20）；发展学（6，20）；
西藏自治区	鸟类学（10，11）；石油工程（5，26）；渔业（9，28）；进化生物学（21，29）；天文学与天体物理（8，29）；多学科心理学（5，29）；计算生物学（12，30）；发育生物学（5，30）；交通科学与技术（1，30）
海南省	鸟类学（25，2）；渔业（206，10）；水生生物学（246，12）；湖沼生物学（38，14）；海洋学（121，16）；园艺（89，17）；农艺学（245，19）；热带医学（23，19）；器官移植（15，19）；生物心理学（10，19）

资料来源：科技大数据湖北省重点实验室

注：地区排序同基础研究竞争力指数排序

3.3 中国省域基础研究竞争力分析

3.3.1 北京市

2020年，北京市的基础研究竞争力指数为90.8807，排名第1位。综合本市各学科论文数和篇均被引量来看，2020年北京市基础研究在本市范围内较为活跃的学科为电子与电气工程、多学科材料、环境科学、危重病医学、通信、计算机信息系统、物理化学、应用物理学、能源与燃料、内科学等。其中，电子与电气工程的高频词包括特征提取、深度学习、任务分析、优化、机器学习等，多学科材料的高频词包括微观结构、力学性能、石墨烯、热导率、机械特性等，环境科学的高频词包括气候变化、吸附、$PM_{2.5}$、遥感、重金属等（表3-7）。综合本市各学科在全国的发文数量和排名位次来看，2020年北京市基础研究在全国范围内较为突出的学科为电子与电气工程、多学科材料、环境科学、通信、计算机信息系统、能源与燃料、应用物理学、物理化学、多学科化学、多学科地球科学等。北京市综合交叉学科、工程科学、材料科学学科领域发表高水平论文数量分别为101篇、98篇、87篇（表3-8）。北京市共有121个机构进入相关学科的ESI全球前1%行列（图3-2、图3-3、图3-4）；发明专利申请量共96 341件，全国排名第4（表3-9），主要专利权人如表3-10所示；获得国家科技奖励的科研机构如表3-11所示。

2017～2020年，北京市BRCI排名领先全国，始终位列第1（图3-5）；SCI论文数呈上升趋势（图3-6）；发明专利申请量呈上升趋势，在2020年稍有回落（图3-7）。

2020年，北京市地方财政科技投入经费324.8亿元，全国排名第7位；获得国家科技奖励134项，全国排名第1位。截至2021年9月，北京市拥有国家重点实验室124个，省级重点实验室457个，省（级）实验室2个；拥有院士806人，全国排名第1位。

表3-7　2020年北京市基础研究SCI活跃学科及高频词

序号	活跃学科	SCI学科活跃度	高频词（词频）
1	电子与电气工程	9.13	特征提取（318）；深度学习（274）；任务分析（243）；优化（212）；机器学习（188）；训练（187）；数学模型（167）；计算建模（135）；资源管理（126）；数据模型（123）；物联网（123）；神经网络（118）；估计（110）；无线通信（103）；延迟（100）；可靠性（96）；传感器（94）；卷积神经网络（90）；三维显示（88）；预测模型（85）
2	多学科材料	5.98	微观结构（241）；力学性能（179）；石墨烯（104）；热导率（55）；机械特性（50）；2D材料（48）；磁电纳米发电机（47）；钙钛矿太阳能电池（41）；选择性激光熔化（41）；磁电纳米发电机（40）；数值模拟（39）；析氧反应（39）；光催化（37）；析氢反应（34）；锂离子电池（34）；氧化还原反应（34）；腐蚀（33）；钠离子电池（33）；氧化（32）；稳定性（32）
3	环境科学	5.84	气候变化（147）；吸附（83）；$PM_{2.5}$（83）；遥感（83）；重金属（61）；空气污染（59）；青藏高原（58）；微生物群落（56）；风险评估（55）；北京（53）；土壤（51）；城镇化（45）；深度学习（44）；降水（43）；来源分配（41）；生物炭（40）；生态系统（39）；可持续性（39）；重金属（37）；空间分布（37）
4	危重病医学	4.62	死亡（6）；脓毒症（6）；COVID-19（4）；冠状病毒病2019（3）；急性呼吸窘迫综合征（2）；觉醒（2）；生物标志物（2）；脑损伤（2）；心肺复苏（2）；中国（2）；肺炎（2）；疾病严重程度（2）；电阻抗断层成像（2）；固定（2）；机械通气（2）；元分析（2）；无创通气（2）；预后（2）；感染性休克（2）
5	通信	4.29	特征提取（180）；任务分析（158）；优化（140）；深度学习（139）；机器学习（127）；资源管理（124）；物联网（116）；训练（112）；无线通信（95）；计算建模（84）；延迟（82）；边缘计算（76）；数据模型（71）；数学模型（70）；区块链（65）；干扰（61）；服务器（61）；预测模型（57）；可靠性（57）；资源分配（57）
6	计算机信息系统	3.97	特征提取（181）；深度学习（176）；任务分析（149）；物联网（115）；机器学习（114）；优化（98）；训练（98）；计算建模（75）；数据模型（71）；区块链（66）；资源管理（63）；卷积神经网络（60）；云计算（59）；边缘计算（59）；神经网络（57）；数学模型（56）；语义（56）；启发式算法（54）；预测模型（54）；延迟（52）
7	物理化学	3.86	石墨烯（58）；光催化（58）；微观结构（43）；析氢反应（42）；吸附（41）；析氧反应（38）；磁电纳米发电机（34）；电催化（33）；氧化还原反应（33）；密度泛函理论（32）；磁电纳米发电机（32）；锂离子电池（31）；2D材料（29）；力学性能（29）；锂离子电池（25）；稳定性（24）；钙钛矿太阳能电池（23）；钠离子电池（23）；界面（22）；自组装（20）
8	应用物理学	3.61	微观结构（59）；石墨烯（49）；深度学习（32）；磁电纳米发电机（32）；2D材料（28）；力学性能（26）；热导率（26）；磁电纳米发电机（26）；析氢反应（24）；析氧反应（24）；传感器（24）；光催化（22）；电催化（21）；钙钛矿太阳能电池（21）；数值模拟（19）；界面（18）；锂离子电池（18）；纳米复合材料（18）；相变（18）；钠离子电池（17）
9	能源与燃料	3.60	中国（42）；数值模拟（42）；孔结构（30）；可再生能源（30）；锂离子电池（29）；传热（28）；水力压裂（27）；优化（27）；钙钛矿太阳能电池（27）；燃烧（25）；氢（25）；页岩（25）；厌氧消化（23）；煤（23）；ORC（23）；动力学（22）；热解（21）；页岩气（20）；页岩油（20）；太阳能（19）；热力学分析（19）

续表

序号	活跃学科	SCI 学科活跃度	高频词（词频）
10	内科学	3.53	协议（63）；元分析（62）；系统审查（60）；案件报告（54）；预后（39）；COVID-19（30）；中医（25）；诊断（23）；随机对照试验（20）；公共卫生（19）；针灸（18）；治疗（18）；流行病学（15）；手术（13）；乳腺癌（11）；临床试验（11）；磁共振成像（11）；危险因素（11）；高血压（10）；风险因素（10）

资料来源：科技大数据湖北省重点实验室

表 3-8　2020 年北京市各学科 SCI 论文发文情况

序号	ESI 学科	论文数/篇（全国排名，市内排名）	被引次数/次（全国排名，市内排名）	篇均被引/次（全国排名，市内排名）	高水平论文/篇（全国排名，市内排名）
1	农业科学	2 013（2，11）	4 565（2，13）	2.267 8（12，1）	15（3，16）
2	生物学与生物化学	2 432（1，9）	5 628（3，12）	2.314 1（11，2）	17（2，15）
3	化学	7 837（1，3）	21 059（2，4）	2.687 1（15，3）	79（2，5）
4	临床医学	10 891（1，2）	68 738（2，1）	6.311 4（2，4）	83（2，4）
5	计算机科学	3 358（1，8）	6 614（1，10）	1.969 6（20，5）	25（5，10）
6	经济与商学	1 003（1，18）	2 330（1，18）	2.323 0（8，6）	22（1，14）
7	工程科学	13 967（1，1）	30 573（1，2）	2.188 9（20，7）	98（3，2）
8	环境/生态学	4 971（1，7）	14 149（1，5）	2.846 3（5，8）	47（1，6）
9	地球科学	5 548（1，5）	10 106（1，7）	1.821 6（10，9）	38（1，8）
10	免疫学	849（1，19）	6 704（2，9）	7.896 3（7，10）	13（2，18）
11	材料科学	7 243（1，4）	25 727（1，3）	3.552 0（7，11）	87（1，3）
12	数学	1 538（1，16）	1 686（2，21）	1.096 2（13，12）	24（5，12）
13	微生物学	738（1，21）	4 548（3，14）	6.162 6（9，13）	9（3，19）
14	分子生物与遗传学	1 801（4，13）	5 921（3，11）	3.287 6（4，14）	28（1，9）
15	综合交叉学科	1 750（1，14）	11 714（1，6）	6.693 7（4，15）	101（1，1）
16	神经科学与行为	1 447（1，17）	2 117（2，19）	1.463 0（20，16）	5（4，21）
17	药理学与毒物学	1 810（1，12）	3 960（1，15）	2.187 8（6，17）	14（1，17）
18	物理学	5 001（1，6）	9 723（1，8）	1.944 2（6，18）	39（1，7）
19	植物与动物科学	2 055（1，10）	3 839（1，16）	1.868 1（4，19）	25（1，10）
20	精神病学/心理学	829（1，20）	1 876（2，20）	2.263 0（12，20）	7（2，20）
21	一般社会科学	1 680（2，15）	3 110（2，17）	1.851 2（13，21）	24（1，12）
22	空间科学	608（1，22）	1 035（1，22）	1.702 3（10，22）	2（1，22）
全市合计		85 230	248 373	2.914 1	931

资料来源：科技大数据湖北省重点实验室

注：学科排序同 ESI 学科固定排序

	机构综合排名	农业科学	生物学与生物化学	化学	临床医学	计算机科学	经济与商学	工程科学	环境/生态学	地球科学	免疫学	材料科学	数学	微生物学	分子生物与基因	综合交叉学科	神经科学与行为	药理学与毒物学	物理学	植物与动物科学	精神病学/心理学	社会科学	空间科学	机构进入ESI学科数
中国科学院大学	59	24	90	6	1400	117	—	42	16	28	573	5	—	86	232	—	601	159	128	28	618	442	—	18
清华大学	74	721	135	13	896	5	155	4	67	137	510	6	105	282	242	21	658	475	35	521	—	331	—	20
北京大学	80	281	122	26	201	71	108	77	64	46	279	17	69	266	163	86	254	56	47	269	287	190	170	22
北京航空航天大学	448	—	—	264	4382	46	—	25	—	—	—	68	—	—	—	—	—	—	336	—	—	1079	—	7
北京师范大学	479	235	930	341	4445	543	—	328	88	98	—	439	71	—	—	—	294	—	586	829	312	377	—	15
首都医科大学	488	—	532	—	223	—	—	—	—	—	323	—	—	—	457	—	187	183	—	—	701	1321	—	8
北京协和医学院	492	886	385	677	294	—	—	—	—	—	367	876	—	249	257	—	716	74	—	806	—	1501	—	12
北京理工大学	528	—	—	166	—	102	—	48	1089	—	—	87	282	—	—	—	—	—	573	—	—	858	—	8
中国地质大学	535	—	—	430	—	174	—	189	314	16	—	301	—	—	—	—	—	—	—	—	—	1270	—	7
中国农业大学	542	7	299	547	—	—	—	536	247	—	780	—	—	167	459	—	—	596	—	54	—	976	—	11
北京科技大学	599	—	—	227	—	188	—	158	948	—	—	41	—	—	—	—	—	—	741	—	—	—	—	6
北京化工大学	611	—	731	73	—	—	—	320	—	—	—	89	—	—	—	—	—	—	—	—	—	—	—	4
中国石油大学	713	—	—	215	—	415	—	78	1175	147	—	235	—	—	—	—	—	—	—	—	—	—	—	6
北京工业大学	1068	—	1170	520	—	371	—	209	881	—	—	263	—	—	—	—	—	—	—	—	—	—	—	6
华北电力大学	1126	—	—	893	—	476	—	67	572	—	—	576	—	—	—	—	—	—	—	—	—	1403	—	6
北京交通大学	1144	—	—	1337	—	99	—	101	—	—	—	436	—	—	—	—	—	—	—	—	—	1250	—	5
北京林业大学	1362	262	910	848	—	—	—	899	502	—	—	672	—	—	—	—	—	—	—	228	—	—	—	7
北京邮电大学	1405	—	—	—	—	30	—	297	—	—	—	990	—	—	—	—	—	—	665	—	—	—	—	4
中国人民大学	1546	—	—	881	—	—	173	1104	1173	—	—	929	—	—	—	—	—	—	—	—	804	578	—	7
首都师范大学	1851	—	—	887	—	—	—	—	—	—	—	875	—	—	—	—	—	—	—	808	—	—	—	3
北京中医药大学	2522	—	—	—	1895	—	—	—	—	—	—	—	—	—	—	—	—	378	—	—	—	—	—	2
北京工商大学	3238	353	—	—	—	—	—	—	—	—	—	—	—	—	—	—	—	—	—	—	—	—	—	1
中央财经大学	4415	—	—	—	—	—	322	—	—	—	—	—	—	—	—	—	—	—	—	—	—	1660	—	2
北京建筑大学	4686	—	—	—	—	—	—	1131	—	—	—	—	—	—	—	—	—	—	—	—	—	—	—	1
北方工业大学	5555	—	—	—	—	—	—	1262	—	—	—	—	—	—	—	—	—	—	—	—	—	—	—	1

图 3-2　2020 年北京市各高校进入 ESI 前 1%的学科及排名

资料来源：科技大数据湖北省重点实验室

	机构综合排名	农业科学	生物学与生物化学	化学	临床医学	计算机科学	工程科学	环境/生态学	地球科学	免疫学	材料科学	数学	微生物学	分子生物与基因	神经科学与行为	药理学与毒物学	物理学	植物与动物科学	精神病学/心理学	社会科学	空间科学	机构进入ESI学科数
中国科学院化学研究所	418	—	—	23	—	—	1245	—	—	—	30	—	—	—	—	—	—	—	—	—	—	3
中国科学院物理研究所	654	—	—	296	—	—	—	—	—	—	104	—	—	—	—	—	118	—	—	—	—	3
中国科学院高能物理研究所	746	—	—	405	—	—	153-	—	—	—	326	—	—	—	—	—	109	—	—	—	—	4
中国科学院生态环境研究中心	983	436	1135	498	—	5月8日	—	62	719	—	—	—	—	—	—	—	—	1256	—	—	—	7
中国科学院地理科学与资源研究所	1171	155	—	—	—	—	661	153	168	—	—	—	—	—	—	—	—	1088	—	392	—	6
中国科学院地质与地球物理研究所	1225	—	—	—	—	—	—	—	38	—	—	—	—	—	—	—	—	—	—	—	—	1
中国科学院过程工程研究所	1309	—	973	314	—	—	546	—	—	—	317	—	—	—	—	—	—	—	—	—	—	4
中国科学院大气物理研究所	1388	—	—	—	—	—	—	609	59	—	—	—	—	—	—	—	—	—	—	—	—	2
中国科学院遗传与发育生物学研究所	1402	511	902	—	2800	—	—	—	—	—	—	—	—	474	—	—	—	137	—	—	—	5
中国科学院微生物研究所	1561	—	505	—	4025	—	—	—	—	—	—	—	172	—	—	109	—	306	—	—	—	5
中国科学院生物物理研究所	1581	—	463	—	3074	—	—	—	—	712	—	—	—	544	960	—	—	—	—	—	—	5
中国科学院植物研究所	1602	370	—	—	—	—	—	323	—	—	—	—	—	—	—	—	—	139	—	—	—	3
中国科学院动物研究所	1611	—	796	—	3626	—	—	766	—	—	—	—	—	445	—	—	—	424	—	—	—	5
中国科学院北京纳米能源与系统研究所	1670	—	—	—	—	—	—	—	—	—	141	—	—	—	—	—	—	—	—	—	—	1
中国科学院国家天文台	1713	—	—	—	—	—	—	—	—	—	—	—	—	—	—	—	—	—	—	—	103	1
中国科学院半导体研究所	1755	—	—	1386	—	—	1319	—	—	—	364	—	—	—	—	—	583	—	—	—	—	4
中国科学院自动化研究所	2020	—	—	—	4618	124	300	—	—	—	—	—	—	—	780	—	—	—	—	—	—	4
中国科学院数学与系统科学研究院	2126	—	—	—	—	—	459	—	—	—	—	29	—	—	—	—	—	—	—	—	—	2
中国科学院青藏高原研究所	2144	—	—	—	—	—	—	533	195	—	—	—	—	—	—	—	—	—	—	—	—	2
中国科学院心理研究所	2458	—	—	—	—	—	—	—	—	—	—	—	—	—	427	—	—	—	297	1729	—	3
中国科学院北京基因组研究所	2691	—	1099	—	4563	—	—	—	—	—	—	—	—	684	—	—	—	1396	—	—	—	4
中国科学院理论物理研究所	2828	—	—	—	—	—	—	—	—	—	—	—	—	—	—	—	614	—	—	—	—	1
中国科学院遥感与数字地球研究所	2967	—	—	—	—	—	—	918	324	—	—	—	—	—	—	—	—	—	—	—	—	2
中国科学院力学研究所	3004	—	—	—	—	—	669	—	—	—	662	—	—	—	—	—	—	—	—	—	—	2
中国科学院电工研究所	3248	—	—	—	—	—	557	—	—	—	—	—	—	—	—	—	—	—	—	—	—	1
中国科学院计算技术研究所	3464	—	—	—	—	249	668	—	—	—	—	—	—	—	—	—	—	—	—	—	—	2
中国科学院古脊椎动物与古人类研究所	3732	—	—	—	—	—	—	—	643	—	—	—	—	—	—	—	—	—	—	1135	—	2
中国科学院工程热物理研究所	4470	—	—	—	—	—	582	—	—	—	—	—	—	—	—	—	—	—	—	—	—	1
中国科学院微电子研究所	4509	—	—	—	—	—	1494	—	—	—	—	—	—	—	—	—	—	—	—	—	—	1
中国科学院理化技术研究所	4729	—	—	1221	—	—	1215	—	—	—	188	—	—	—	—	—	—	—	—	—	—	3
中国科学院信息工程研究所	4994	—	—	—	—	286	—	—	—	—	—	—	—	—	—	—	—	—	—	—	—	1
中国科学院科技战略咨询研究院	5567	—	—	—	—	—	1284	—	—	—	—	—	—	—	—	—	—	—	—	—	—	1
中国科学院软件研究所	5587	—	—	—	—	519	—	—	—	—	—	—	—	—	—	—	—	—	—	—	—	1

图 3-3　2020 年中国科学院及京属各研究所进入 ESI 前 1%的学科及排名

资料来源：科技大数据湖北省重点实验室

	机构综合排名	农业科学	生物学与生物化学	化学	临床医学	计算机科学	工程科学	环境/生态学	地球科学	免疫学	材料科学	微生物学	分子生物与基因	神经科学与行为	药理学与毒物学	物理学	植物与动物科学	社会科学	机构进入ESI学科数
中国医学科学院北京协和医学院	351	778	300	613	166	—	—	—	—	242	721	204	219	530	50	—	746	845	12
中国农业科学院	525	9	367	747	—	—	1240	302	—	819	—	76	321	—	690	—	18	—	10
国家纳米科学中心	822	—	—	265	4927	—	1668	—	—	—	65	—	—	—	—	—	—	—	4
中国疾病预防控制中心	904	776	—	—	516	—	—	727	—	218	—	96	—	—	920	—	—	490	7
中国教育部	978	715	1121	332	3190	—	370	—	744	—	303	—	—	—	885	—	1251	—	9
中国人民解放军总医院	1109	—	716	—	586	—	—	—	—	852	—	—	662	794	577	—	—	—	6
北京协和医院	1361	—	1155	—	625	—	—	—	—	—	—	—	—	—	—	—	—	—	2
中国地质科学院	1664	—	—	—	—	—	—	—	72	—	—	—	—	—	—	—	—	—	1
军事科学院军事医学研究院	1675	—	919	—	1853	—	—	—	—	—	—	523	869	—	469	—	—	—	5
中国医学科学院阜外医院	1791	—	—	—	714	—	—	—	—	—	—	—	—	—	—	—	—	—	1
中国石油天然气集团有限公司	1860	—	—	939	—	—	618	—	220	—	—	—	—	—	—	—	—	—	3
中国气象局	1925	—	—	—	—	—	—	811	130	—	—	—	—	—	—	—	—	—	2
中国医学科学院基础医学研究所	2066	—	—	—	1521	—	—	—	—	—	—	—	744	—	—	—	—	—	2
中国医学科学院肿瘤医院	2142	—	—	—	999	—	—	—	—	—	—	—	—	—	—	—	—	—	1
国家海洋局	2146	—	—	—	—	—	—	736	343	—	—	—	—	—	—	—	855	—	3
中国环境科学研究院	2154	—	—	—	—	—	918	240	673	—	—	—	—	—	—	—	—	—	3
中国林业科学研究院	2193	584	—	1365	—	—	—	726	—	—	—	—	—	—	—	—	326	—	4
中国农业科学院作物科学研究所	2357	228	—	—	—	—	—	—	—	—	—	—	—	—	—	—	209	—	2
中国水产科学研究院	2390	—	—	—	—	—	—	907	—	—	—	—	—	—	—	—	288	—	2
中国中医科学院	2437	—	—	—	1987	—	—	—	—	—	—	—	—	—	399	—	—	—	2
中国石油化工集团公司	2510	—	—	926	—	—	857	—	440	—	—	—	—	—	—	—	—	—	3
中日友好医院	2572	—	—	—	1162	—	—	—	—	—	—	—	—	—	—	—	—	—	1
中国地震局	2719	—	—	—	—	—	—	—	194	—	—	—	—	—	—	—	—	—	1
中国气象科学研究院	2803	—	—	—	—	—	—	1091	239	—	—	—	—	—	—	—	—	—	2
北京市神经外科研究所	3018	—	—	—	1357	—	—	—	—	—	—	—	—	—	—	—	—	—	1
中国疾病预防控制中心慢病中心	3023	—	—	—	1227	—	—	—	—	—	—	—	—	—	—	—	—	—	1
中国农业科学院植物保护研究所	3049	602	—	—	—	—	—	—	—	—	—	—	—	—	—	—	403	—	2
中国疾病预防控制中心病毒病预防控制所	3260	—	—	—	2307	—	—	—	—	—	—	352	—	—	—	—	—	—	2
北京市农林科学院	3313	545	—	—	—	—	—	—	—	—	—	—	—	—	—	—	540	—	2
中国医学科学院药用植物研究所	3383	—	—	—	—	—	—	—	—	—	—	—	—	—	494	—	985	—	2
中国原子能科学研究院	3450	—	—	—	—	—	—	—	—	—	—	—	—	—	—	770	—	—	1
中国农业科学院农业资源与农业区划研究所	3530	268	—	—	—	—	—	910	—	—	—	—	—	—	—	—	—	—	2
中国人民解放军总医院第五医学中心	3703	—	—	—	2234	—	—	—	—	—	—	—	—	—	—	—	—	—	1
中华人民共和国水利部	3893	367	—	—	—	—	—	953	—	—	—	—	—	—	—	—	—	—	2
中国水利水电科学研究院	3980	—	—	—	—	—	1082	864	—	—	—	—	—	—	—	—	—	—	2
微软亚洲研究院	3997	—	—	—	—	276	587	—	—	—	—	—	—	—	—	—	—	—	2
中国农业科学院蔬菜花卉研究所	4021	—	—	—	—	—	—	—	—	—	—	—	—	—	—	—	823	—	1
北京医院	4097	—	—	—	2384	—	—	—	—	—	—	—	—	—	—	—	—	—	1
中国疾病预防控制中心传染病预防控制所	4158	—	—	—	—	—	—	—	—	—	—	403	—	—	—	—	—	—	1
中国地质调查局	4255	—	—	—	—	—	—	—	493	—	—	—	—	—	—	—	—	—	1
国家电网有限公司	4368	—	—	—	—	—	595	—	—	—	—	—	—	—	—	—	—	—	1
中国农业科学院北京畜牧兽医研究所	4380	951	—	—	—	—	—	—	—	—	—	—	—	—	—	—	1148	—	2
中国海洋石油总公司	4397	—	—	—	—	—	1290	—	658	—	—	—	—	—	—	—	—	—	2
首都儿科研究所	4739	—	—	—	2693	—	—	—	—	—	—	—	—	—	—	—	—	—	1
中国医学科学院药物研究所	4778	—	—	—	—	—	—	—	—	—	—	—	—	—	921	—	—	—	1
北京有色金属研究总院	4987	—	—	—	—	—	—	—	—	—	979	—	—	—	—	—	—	—	1
中国钢研科技集团有限公司	5003	—	—	—	—	—	—	—	—	—	842	—	—	—	—	—	—	—	1
中国林业科学研究院森林生态环境与保护研究所	5049	—	—	—	—	—	—	1247	—	—	—	—	—	—	—	—	937	—	2
北京航空材料研究院	5223	—	—	—	—	—	—	—	—	—	901	—	—	—	—	—	—	—	1
中国航空工业集团有限公司	5226	—	—	—	—	—	1407	—	—	—	—	—	—	—	—	—	—	—	1
中国农业科学院农业环境与可持续发展研究所	5285	687	—	—	—	—	—	—	—	—	—	—	—	—	—	—	—	—	1
中国农业科学院生物技术研究所	5320	—	—	—	—	—	—	—	—	—	—	—	—	—	—	—	1046	—	1
中国疾病预防控制中心性病艾滋病预防控制中心	5412	—	—	—	—	—	—	—	—	855	—	—	—	—	—	—	—	—	1
中国中医科学院广安门医院	5421	—	—	—	3455	—	—	—	—	—	—	—	—	—	—	—	—	—	1
中国农业科学院饲料研究所	5524	—	—	—	—	—	—	—	—	—	—	—	—	—	—	—	1380	—	1
中国疾控中心职业卫生所	5575	—	—	—	3080	—	—	—	—	—	—	—	—	—	—	—	—	—	1
中国人民解放军总医院第六医学中心	5614	—	—	—	4345	—	—	—	—	—	—	—	—	—	—	—	—	—	1
中国林业科学研究院林业研究所	5766	—	—	—	—	—	—	—	—	—	—	—	—	—	—	—	1200	—	1
中国社会科学院	5836	—	—	—	—	—	—	—	—	—	—	—	—	—	—	—	—	1157	1
中国农业科学院农产品加工研究所	6248	693	—	—	—	—	—	—	—	—	—	—	—	—	—	—	—	—	1
中国高血压联盟	6820	—	—	—	4324	—	—	—	—	—	—	—	—	—	—	—	—	—	1
国家卫生健康委员会	7034	—	—	—	4953	—	—	—	—	—	—	—	—	—	—	—	—	—	1
中华医学会重症医学分会	7055	—	—	—	4516	—	—	—	—	—	—	—	—	—	—	—	—	—	1

图 3-4　2020 年北京市其他机构进入 ESI 前 1%的学科及排名

资料来源：科技大数据湖北省重点实验室

表 3-9　2020 年北京市发明专利申请量十强技术领域

序号	IPC 号（技术领域）	发明专利申请量/件
1	G06F（电子数字数据处理）	18 064
2	G06Q（专门适用于行政、商业、金融、管理、监督或预测目的的数据处理系统或方法；其他类目不包含的专门适用于行政、商业、金融、管理、监督或预测目的的处理系统或方法）	6 102
3	H04L［数字信息的传输，例如电报通信（电报和电话通信的公用设备入 H04M）］	4 352
4	G06K（数据处理）	4 288
5	G01N（小类中化学分析方法或化学检测方法）	3 074
6	G06T（图像数据处理）	3 025
7	H04N（图像通信，如电视）	2 046

续表

序号	IPC 号（技术领域）	发明专利申请量/件
8	H01L（半导体器件）	1 869
9	H04W［无线通信网络（广播通信入 H04H；使用无线链路来进行非选择性通信的通信系统，如无线扩展入 H04M1/72）］	1 729
10	E21B［土层或岩石的钻进（采矿、采石入 E21C；开凿立井、掘进平巷或隧洞入 E21D）；从井中开采油、气、水、可溶解或可熔化物质或矿物泥浆］	1 523
全市合计		96 341

资料来源：科技大数据湖北省重点实验室

表 3-10　2020 年北京市发明专利申请量优势企业和科研机构

序号	优势企业	发明专利申请量/件	序号	优势科研机构	发明专利申请量/件
1	京东方科技集团股份有限公司	2727	1	清华大学	2355
2	北京百度网讯科技有限公司	2509	2	北京航空航天大学	1563
3	北京字节跳动网络技术有限公司	1621	3	北京理工大学	1496
4	中国银行股份有限公司	1294	4	北京工业大学	1047
5	中国建设银行股份有限公司	1149	5	北京科技大学	808
6	中国联合网络通信集团有限公司	1077	6	北京邮电大学	729
7	中国工商银行股份有限公司	1063	7	中国农业大学	521
8	北京达佳互联信息技术有限公司	976	8	北京大学	514
9	中国石油天然气集团有限公司	897	9	北京交通大学	512
10	中国电力科学研究院有限公司	890	10	中国科学院微电子研究所	503
11	北京小米移动软件有限公司	847	11	华北电力大学	478
12	北京三快在线科技有限公司	786	12	北京化工大学	446
13	国家电网有限公司	780	13	中国科学院空天信息创新研究院	340
14	中国石油天然气股份有限公司	718	14	中国水利水电科学研究院	321
15	联想（北京）有限公司	548	15	中国原子能科学研究院	297
16	北京奇艺世纪科技有限公司	517	16	中国矿业大学（北京）	288
17	中国石油化工股份有限公司	503	17	中国石油大学（北京）	255
18	百度在线网络技术（北京）有限公司	492	18	中国科学院自动化研究所	248
19	北京嘀嘀无限科技发展有限公司	476	19	北京林业大学	214
20	北京金山云网络技术有限公司	421	20	中国科学院过程工程研究所	209

资料来源：科技大数据湖北省重点实验室

表 3-11　2020 年北京市获得国家科技奖励机构清单

序号	获奖机构	获奖数量/项		
		总计	主持	参与
1	清华大学	12	6	6

续表

序号	获奖机构	获奖数量/项		
		总计	主持	参与
2	北京大学	6	6	0
3	中国农业大学	6	4	2
4	北京航空航天大学	5	3	2
5	北京化工大学	3	2	1
6	中国电力科学研究院有限公司	3	3	0
7	中海油研究总院有限责任公司	2	0	2
8	北京工业大学	2	1	1
9	中国科学院地理科学与资源研究所	2	0	2
10	中国农业科学院北京畜牧兽医研究所	2	2	0
11	北京科技大学	2	0	2
12	中国农业科学院植物保护研究所	2	0	2
13	北京市农林科学院	2	1	1
14	中国建筑设计研究院有限公司	2	0	2
15	中国石油大学（北京）	2	0	2
16	天地科技股份有限公司	2	1	1
17	中国农业科学院作物科学研究所	2	1	1
18	中国矿业大学（北京）	2	0	2

注：因北京市机构较多，仅筛选获奖数量大于或等于 2 的机构

资料来源：科技大数据湖北省重点实验室

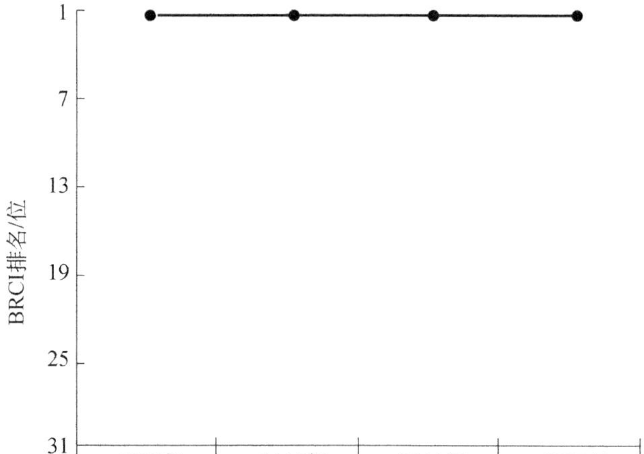

2017年	2018年	2019年	2020年
1	1	1	1

图 3-5 2017～2020 年北京市 BRCI 排名变化趋势

资料来源：科技大数据湖北省重点实验室

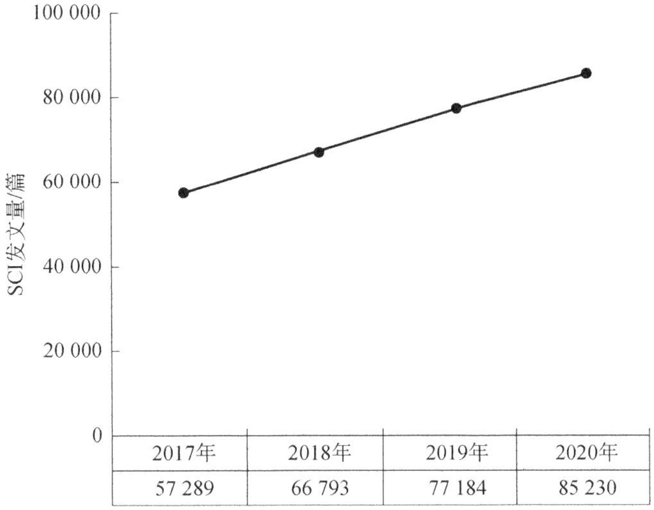

图 3-6　2017～2020 年北京市 SCI 发文趋势

资料来源：科技大数据湖北省重点实验室

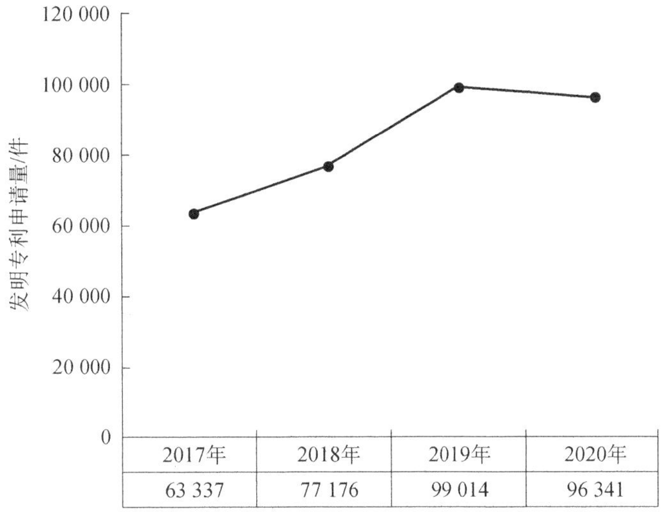

图 3-7　2017～2020 年北京市发明专利申请趋势

资料来源：科技大数据湖北省重点实验室

3.3.2　上海市

2021 年，上海市的基础研究竞争力指数为 87.3834，排名第 2 位。综合本市各学科论文数和篇均被引量来看，2020 年上海市基础研究在本市范围内较为活跃的学科为多学科材料、电子与电气工程、物理化学、多学科化学、环境科学、肿瘤学、应用物理学、纳米科学与技术、传染病学、化学工程等。其中，多学科材料的高频词包括微观结构、力学性能、石墨烯、静电纺丝、机械特性等，电子与电气工程的高频词包括特征提取、深度学习、任务分析、优化、训练等，物理化学的高频词包括光催化、石墨烯、氧化还原反应、微观结构、析氢反应等（表 3-12）。综合本市各学科在全国的发文数量和排名位次来看，2020 年上海市基础研究在全国范围内较为突出的学科为制造工程、生物材料、海洋工程、海事工程、生殖生物学、寄生物学、热带医学、肿瘤学、实验医学、神经科学等。上海市工程科学、化学、材料科学学科领域发表高水平论文数量分别为72篇、66篇、51篇（表3-13）。上海市共有30个机构进入相关学科的ESI全球前1%行列（图3-8）；发明专利申请量共56 987件，全国排名第7（表3-14），主要专利权人如表3-15所示；获得国家奖励的科研机构如表3-16所示。

2017～2020年，上海市BRCI排名在2017～2019年一直位于第4位，2020年上升为第2位（图3-9）；SCI论文数呈不断上升趋势（图3-10）；发明专利申请量呈上升趋势，2019与2020年发明专利申请量基本持平（图3-11）。

2020年，上海市地方财政科技投入经费406.2亿元，全国排名第5位；获得国家科技奖励43项，全国排名第2位。截至2021年9月，上海市拥有国家重点实验室44个，省级重点实验室184个，省（级）实验室1个；拥有院士175人，全国排名第2位。

表3-12　2020年上海市基础研究SCI活跃学科及高频词

序号	活跃学科	SCI学科活跃度	高频词（词频）
1	多学科材料	6.72	微观结构（146）；力学性能（88）；石墨烯（66）；静电纺丝（35）；机械特性（31）；金属-有机框架（28）；腐蚀（27）；选择性激光熔化（27）；自组装（26）；热导率（26）；锂离子电池（25）；超级电容器（23）；界面（22）；电催化（21）；稳定性（21）；碳纳米管（20）；耐腐蚀（20）；储能（20）；添加剂制造（19）；原子层沉积（19）
2	电子与电气工程	6.38	特征提取（115）；深度学习（107）；任务分析（79）；优化（71）；训练（56）；机器学习（48）；数学模型（45）；卷积神经网络（40）；计算建模（38）；数据模型（35）；神经网络（35）；图像分割（34）；相关性（33）；预测模型（33）；语义（33）；延迟（32）；稳健性（32）；无线通信（32）；估计（31）；可视化（31）
3	物理化学	4.29	光催化（36）；石墨烯（27）；氧化还原反应（27）；微观结构（25）；析氢反应（24）；密度泛函理论（21）；金属-有机框架（20）；稳定性（20）；电催化（19）；锂离子电池（18）；水分裂（17）；静电纺丝（16）；超级电容器（16）；吸附（15）；锂离子电池（14）；析氧反应（14）；自组装（14）；界面（13）；锂离子电池（13）；力学性能（13）
4	多学科化学	3.96	自组装（40）；金属-有机框架（28）；光催化（23）；不对称催化（21）；电催化（21）；毒品运送（18）；异构催化（16）；纳米医学（16）；钯（16）；活性氧（15）；纳米颗粒（14）；合成方法（14）；锂离子电池（13）；介孔材料（13）；生物量（12）；静电纺丝（12）；凋亡（11）；癌症治疗（11）；DNA纳米技术（11）；超分子化学（11）
5	环境科学	3.83	中国（81）；吸附（37）；重金属（29）；$PM_{2.5}$（28）；微塑料（27）；生物炭（23）；空气污染（22）；抗生素耐药基因（19）；沉积物（18）；上海（18）；反硝化（17）；微生物群落（17）；来源分配（16）；可持续性（16）；重金属（15）；风险评估（15）；土壤（15）；厌氧消化（14）；镉（14）；COVID-19（14）；磷（14）
6	肿瘤学	3.79	预后（243）；肝细胞癌（91）；乳腺癌（84）；胃癌（77）；转移（72）；结直肠癌（69）；增殖（62）；凋亡（55）；免疫治疗（54）；生存（49）；肺癌（44）；非小细胞肺癌（41）；总体生存（40）；肺腺癌（37）；胰腺癌（37）；前列腺癌（36）；生物标志物（33）；化疗（32）；肿瘤微环境（31）
7	应用物理学	3.73	微观结构（48）；石墨烯（29）；深度学习（15）；光催化（14）；传感器（14）；稳定性（14）；热导率（14）；激光熔覆（13）；光电探测器（13）；异质结（12）；析氢反应（11）；机器学习（11）；MoS_2（11）；帕洛夫斯基（11）；自组装（11）；薄膜（11）；2D材料（10）；原子层沉积（10）；耐腐蚀（10）；力学性能（10）；纳米颗粒（10）；超级电容器（10）
8	纳米科学与技术	3.70	石墨烯（26）；光热疗法（20）；金属-有机框架（18）；自组装（18）；静电纺丝（17）；力学性能（17）；活性氧（17）；毒品运送（16）；纳米颗粒（16）；光动力疗法（16）；2D材料（13）；氧化石墨烯（13）；碳点（12）；电催化（12）；锂离子电池（12）；MoS_2（12）；纳米医学（12）；癌症治疗（11）；金属-有机框架（11）

续表

序号	活跃学科	SCI学科活跃度	高频词（词频）
9	传染病学	3.23	COVID-19（19）；中国（13）；儿童（8）；流行病学（8）；HIV（8）；肺炎克雷伯菌（8）；SARS-CoV-2（8）；抗生素耐药性（7）；结核病（6）；宏基因组下一代测序（5）；死亡（5）；发病率（5）；监视（5）；临床特点（4）；冠状病毒（4）；耐药性（4）；疟疾（4）；治疗（4）
10	化学工程	3.05	光催化（18）；动力学（17）；吸附（16）；机制（12）；纳滤（12）；传质（11）；数值模拟（11）；锂离子电池（10）；密度泛函理论（9）；氧化还原反应（9）；骨再生（8）；DFT（8）；故障检测（8）；动力学模型（8）；甲醇（8）；析氧反应（8）；过氧单硫酸盐（8）；光热疗法（8）；四环素（8）；沸石（8）

资料来源：科技大数据湖北省重点实验室

表3-13　2020年上海市各学科SCI论文发文情况

序号	ESI学科	论文数/篇（全国排名，市内排名）	被引次数/次（全国排名，市内排名）	篇均被引/次（全国排名，市内排名）	高水平论文/篇（全国排名，市内排名）
1	农业科学	490（10，19）	1 131（10，19）	2.308 2（11，1）	7（9，14）
2	生物学与生物化学	1 915（3，6）	5 859（2，7）	3.059 5（4，2）	10（4，12）
3	化学	5 012（3，3）	15 181（3，4）	3.028 9（8，3）	66（3，2）
4	临床医学	7 738（2，1）	19 597（4，1）	2.532 6（5，4）	47（4，4）
5	计算机科学	1 267（5，10）	2 782（11，11）	2.195 7（17，5）	15（10，8）
6	经济与商学	521（2，17）	783（3，21）	1.502 9（20，6）	4（8，19）
7	工程科学	6 592（4，2）	15 317（4，3）	2.323 6（15，7）	72（7，1）
8	环境/生态学	1 554（6，8）	4 745（4，8）	3.053 4（4，8）	23（5，6）
9	地球科学	698（8，15）	1 251（9，18）	1.792 3（14，9）	5（10，18）
10	免疫学	520（3，18）	3 554（6，10）	6.834 6（11，10）	7（6，14）
11	材料科学	4 684（3，4）	15 528（3，2）	3.315 1（13，11）	51（4，3）
12	数学	1 052（3，11）	990（6，20）	0.941 1（21，12）	13（9，10）
13	微生物学	399（5，21）	2 628（4，13）	6.586 5（8，13）	2（13，21）
14	分子生物与遗传学	1 819（2，7）	5 920（4，6）	3.254 5（5，14）	18（2，7）
15	综合交叉学科	826（3，14）	7 841（2，5）	9.492 7（2，15）	46（2，5）
16	神经科学与行为	954（2，13）	1 672（4，14）	1.752 6（12，16）	7（2，14）
17	药理学与毒物学	1 322（5，9）	2 765（4，12）	2.091 5（10，17）	12（3，11）
18	物理学	2 513（3，5）	4 729（3，9）	1.881 8（8，18）	14（7，9）
19	植物与动物科学	669（8，16）	1 282（8，16）	1.916 3（3，19）	10（5，12）
20	精神病学/心理学	446（4，20）	1 282（5，16）	2.874 4（9，20）	4（4，19）
21	一般社会科学	1 008（3，12）	1 402（5，15）	1.390 9（19，21）	6（6，17）
22	空间科学	125（4，22）	315（3，22）	2.520 0（2，22）	0（3，22）
全市合计		44 646	118 762	2.660 1	500

资料来源：科技大数据湖北省重点实验室

注：学科排序同ESI学科固定排序

	机构综合排名	农业科学	生物学与生物化学	化学	临床医学	计算机科学	经济与商学	工程科学	环境/生态学	地球科学	免疫学	材料科学	数学	微生物学	分子生物与基因	综合交叉学科	神经科学与行为	药理学与毒物学	物理学	植物与动物科学	精神病学/心理学	社会科学	机构进入ESI学科数
上海交通大学	87	196	80	70	113	24	183	8	327	817	241	23	75	233	113	—	241	40	156	448	455	486	20
复旦大学	128	647	151	42	149	230	266	283	291	513	236	24	56	185	155	141	222	49	261	—	—	361	20
同济大学	323	—	323	233	548	73	—	29	167	295	698	100	245	—	396	—	805	425	691	—	—	661	15
华东理工大学	475	789	450	36	—	393	—	211	981	—	—	155	—	—	—	—	—	662	—	—	—	—	8
华东师范大学	634	—	868	136	3011	333	—	562	345	456	—	283	113	—	—	—	—	—	670	583	—	704	12
上海大学	673	—	931	216	4764	187	—	179	807	—	—	140	164	—	—	—	—	—	587	—	—	1305	10
中国科学院上海生命科学研究院	688	—	238	—	1143	—	—	—	—	—	457	—	—	442	164	—	595	756	—	162	—	—	8
海军军医大学	727	—	531	1061	458	—	—	—	—	—	442	1006	—	—	401	—	661	155	—	1245	—	1619	10
东华大学	891	—	1162	267	—	416	—	378	1163	—	—	131	289	—	—	—	—	—	—	—	—	—	7
中国科学院上海有机化学研究所	899	—	—	55	—	—	—	—	—	—	—	—	—	—	—	—	—	—	—	—	—	—	1
中国科学院上海硅酸盐研究所	967	—	—	395	—	—	—	1352	—	—	—	80	—	—	—	—	—	—	—	—	—	—	3
中国科学院上海应用物理研究所	1338	—	—	359	—	—	—	—	—	—	—	341	—	—	—	—	—	—	760	—	—	—	3
上海理工大学	1757	—	—	1032	—	—	—	466	—	—	—	562	—	—	—	—	—	—	—	—	—	—	3
上海师范大学	1814	—	—	770	—	—	—	1469	—	—	—	641	232	—	—	—	—	—	—	1094	—	—	5
上海科技大学	2001	—	1010	895	—	—	—	—	—	—	—	790	—	—	—	—	—	—	—	—	—	—	3
上海中医药大学	2008	—	1094	—	1613	—	—	—	—	—	—	—	—	—	—	—	—	200	—	—	—	—	3
上海海洋大学	2540	631	—	—	—	—	—	—	—	—	—	—	—	—	—	—	—	—	—	554	—	—	2
中国科学院上海微系统与信息技术研究所	2595	—	—	1051	—	—	—	1398	—	—	—	638	—	—	—	—	—	—	—	—	—	—	3
中国科学院上海光学精密机械研究所	2646	—	—	—	—	—	—	—	—	—	—	895	—	—	—	—	—	—	673	—	—	—	2
上海应用技术学院	3267	—	—	1059	—	—	—	—	—	—	—	—	—	—	—	—	—	—	—	—	—	—	1
上海海事大学	3291	—	—	—	—	—	—	645	—	—	—	—	—	—	—	—	—	—	—	—	—	—	1
中国科学院上海高等研究院	3364	—	—	1063	—	—	—	—	—	—	—	—	—	—	—	—	—	—	—	—	—	—	1
上海电力学院	3550	—	—	—	—	—	—	1054	—	—	—	963	—	—	—	—	—	—	—	—	—	—	2
中国科学院上海技术物理研究所	3551	—	—	—	—	—	—	—	—	—	—	770	—	—	—	—	—	—	—	—	—	—	1
上海市疾病预防控制中心	3690	—	—	—	2553	—	—	—	—	—	—	—	—	—	—	—	—	—	—	—	—	1360	2
上海财经大学	3871	—	—	—	—	—	257	1506	—	—	—	—	—	—	—	—	—	—	—	—	—	1107	3
上海工程技术大学	3910	—	—	—	—	—	—	1236	—	—	—	1031	—	—	—	—	—	—	—	—	—	—	2
中国科学院上海药物研究所	4097	—	782	1615	7970	—	—	—	—	—	—	870	—	—	867	—	—	459	—	—	—	—	6
中国宝武钢铁集团	5033	—	—	—	—	—	—	—	—	—	—	877	—	—	—	—	—	—	—	—	—	—	1
中欧国际工商学院	6057	—	—	—	—	—	394	—	—	—	—	—	—	—	—	—	—	—	—	—	—	—	1

图 3-8　2020 年上海市机构进入 ESI 前 1%的学科及排名

资料来源：科技大数据湖北省重点实验室

表 3-14　2020 年上海市发明专利申请量十强技术领域

序号	IPC 号（技术领域）	发明专利申请量/件
1	G06F（电子数字数据处理）	5 529
2	G06Q（专门适用于行政、商业、金融、管理、监督或预测目的的数据处理系统或方法；其他类目不包含的专门适用于行政、商业、金融、管理、监督或预测目的的处理系统或方法）	2 768
3	G06K（数据处理）	1 761
4	G01N（小类中化学分析方法或化学检测方法）	1 665
5	G06T（图像数据处理）	1 447
6	H04L［数字信息的传输，例如电报通信（电报和电话通信的公用设备入 H04M）］	1 396
7	H01L［半导体器件；其他类目中不包括的电固体器件（使用半导体器件的测量入 G01；一般电阻器入 H01C；磁体、电感器、变压器入 H01F；一般电容器入 H01G；电解型器件入 H01G9/00；电池组、蓄电池入 H01M；波导管、谐振器或波导型线路入 H01P；线路连接器、汇流器入 H01R；受激发射器件入 H01S；机电谐振器入 H03H；扬声器、送话器、留声机拾音器或类似的声机电传感器入 H04R；一般电光源入 H05B；印刷电路、混合电路、电设备的外壳或结构零部件、电气元件的组件的制造入 H05K；在具有特殊应用的电路中使用的半导体器件见应用相关的小类）］	1 279
8	A61B［诊断；外科；鉴定（分析生物材料入 G01N，如 G01N 33/48）］	1 136
9	A61K［医用、牙科用或梳妆用的配制品（专门适用于将药品制成特殊的物理或服用形式的装置或方法 A61J 3/00；空气除臭，消毒或灭菌，或者绷带、敷料、吸收垫或外科用品的化学方面，或材料的使用入 A61L；肥皂组合物入 C11D）］	1 103
10	G01R（G01T 物理测定方法；其设备）	735
全市合计		56 987

资料来源：科技大数据湖北省重点实验室

表 3-15　2020 年上海市发明专利申请量优势企业和科研机构

序号	优势企业	发明专利申请量/件	序号	优势科研机构	发明专利申请量/件
1	国网上海市电力公司	452	1	上海交通大学	1772
2	上海明略人工智能（集团）有限公司	366	2	同济大学	1486
3	展讯通信（上海）有限公司	331	3	上海大学	717
4	中国建筑第八工程局有限公司	330	4	复旦大学	679
5	上海外高桥造船有限公司	313	5	上海应用技术大学	676
6	上海华虹宏力半导体制造有限公司	303	6	东华大学	600
7	上海眼控科技股份有限公司	263	7	华东理工大学	409
8	上海华力集成电路制造有限公司	250	8	华东师范大学	397
9	拉扎斯网络科技（上海）有限公司	243	9	上海理工大学	347
10	五冶集团上海有限公司	219	10	上海海事大学	339
11	上海联影医疗科技有限公司	210	11	中国科学院上海微系统与信息技术研究所	324
12	上海商汤智能科技有限公司	203	12	上海工程技术大学	322
13	平安医疗健康管理股份有限公司	186	13	上海电力大学	321
14	上海中通吉网络技术有限公司	185	14	上海海洋大学	230
15	上海华力微电子有限公司	180	15	上海电机学院	209
16	上海天马微电子有限公司	175	16	中国科学院上海光学精密机械研究所	205
17	中国银联股份有限公司	163	17	上海航天控制技术研究所	185
18	上海东普信息科技有限公司	159	18	上海卫星工程研究所	165
19	沪东中华造船（集团）有限公司	153	19	上海市农业科学院	162
20	上海电气集团股份有限公司 上海连尚网络科技有限公司	151	20	中国科学院上海技术物理研究所	136

资料来源：科技大数据湖北省重点实验室

表 3-16　2020 年上海市获得国家科技奖励机构清单

序号	获奖机构	获奖数量/项		
		总计	主持	参与
1	上海交通大学	5	4	1
2	同济大学	4	1	3
3	上海隧道工程有限公司	2	1	1
4	复旦大学	2	2	0
5	东华大学	2	2	0
6	上海华测导航技术股份有限公司	1	0	1
7	同济大学附属第十人民医院	1	1	0
8	复旦大学附属眼耳鼻喉科医院	1	0	1
9	上海空间电源研究所	1	0	1
10	上海海融食品科技股份有限公司	1	0	1
11	中国水产科学研究院渔业机械仪器研究所	1	0	1
12	中国科学院上海微系统与信息技术研究所	1	0	1
13	上海联影医疗科技有限公司	1	1	0

续表

序号	获奖机构	获奖数量/项		
		总计	主持	参与
14	上海港湾基础建设（集团）股份有限公司	1	0	1
15	上海海思技术有限公司	1	0	1
16	中国科学院上海药物研究所	1	1	0
17	中国科学院上海天文台	1	0	1
18	中国科学院上海生命科学研究院	1	0	1
19	中国科学院上海光学精密机械研究所	1	1	0
20	中国建筑第八工程局有限公司	1	0	1
21	上海市农业生物基因中心	1	1	0
22	上海市第一人民医院	1	1	0
23	上海市第六人民医院	1	1	0
24	上海交通大学医学院附属第九人民医院	1	1	0
25	上海电气集团股份有限公司	1	0	1
26	上海大学	1	1	0
27	上海超级计算中心	1	0	1
28	华东理工大学	1	1	0
29	国网上海市电力公司	1	0	1
30	光明乳业股份有限公司	1	0	1
31	复旦大学附属中山医院	1	1	0
32	复旦大学附属华山医院	1	0	1
33	宝山钢铁股份有限公司	1	1	0

资料来源：科技大数据湖北省重点实验室

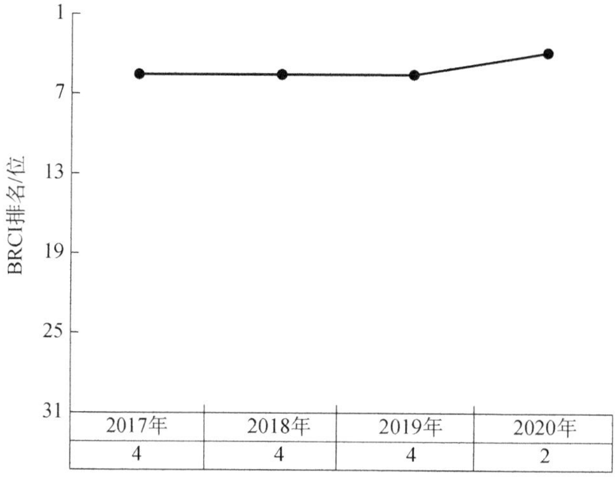

图 3-9　2017～2020 年上海市 BRCI 排名变化趋势

资料来源：科技大数据湖北省重点实验室

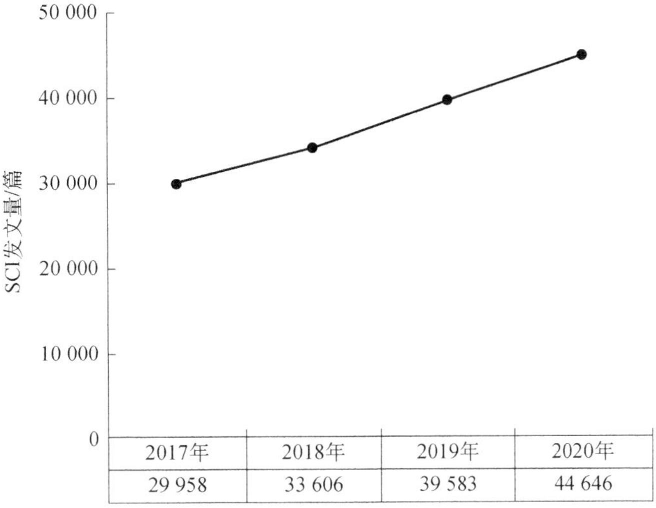

图 3-10 2017～2020 年上海市 SCI 发文趋势

资料来源：科技大数据湖北省重点实验室

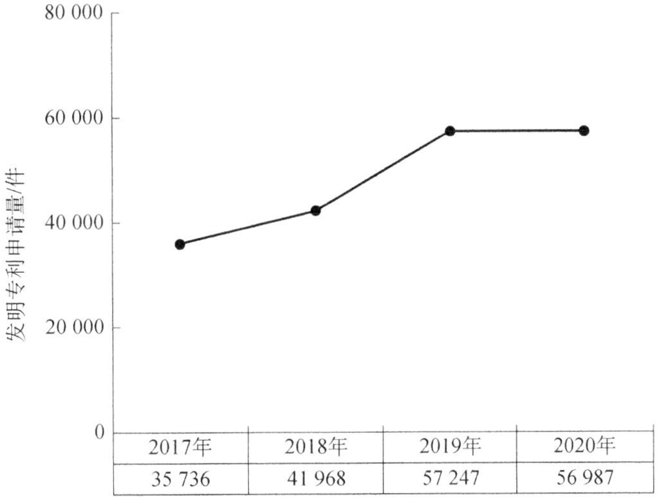

图 3-11 2017～2020 年上海市发明专利申请趋势

资料来源：科技大数据湖北省重点实验室

3.3.3 江苏省

2020 年，江苏省的基础研究竞争力指数为 83.2397，排名第 3 位。综合全省各学科论文数和篇均被引量来看，2020 年江苏省基础研究在全省范围内较为活跃的学科为电子与电气工程、多学科材料、环境科学、热带医学、通信、物理化学、计算机信息系统、多学科化学、应用物理学、化学工程等。其中，电子与电气工程的高频词包括特征提取、优化、深度学习、数学模型等，多学科材料的高频词包括微观结构、力学性能、石墨烯、钙钛矿太阳能电池、耐腐蚀等，环境科学的高频词包括中国、生物炭、气候变化、吸附、重金属等（表 3-17）。综合全省各学科在全国的发文数量和排名位次来看，2020 年江苏省基础研究在全国范围内较为突出的学科为生物化学与分子生物学、食品科学、土木工程、实验医学、生物技术与应用微生物学、应用化学、聚合物学、应用数学、建造技术、数学等。江苏省工程科学、化学、材料科学学科领域发表高水平论文数量分别为137篇、83篇、56篇（表3-18）。江苏省共有35个机构进入相关学科的ESI全球前1%行列（图3-12）；发明专利申请量共134 358件，全国排名第2（表3-19），主要专利权人如表3-20所示；获得国家奖励的科研机构如表3-21所示。

2017～2020年，江苏省BRCI排名始终位于前三，2017～2019年一直位于第2位，2020年位列第3位（图3-13）；SCI论文数呈上升趋势（图3-14）；发明专利申请量始终领先全国，在趋势上呈先增后减的趋势，2018年后发明专利申请量缓慢降低（图3-15）。

2020年，江苏省地方财政科技投入经费583.1058亿元，全国排名第2位；获得国家科技奖励40项，全国排名第3位。截至2021年9月，江苏省拥有国家重点实验室35个，省级重点实验室71个，省实验室3个；拥有院士104人，全国排名第3位。

表3-17　2020年江苏省基础研究SCI活跃学科及高频词

序号	活跃学科	SCI学科活跃度	高频词（词频）
1	电子与电气工程	8.67	特征提取（180）；优化（141）；深度学习（136）；数学模型（123）；任务分析（114）；训练（104）；转子（80）；无线通信（77）；机器学习（76）；延迟（71）；扭矩（67）；卷积神经网络（64）；物联网（64）；电压控制（62）；传感器（61）；开关（61）；计算建模（60）；数据模型（57）；估计（55）；米莫通信（55）；资源管理（54）；稳健性（54）；拓扑学（54）
2	多学科材料	6.10	微观结构（202）；力学性能（149）；石墨烯（61）；钙钛矿太阳能电池（48）；耐腐蚀（42）；光催化（40）；超级电容器（37）；吸附（34）；稳定性（33）；机械特性（32）；氧化石墨烯（31）；纳米颗粒（31）；锂离子电池（30）；电催化（29）；金属-有机框架（29）；氧化还原反应（28）；纳米复合材料（27）；数值模拟（27）；静电纺丝（26）；分子动力学（26）
3	环境科学	4.98	中国（75）；生物炭（62）；气候变化（53）；吸附（52）；重金属（46）；镉（39）；遥感（34）；微生物群落（32）；氧化应激（31）；$PM_{2.5}$（29）；沉积物（29）；可持续发展（29）；微塑料（28）；城镇化（28）；米饭（26）；毒性（26）；环境规制（25）；富营养化（25）；空气污染（24）；土壤（24）；长三角地区（24）
4	热带医学	4.49	COVID-19（4）；交叉反应性（2）；免疫原性（2）；日本血吸虫（2）
5	通信	4.06	特征提取（103）；优化（93）；无线通信（78）；任务分析（78）；深度学习（74）；数学模型（66）；训练（62）；物联网（59）；机器学习（54）；资源管理（53）；计算建模（46）；安全（44）；干扰（43）；巨型迈莫（41）；延迟（41）；阵列信号处理（41）；边缘计算（39）；数据模型（39）；传感器（38）；云计算（37）
6	物理化学	3.98	光催化（63）；电催化（40）；微观结构（40）；析氧反应（38）；密度泛函理论（36）；氧化还原反应（36）；石墨烯（34）；吸附（33）；力学性能（33）；析氢反应（31）；超级电容器（31）；水分裂（29）；g-C_3N_4（28）；金属-有机框架（26）；协同效应（26）；TiO_2（24）；锂离子电池（23）；稳定性（23）；溶解度（21）；电催化剂（19）；光催化（19）；超级电容器（19）
7	计算机信息系统	3.65	特征提取（102）；深度学习（82）；优化（76）；任务分析（69）；机器学习（59）；物联网（58）；数学模型（57）；训练（56）；无线通信（47）；云计算（45）；卷积神经网络（45）；数据模型（42）；安全（42）；计算建模（41）；稳健性（39）；边缘计算（37）；物联网（IoT）（35）；许可证（35）；预测模型（32）；启发式算法（28）；资源管理（28）；传感器（28）
8	多学科化学	3.64	光催化（33）；金属-有机框架（27）；电化学（26）；自组装（24）；密度泛函理论（23）；电催化（23）；纳米颗粒（23）；超级电容器（20）；石墨烯（19）；纳米结构（19）；析氧反应（19）；超声（19）；稳定性（18）；光动力疗法（17）；晶体结构（16）；氧化还原反应（16）；吸附（14）；生物量（14）；力学性能（14）；钙钛矿太阳能电池（14）；超级电容器（14）

续表

序号	活跃学科	SCI 学科活跃度	高频词（词频）
9	应用物理学	3.64	微观结构（73）；力学性能（33）；光催化（29）；石墨烯（27）；耐腐蚀（23）；密度泛函理论（21）；钙钛矿太阳能电池（20）；析氧反应（19）；电催化（18）；纳米复合材料（18）；稳定性（18）；纳米颗粒（17）；水分裂（17）；耐磨性（16）；传感器（15）；超级电容器（15）；TiO_2（15）；深度学习（14）；g-C_3N_4（14）；数值模拟（14）
10	化学工程	3.30	吸附（49）；光催化（38）；生物量（19）；浮选（19）；数值模拟（19）；煤（18）；热解（18）；离子液体（17）；稳定性（17）；协同效应（16）；Co2 捕获（15）；木素（14）；力学性能（14）；销毁（13）；流化床（13）；动力学（13）；Lf-NMR（13）；点燃（13）；煤层气（12）；石墨烯（12）

资料来源：科技大数据湖北省重点实验室

表 3-18　2020 年江苏省各学科 SCI 论文发文情况

序号	ESI 学科	论文数/篇（全国排名，省内排名）	被引次数/次（全国排名，省内排名）	篇均被引/次（全国排名，省内排名）	高水平论文/篇（全国排名，省内排名）
1	农业科学	2 243（1，9）	5 684（1，7）	2.534 1（7，1）	38（1，4）
2	生物学与生物化学	2 333（2，8）	5 619（4，8）	2.408 5（9，2）	10（4，13）
3	化学	7 257（2，2）	21 273（1，2）	2.931 4（10，3）	83（1，2）
4	临床医学	5 499（4，4）	9 175（7，4）	1.668 5（15，4）	24（6，8）
5	计算机科学	2 413（2，7）	5 935（2，6）	2.459 6（13，5）	34（2，5）
6	经济与商学	456（3，20）	718（4，20）	1.574 6（18，6）	5（6，18）
7	工程科学	10 530（2，1）	25 052（2，1）	2.379 1（12，7）	137（1，1）
8	环境/生态学	3 077（2，5）	8 576（2，5）	2.787 1（7，8）	33（2，6）
9	地球科学	2 122（2，10）	4 092（2，11）	1.928 4（8，9）	14（4，11）
10	免疫学	514（4，18）	1 627（8，17）	3.165 4（20，10）	4（7，20）
11	材料科学	5 963（2，3）	19 268（2，3）	3.231 3（15，11）	56（3，3）
12	数学	1 476（2，14）	1 722（1，16）	1.166 7（12，12）	25（4，7）
13	微生物学	489（4，19）	1 426（8，18）	2.916 2（17，13）	6（4，17）
14	分子生物与遗传学	1 809（3，11）	4 624（5，10）	2.556 1（8，14）	10（4，13）
15	综合交叉学科	880（2，15）	2 236（6，14）	2.540 9（12，15）	24（4，8）
16	神经科学与行为	758（4，17）	2 068（3，15）	2.728 2（3，16）	7（2，16）
17	药理学与毒物学	1 744（2，12）	3 278（3，12）	1.879 6（15，17）	11（4，12）
18	物理学	2 858（2，6）	5 056（2，9）	1.769 1（13，18）	20（2，10）
19	植物与动物科学	1 586（2，13）	2 316（3，13）	1.460 3（13，19）	8（7，15）
20	精神病学/心理学	319（5，21）	396（11，22）	1.241 4（21，20）	0（15，22）
21	一般社会科学	829（4，16）	1 316（6，19）	1.587 5（18，21）	5（9，18）
22	空间科学	221（2，22）	427（2，21）	1.932 1（8，22）	1（2，21）
全省合计		58 283	132 924	2.280 7	674

资料来源：科技大数据湖北省重点实验室

注：学科排序同 ESI 学科固定排序

机构	机构综合排名	农业科学	生物学与生物化学	化学	临床医学	计算机科学	工程学	环境/生态学	地球科学	免疫学	材料科学	数学	微生物学	分子生物与基因	神经科学与行为	药理学与毒物学	物理学	植物与动物科学	社会科学	机构进入ESI学科数
南京大学	170	546	431	25	483	110	156	103	69	594	57	110	—	498	477	209	96	724	544	17
苏州大学	310	746	418	64	614	401	341	1055	—	601	26	237	—	472	559	164	466	—	—	14
东南大学	342	—	495	183	988	11	15	845	—	—	106	62	—	786	683	413	400	—	740	13
南京医科大学	538	—	387	1117	310	—	—	—	—	542	939	—	—	248	388	116	—	—	1416	9
江苏大学	700	193	888	210	1766	—	177	1177	—	—	194	—	—	—	—	624	—	—	—	8
南京农业大学	725	19	423	1029	—	—	817	328	—	—	—	—	223	612	—	986	—	47	—	9
南京理工大学	760	—	—	280	—	127	105	—	—	—	145	—	—	—	—	—	—	—	—	4
南京工业大学	776	—	811	132	—	—	403	—	—	—	125	—	—	—	—	—	—	—	—	4
江南大学	786	21	344	300	2424	544	316	—	—	—	487	—	—	—	—	980	—	—	—	8
南京航空航天大学	830	—	—	706	—	171	75	—	—	—	150	—	—	—	—	—	787	—	1352	6
中国矿业大学	860	—	—	665	—	267	90	610	180	—	402	129	—	—	—	—	—	—	1724	8
扬州大学	1095	285	1149	450	2581	314	669	—	—	—	455	—	—	—	—	—	—	467	—	8
南京师范大学	1112	463	—	467	—	—	560	780	623	—	548	269	—	—	—	—	—	928	—	8
南京信息工程大学	1156	948	—	1406	—	45	486	548	131	—	—	—	—	—	—	—	—	—	—	6
中国药科大学	1165	—	839	413	2285	—	—	—	—	—	789	—	—	—	—	31	—	—	—	5
河海大学	1246	891	—	—	—	219	193	336	444	—	573	—	—	—	—	—	—	—	—	6
南京邮电大学	1298	—	—	532	—	144	464	—	—	—	292	—	—	—	—	—	—	—	—	4
南通大学	1566	—	—	—	1477	—	962	—	—	—	—	—	—	—	600	658	—	—	—	4
南京中医药大学	1819	—	—	1310	1432	—	—	—	—	—	—	—	—	—	—	175	—	—	—	3
南京林业大学	1872	667	1189	920	—	—	794	1107	—	—	630	—	—	—	—	—	—	771	—	7
中国科学院南京土壤研究所	1899	92	—	—	—	—	1452	311	—	—	—	—	—	—	—	—	—	1161	—	4
常州大学	1919	—	—	537	—	—	1002	—	—	—	534	—	—	—	—	—	—	—	—	3
江苏师范大学	1991	—	—	725	—	—	1077	—	—	—	—	—	—	—	—	—	—	—	—	2
徐州医科大学	2242	—	—	—	1827	—	—	—	—	—	—	—	—	—	945	717	—	—	—	3
江苏科技大学	2324	—	—	1078	—	—	778	—	—	—	463	—	—	—	—	—	—	—	—	3
中国科学院南京地理与湖泊研究所	2613	—	—	—	—	—	1492	370	599	—	—	—	—	—	—	—	—	1279	—	4
江苏省农业科学院	3196	419	—	—	—	—	—	—	—	—	—	—	—	—	—	—	—	645	—	2
中国人民解放军陆军工程大学	3498	—	—	—	—	269	659	—	—	—	—	—	—	—	—	—	—	—	—	2
苏州科技大学	4150	—	—	—	—	—	1468	—	—	—	—	—	—	—	—	—	—	—	—	1
昆山杜克大学	4197	—	—	—	1820	—	—	—	—	—	—	—	—	—	—	—	—	—	—	1
西交利物浦大学	4370	—	—	—	—	—	1481	—	—	—	—	—	—	—	—	—	—	—	—	1
南京财经大学	4781	666	—	—	—	—	—	—	—	—	—	—	—	—	—	—	—	—	—	1
江苏省疾病预防控制中心	4867	—	—	—	3585	—	—	—	—	—	—	—	—	—	—	—	—	—	—	1
南京工程学院	5261	—	—	—	—	—	1555	—	—	—	—	—	—	—	—	—	—	—	—	1
中国水产科学研究院淡水渔业研究中心	6015	—	—	—	—	—	—	—	—	—	—	—	—	—	—	—	—	1177	—	1

图 3-12　2020 年江苏省各机构进入 ESI 前 1%的学科及排名

资料来源：科技大数据湖北省重点实验室

表 3-19　2020 年江苏省发明专利申请量十强技术领域

序号	IPC 号（技术领域）	发明专利申请量/件
1	G06F（电子数字数据处理）	7 888
2	G01N（小类中化学分析方法或化学检测方法）	4 319
3	G06Q（专门适用于行政、商业、金融、管理、监督或预测目的的数据处理系统或方法；其他类目不包含的专门适用于行政、商业、金融、管理、监督或预测目的的处理系统或方法）	2 787
4	C02F［水、废水、污水或污泥的处理（通过在物质中产生化学变化使有害的化学物质无害或降低危害的方法入 A62D 3/00；分离、沉淀箱或过滤设备入 B01D；有关处理水、废水或污水生产装置的水运容器的特殊设备，例如用于制备淡水入 B63J；为防止水的腐蚀用的添加物质入 C23F；放射性废液的处理入 G21F 9/04）］	2 336
5	G06K（数据处理）	2 237
6	H01L［半导体器件；其他类目中不包括的电固体器件（使用半导体器件的测量入 G01；一般电阻器入 H01C；磁体、电感器、变压器入 H01F；一般电容器入 H01G；电解型器件入 H01G9/00；电池组、蓄电池入 H01M；波导管、谐振器或波导型线路入 H01P；线路连接器、汇流器入 H01R；受激发射器件入 H01S；机电谐振器入 H03H；扬声器、送话器、留声机拾音器或类似的声机电传感器入 H04R；一般电光源入 H05B；印刷电路、混合电路、电设备的外壳或结构零部件、电气元件的组件的制造入 H05K；在具有特殊应用的电路中使用的半导体器件见应用相关的小类）］	2 216
7	H04L［数字信息的传输，例如电报通信（电报和电话通信的公用设备入 H04M）］	2 197
8	B01D［分离（用湿法从固体中分离固体入 B03B、B03D，用风力跳汰机或摇床入 B03B，用其他干法入 B07；固体物料从固体物料或流体中的磁或静电分离，利用高压电场的分离入 B03C；离心机、涡旋装置入 B04B；涡旋装置入 B04C；用于从含液物料中挤出液体的压力机本身入 B30B 9/02）］	2 040

续表

序号	IPC 号（技术领域）	发明专利申请量/件
9	B65G［运输或贮存装置，例如装载或倾卸用输送机、车间输送机系统或气动管道输送机（包装用的入 B65B；搬运薄的或细丝状材料如纸张或细丝入 B65H；起重机入 B66C；便携式或可移动的举升或牵引器具，如升降机入 B66D；用于装载或卸载目的的升降货物的装置，如叉车，入 B66F9/00；不包括在其他类目中的瓶子、罐、罐头、木桶、桶或类似容器的排空入 B67C9/00；液体分配或转移入 B67D；将压缩的、液化的或固体化的气体灌入容器或从容器内排出入 F17C；流体用管道系统入 F17D）］	1 947
10	H01M（用于直接转变化学能为电能的方法或装置，例如电池组）	1 837
全省合计		134 358

资料来源：科技大数据湖北省重点实验室

表 3-20　2020 年江苏省发明专利申请量优势企业和科研机构

序号	优势企业	发明专利申请量/件	序号	优势科研机构	发明专利申请量/件
1	苏州浪潮智能科技有限公司	3178	1	东南大学	2158
2	金蝗螂精装科技（苏州）有限公司	1581	2	南京航空航天大学	1702
3	昆山国显光电有限公司	426	3	江南大学	1399
4	国电南瑞科技股份有限公司	298	4	江苏大学	1379
5	蜂巢能源科技有限公司	251	5	河海大学	1139
6	三一重机有限公司	232	6	南京理工大学	1112
7	南京钢铁股份有限公司	226	7	南通大学	978
8	苏宁云计算有限公司	222	8	扬州大学	938
9	博众精工科技股份有限公司	195	9	南京邮电大学	847
10	江苏方天电力技术有限公司	189	10	中国矿业大学	785
11	江苏荣泽信息科技股份有限公司	173	11	南京大学	765
12	南京南瑞继保电气有限公司	166	12	盐城工学院	748
12	苏州思必驰信息科技有限公司	166	13	苏州大学	718
14	中国电子科技集团公司第十四研究所	160	14	南京工业大学	692
15	国网江苏省电力有限公司电力科学研究院	158	15	南京林业大学	685
16	华虹半导体（无锡）有限公司	156	16	江苏科技大学	538
17	无锡先导智能装备股份有限公司	148	17	南京工程学院	475
18	无锡小天鹅电器有限公司	136	18	南京信息工程大学	453
19	瑞声新能源发展（常州）有限公司科教城分公司	134	19	常州大学	452
20	中国船舶重工集团公司第七二四研究所	133	20	江苏理工学院	410

资料来源：科技大数据湖北省重点实验室

表 3-21　2020 年江苏省获得国家科技奖励机构清单

序号	获奖机构	获奖数量/项		
		总计	主持	参与
1	东南大学	5	2	3
2	南京大学	4	1	3
3	江南大学	3	2	1
4	江苏省测绘工程院	1	0	1
5	南京市口腔医院	1	0	1
6	济川药业集团有限公司	1	0	1

续表

序号	获奖机构	获奖数量/项		
		总计	主持	参与
7	徐州医科大学	1	0	1
8	中国人民解放军东部战区总医院	1	1	0
9	无锡湖光工业炉有限公司	1	0	1
10	中铁一局集团城市轨道交通工程有限公司	1	0	1
11	徐州徐工随车起重机有限公司	1	0	1
12	无锡市海鹰加科海洋技术有限责任公司	1	0	1
13	苏州天隆生物科技有限公司	1	0	1
14	中国电子科技集团公司第五十八研究所	1	0	1
15	华进半导体封装先导技术研发中心有限公司	1	0	1
16	江苏鑫泰岩土科技有限公司	1	0	1
17	苏州九一高科无纺设备有限公司	1	0	1
18	中国矿业大学	1	1	0
19	中材科技股份有限公司	1	0	1
20	扬州大学	1	0	1
21	苏州大学附属第一医院	1	1	0
22	南京师范大学	1	0	1
23	南京农业大学	1	0	1
24	南京林业大学	1	0	1
25	南京航空航天大学	1	0	1
26	南京钢铁股份有限公司	1	0	1
27	江苏省农业科学院	1	0	1
28	江苏大学	1	1	0
29	河海大学	1	1	0
30	国网电力科学研究院有限公司	1	1	0
31	国电南京自动化股份有限公司	1	0	1

资料来源：科技大数据湖北省重点实验室

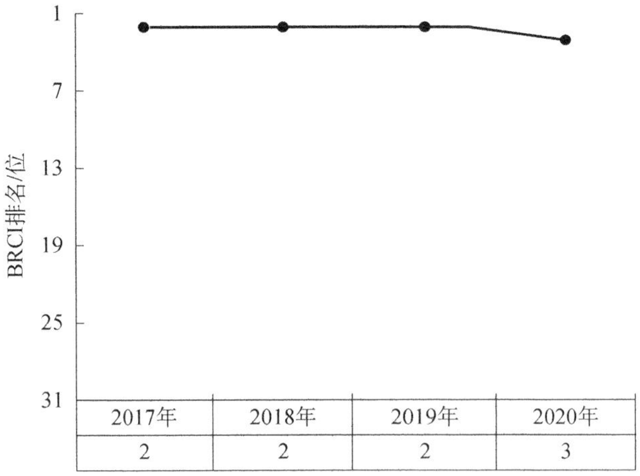

图 3-13　2017～2020 年江苏省 BRCI 排名变化趋势

资料来源：科技大数据湖北省重点实验室

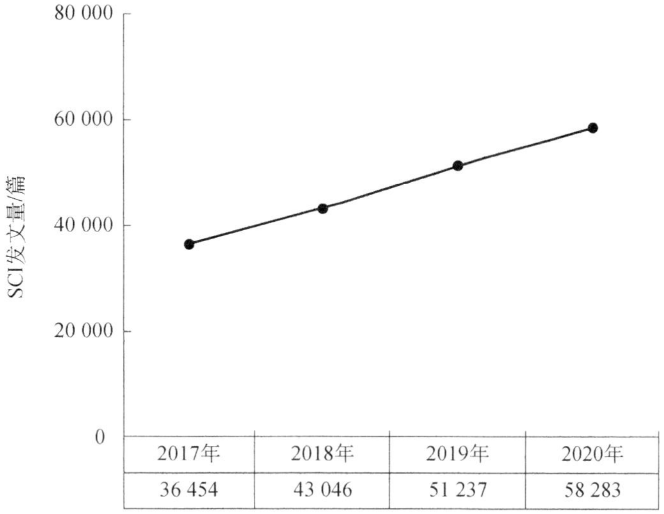

图 3-14　2017～2020 年江苏省 SCI 发文趋势

资料来源：科技大数据湖北省重点实验室

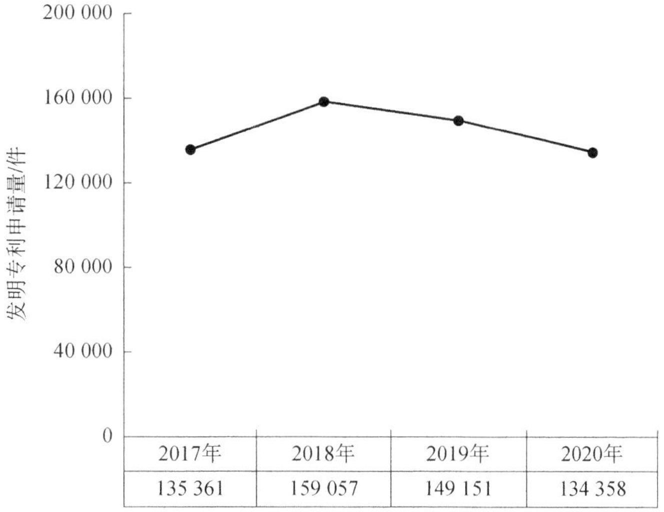

图 3-15　2017～2020 年江苏省发明专利申请趋势

资料来源：科技大数据湖北省重点实验室

3.3.4　广东省

2020 年，广东省的基础研究竞争力指数为 81.3566，排名第 4 位。综合全省各学科论文数和篇均被引量来看，2020 年广东省基础研究在全省范围内较为活跃的学科为电子与电气工程、多学科材料、病毒学、环境科学、真菌学、物理化学、肿瘤学、多学科化学、纳米科学与技术、通信等。其中，电子与电气工程的高频词包括特征提取、深度学习、优化、任务分析等，多学科材料的高频词包括微观结构、力学性能、石墨烯、锂离子电池、钙钛矿太阳能电池等，病毒学的高频词包括 COVID-19、SARS-CoV-2、冠状病毒、血凝素、乙型肝炎病毒等（表 3-22）。综合全省各学科在全国的发文数量和排名位次来看，2020 年广东省基础研究在全国范围内较为突出的学科为细胞生物学、免疫学、渔业、兽医学、动物学、细胞与组织工程、发育生物学、变态反应、法医学、解剖学等。广东省工程科学、化学、临床医学学科领域发表高水平论文数量分别为68篇、59篇、51篇（表3-23）。广东省共有35个机构进入相关学科的ESI全球前1%行列（图3-16）；发明专利申请量共158 993件，全国排名第1（表3-24），主要专利权人如表3-25所示；获得国家奖励的科研机构如表3-26所示。

2017～2020年，广东省BRCI排名在2017～2019年一直位于第3位，2020年位列第4位（图3-17）；SCI论文数呈上升趋势（图3-18）；发明专利申请量始终领先全国，呈稳定上升趋势，2020年发明专利申请量有所减少（图3-19）。

2020年，广东省地方财政科技投入经费951.36亿元，全国排名第1位；获得国家科技奖励35项，全国排名第5位。截至2021年9月，广东省拥有国家重点实验室28个，省级重点实验室429个，省实验室10个；拥有院士39人，全国排名第10位。

表3-22 2020年广东省基础研究SCI活跃学科及高频词

序号	活跃学科	SCI学科活跃度	高频词（词频）
1	电子与电气工程	6.66	特征提取（157）；深度学习（114）；优化（99）；任务分析（93）；训练（90）；计算建模（68）；数学模型（57）；机器学习（53）；无线通信（49）；物联网（44）；数据模型（43）；资源管理（39）；卷积神经网络（38）；开关（38）；三维显示（38）；云计算（37）；边缘计算（36）；带宽（35）；稳健性（35）；耦合器（34）
2	多学科材料	5.79	微观结构（66）；力学性能（61）；石墨烯（38）；锂离子电池（30）；钙钛矿太阳能电池（30）；热导率（27）；2D材料（26）；稳定性（26）；聚集排放（24）；选择性激光熔化（24）；金属-有机框架（23）；光动力疗法（21）；光热疗法（21）；光催化（20）；自组装（20）；自我愈合（20）；添加剂制造（19）；纳米颗粒（19）；氧化还原反应（19）；碳纳米管（18）
3	病毒学	4.71	COVID-19（22）；SARS-CoV-2（16）；冠状病毒（8）；血凝素（5）；乙型肝炎病毒（5）；系统发育分析（5）；流行病学（4）；流感病毒（4）；天生免疫力（4）；突变（4）；致病性（4）；重组（4）；传输（4）；腺病毒（3）；中国（3）；疾病严重程度（3）；遗传多样性（3）；乙型肝炎（3）
4	环境科学	4.33	中国（63）；吸附（58）；重金属（39）；镉（31）；空气污染（29）；生物炭（25）；毒性（25）；机制（24）；气候变化（23）；微生物群落（22）；风险评估（22）；抗生素（19）；生物累积（19）；珠江口（19）；$PM_{2.5}$（19）；沉积物（19）；微塑料（18）；砷（17）；氧化应激（17）；遥感（17）
5	真菌学	3.90	系统发育学（8）；分类学（8）；药用蘑菇（3）；新物种（3）；多样性（2）；昆虫病原真菌（2）；形态学（2）；多基因系统发育学（2）；新属（2）；应激耐受（2）；塔拉菌马尔尼菲（2）
6	物理化学	3.76	析氢反应（26）；吸附（25）；光催化（24）；电催化（22）；锂离子电池（22）；氧化还原反应（22）；金属-有机框架（20）；稳定性（20）；力学性能（19）；石墨烯（18）；微观结构（18）；析氧反应（17）；光动力疗法（16）；密度泛函理论（15）；自组装（15）；2D材料（14）；阳极（13）；发光（13）；氧空位（13）；超级电容器（13）
7	肿瘤学	3.72	预后（221）；肝细胞癌（112）；结直肠癌（91）；乳腺癌（88）；鼻咽癌（82）；生存（72）；增殖（70）；凋亡（63）；胃癌（51）；转移（48）；总体生存（44）；入侵（42）；生物标志物（40）；化疗（38）；肺癌（38）；移徙（38）；元分析（36）；非小细胞肺癌（35）
8	多学科化学	3.70	聚集排放（26）；光动力疗法（23）；光催化（22）；纳米颗粒（19）；自组装（19）；2D材料（18）；电催化（18）；金属-有机框架（18）；电化学（17）；析氢反应（14）；石墨烯（13）；析氧反应（13）；光热疗法（13）；水分裂（13）；吸附（12）；氧化还原反应（12）；黑磷（11）；细胞毒性（11）；炎症（11）；锂离子电池（11）；发光（11）

续表

序号	活跃学科	SCI学科活跃度	高频词（词频）
9	纳米科学与技术	3.50	光动力疗法（26）；石墨烯（21）；2D材料（19）；金属-有机框架（18）；光热疗法（17）；稳定性（17）；聚集排放（16）；纳米颗粒（16）；微流控学（15）；毒品运送（14）；电催化（14）；自组装（14）；锂离子电池（13）；黑磷（12）；光致发光（12）；钠离子电池（12）；碳纳米管（11）；析氢反应（11）；力学性能（11）；纳米材料（11）
10	通信	3.50	特征提取（89）；优化（74）；深度学习（62）；任务分析（62）；训练（53）；无线通信（51）；计算建模（45）；机器学习（45）；物联网（42）；资源管理（38）；数学模型（37）；数据模型（32）；边缘计算（32）；云计算（27）；三维显示（26）；带宽（25）；服务器（25）；天线阵列（24）；许可证（23）；无线传感器网络（23）

资料来源：科技大数据湖北省重点实验室

表3-23　2020年广东省各学科SCI论文发文情况

序号	ESI学科	论文数/篇（全国排名，省内排名）	被引次数/次（全国排名，省内排名）	篇均被引/次（全国排名，省内排名）	高水平论文/篇（全国排名，省内排名）
1	农业科学	1 043（3，12）	2 690（3，13）	2.579 1（4，1）	17（2，11）
2	生物学与生物化学	1 885（4，6）	6 007（1，6）	3.186 7（2，2）	18（1，9）
3	化学	4 038（5，3）	13 012（5，3）	3.222 4（4，3）	59（5，2）
4	临床医学	7 107（3，1）	30 046（3，1）	4.227 7（3，4）	51（3，3）
5	计算机科学	1 415（4，10）	3 643（6，11）	2.574 6（12，5）	20（8，7）
6	经济与商学	392（4，21）	686（5，20）	1.750 0（12，6）	6（4，18）
7	工程科学	4 775（5，2）	12 445（6，4）	2.606 3（6，7）	68（8，1）
8	环境/生态学	1 947（3，5）	5 536（3，7）	2.843 3（6，8）	22（6，6）
9	地球科学	1 038（6，13）	1 792（6，17）	1.726 4（16，9）	6（9，18）
10	免疫学	764（2，18）	4 676（4，9）	6.120 4（12，10）	12（4，16）
11	材料科学	3 692（5，4）	14 033（4，2）	3.800 9（5，11）	36（9，4）
12	数学	875（5，14）	685（9，21）	0.782 9（24，12）	4（16，20）
13	微生物学	613（2，19）	5 026（2，8）	8.199 0（6，13）	15（2，13）
14	分子生物与遗传学	1 860（1，7）	8 276（1，5）	4.449 5（3，14）	18（2，9）
15	综合交叉学科	771（4，17）	2 503（5，15）	3.246 4（9，15）	28（3，5）
16	神经科学与行为	855（3，15）	1 158（5，19）	1.354 4（23，16）	1（8，21）
17	药理学与毒物学	1 543（4，9）	3 306（2，12）	2.142 6（8，17）	14（1，14）
18	物理学	1 773（5，8）	3 925（4，10）	2.213 8（1，18）	17（4，11）
19	植物与动物科学	1 391（3，11）	2 520（2，14）	1.811 6（6，19）	19（2，8）
20	精神病学/心理学	475（3，20）	1 966（1，16）	4.138 9（6，20）	8（1，17）
21	一般社会科学	812（5，16）	1 675（3，18）	2.062 8（6，21）	14（3，14）
22	空间科学	88（6，22）	92（7，22）	1.045 5（18，22）	0（3，22）
全省合计		40 954	126 336	3.084 8	510

资料来源：科技大数据湖北省重点实验室

注：学科排序同ESI学科固定排序

	机构综合排名	农业科学	生物学与生物化学	化学	临床医学	计算机科学	经济与商学	工程科学	环境/生态学	地球科学	免疫学	材料科学	数学	微生物学	分子生物与基因	神经科学与行为	药理学与毒物学	物理学	植物与动物科学	精神病学/心理学	社会科学	机构进入ESI学科数
中山大学	154	271	173	67	154	85	298	165	206	265	239	83	115	206	191	367	62	264	257	603	334	20
华南理工大学	301	32	343	43	2556	87	—	36	612	—	—	33	—	—	—	—	—	640	—	—	1266	10
深圳大学	770	—	637	561	2200	97	—	284	1251	—	—	183	—	—	—	—	—	605	—	—	1571	9
南方医科大学	779	—	524	1251	472	—	—	—	—	—	719	—	—	—	456	565	233	—	—	—	—	7
暨南大学	798	368	503	539	1331	—	—	619	543	—	—	327	—	—	770	901	242	—	1233	—	1419	12
深圳大学城	933	—	822	409	4243	239	—	273	556	—	—	215	—	—	—	—	—	—	—	—	—	7
华南师范大学	1125	—	—	511	—	—	—	773	1023	—	—	432	140	—	—	—	—	740	790	731	1549	9
广州医科大学	1154	—	792	—	708	—	—	—	—	—	657	—	—	—	539	933	542	—	—	—	—	6
华大基因	1157	—	352	—	2347	—	—	—	—	—	—	—	—	—	226	—	—	—	720	—	—	4
华南农业大学	1167	169	875	831	—	—	—	1255	933	—	—	655	—	325	—	—	—	—	160	—	—	8
南方科技大学	1329	—	—	559	2363	—	—	903	—	—	—	311	—	—	—	—	—	—	—	—	—	4
中国科学院广州地球化学研究所	1363	—	—	1444	—	—	—	1037	199	123	—	—	—	—	—	—	—	—	—	—	—	4
广东工业大学	1367	—	—	815	—	199	—	236	722	—	—	437	—	—	—	—	—	—	—	—	—	5
华南肿瘤学国家重点实验室	1582	—	—	—	787	—	—	—	—	—	—	—	—	—	670	—	—	—	—	—	—	2
中国科学院深圳先进技术研究院	1635	—	—	1176	2950	270	—	751	—	—	—	372	—	—	—	—	—	—	—	—	—	5
汕头大学	1709	—	—	1384	1633	—	—	1416	—	—	—	—	—	—	—	—	—	—	—	—	—	3
广州大学	2023	—	—	1170	—	229	—	630	1242	—	—	893	—	—	—	—	—	—	—	—	—	5
广东省人民医院	2067	—	—	—	924	—	—	—	—	—	—	—	—	—	—	—	—	—	—	—	—	1
广东医科大学	2334	—	—	—	1815	—	—	—	—	—	—	—	—	—	—	—	912	—	—	—	—	2
中国科学院南海海洋研究所	2400	—	—	—	—	—	—	—	823	452	—	—	—	—	—	—	990	—	778	—	—	4
中国科学院华南植物园	2482	278	—	—	—	—	—	—	730	—	—	—	—	—	—	—	—	—	459	—	—	3
广州中医药大学	2493	—	—	—	1999	—	—	—	—	—	—	—	—	—	—	—	445	—	—	—	—	2
呼吸疾病国家重点实验室	2717	—	—	—	1610	—	—	—	—	—	—	—	—	—	—	—	—	—	—	—	—	1
中国科学院广州能源研究所	3057	—	—	1326	—	—	—	535	—	—	—	—	—	—	—	—	—	—	—	—	—	2
广东药科大学	3089	—	—	1309	3539	—	—	—	—	—	—	—	—	—	—	—	896	—	—	—	—	3
中国科学院广州生物医药与健康研究院	3321	—	—	1375	—	—	—	—	—	—	—	—	—	—	—	—	—	—	—	—	—	1
华为技术有限公司	3362	—	—	—	—	94	—	788	—	—	—	—	—	—	—	—	—	—	—	—	—	2
香港中文大学(深圳)	3605	—	—	—	4496	—	—	—	—	—	—	—	—	—	—	—	—	—	—	—	—	1
东莞理工学院	3955	—	—	—	—	—	—	1386	—	—	—	—	—	—	—	—	—	—	—	—	—	1
广东省农业科学院	4288	557	—	—	—	—	—	—	—	—	—	—	—	—	—	—	—	—	979	—	—	2
广东海洋大学	4323	—	—	—	—	—	—	—	—	—	—	—	—	—	—	—	—	—	1180	—	—	1
深圳市第二人民医院	4442	—	—	—	3945	—	—	—	—	—	—	—	—	—	—	—	—	—	—	—	—	1
中国人民解放军南部战区总医院	5201	—	—	—	4003	—	—	—	—	—	—	—	—	—	—	—	—	—	—	—	—	1
中国南方电网	5517	—	—	—	—	—	—	955	—	—	—	—	—	—	—	—	—	—	—	—	—	1
中国水产科学研究院南海水产研究所	5909	—	—	—	—	—	—	—	—	—	—	—	—	—	—	—	—	—	1356	—	—	1

图 3-16　2020 年广东省各机构进入 ESI 前 1%的学科及排名

资料来源：科技大数据湖北省重点实验室

表 3-24　2020 年广东省发明专利申请量十强技术领域

序号	IPC 号（技术领域）	发明专利申请量/件
1	G06F（电子数字数据处理）	15 928
2	G06Q（专门适用于行政、商业、金融、管理、监督或预测目的的数据处理系统或方法；其他类目不包含的专门适用于行政、商业、金融、管理、监督或预测目的的处理系统或方法）	5 034
3	G06K（数据处理）	4 300
4	H04L［数字信息的传输，例如电报通信（电报和电话通信的公用设备入 H04M）］	4 214
5	H04N（图像通信，如电视）	3 652
6	A61K［医用、牙科用或梳妆用的配制品（专门适用于将药品制成特殊的物理或服用形式的装置或方法 A61J 3/00；空气除臭，消毒或灭菌，或者绷带、敷料、吸收垫或外科用品的化学方面，或材料的使用入 A61L；肥皂组合物入 C11D）］	3 310
7	G01N（小类中化学分析方法或化学检测方法）	3 028
8	G06T（图像数据处理）	2 965
9	F24F［空气调节；空气增湿；通风；空气流作为屏蔽的应用（从尘、烟产生区消除尘、烟入 B08B 15/00；从建筑物中排除废气的竖向管道入 E04F17/02；烟道末端入 F23L17/02）］	2 727
10	H01M（用于直接转变化学能为电能的方法或装置，例如电池组）	2 152
全省合计		158 993

资料来源：科技大数据湖北省重点实验室

表 3-25　2020 年广东省发明专利申请量优势企业和科研机构

序号	优势企业	发明专利申请量/件	序号	优势科研机构	发明专利申请量/件
1	珠海格力电器股份有限公司	5 260	1	华南理工大学	1 900
2	腾讯科技（深圳）有限公司	4 471	2	广东工业大学	1 215
3	OPPO 广东移动通信有限公司	2 446	3	中山大学	1 096
4	维沃移动通信有限公司	2 345	4	深圳大学	824
5	广东电网有限责任公司	1 465	5	华南农业大学	603
6	平安科技（深圳）有限公司	1 401	6	广州大学	568
7	深圳市华星光电半导体显示技术有限公司	861	7	佛山科学技术学院	495
8	深圳前海微众银行股份有限公司	819	8	五邑大学	460
9	深圳壹账通智能科技有限公司	745	9	暨南大学	412
10	TCL 华星光电技术有限公司	742	10	南方科技大学	359
11	深圳供电局有限公司	648	11	广东石油化工学院	356
12	华为技术有限公司	580	12	华南师范大学	307
13	广东博智林机器人有限公司	579	13	东莞理工学院	298
14	平安国际智慧城市科技股份有限公司	577	14	中国科学院深圳先进技术研究院	274
15	华帝股份有限公司	551	14	清华大学深圳国际研究生院	274
15	南方电网科学研究院有限责任公司	551	16	广东海洋大学	227
17	中国平安人寿保险股份有限公司	533	17	哈尔滨工业大学（深圳）	183
18	中国平安财产保险股份有限公司	532	18	电子科技大学中山学院	172
19	广东美的制冷设备有限公司	465	19	深圳先进技术研究院	152
20	深圳创维-RGB 电子有限公司	432	20	广东技术师范大学	144

资料来源：科技大数据湖北省重点实验室

表 3-26　2020 年广东省获得国家科技奖励机构清单

序号	获奖机构	获奖数量/项		
		总计	主持	参与
1	华为技术有限公司	3	1	2
2	中国科学院广州地球化学研究所	2	1	1
3	华南农业大学	2	1	1
4	广州大学	1	0	1
5	深圳市镭神智能系统有限公司	1	0	1
6	广州医科大学附属第二医院	1	0	1
7	珠海医凯电子科技有限公司	1	0	1
8	光大水务（深圳）有限公司	1	0	1
9	比亚迪股份有限公司	1	1	0
10	广州市自来水有限公司	1	0	1
11	深圳华森建筑与工程设计顾问有限公司	1	0	1
12	广东志成冠军集团有限公司	1	0	1

续表

序号	获奖机构	获奖数量/项		
		总计	主持	参与
13	攀钢集团有限公司	1	0	1
14	珠海冠宇电池有限公司	1	0	1
15	生态环境部华南环境科学研究所	1	0	1
16	中海石油（中国）有限公司深圳分公司	1	0	1
17	深圳迈瑞生物医疗电子股份有限公司	1	0	1
18	中海石油（中国）有限公司湛江分公司	1	0	1
19	中兴通讯股份有限公司	1	1	0
20	中山大学	1	0	1
21	中国科学院深圳先进技术研究院	1	0	1
22	悉地国际设计顾问（深圳）有限公司	1	0	1
23	南方医科大学珠江医院	1	0	1
24	暨南大学	1	0	1
25	华南理工大学	1	0	1
26	广州医科大学附属第一医院	1	1	0
27	广州数控设备有限公司	1	0	1
28	广东省中医院	1	0	1
29	广东省农业科学院蚕业与农产品加工研究所	1	1	0
30	广东省林业科学研究院	1	0	1
31	广东美的制冷设备有限公司	1	0	1

资料来源：科技大数据湖北省重点实验室

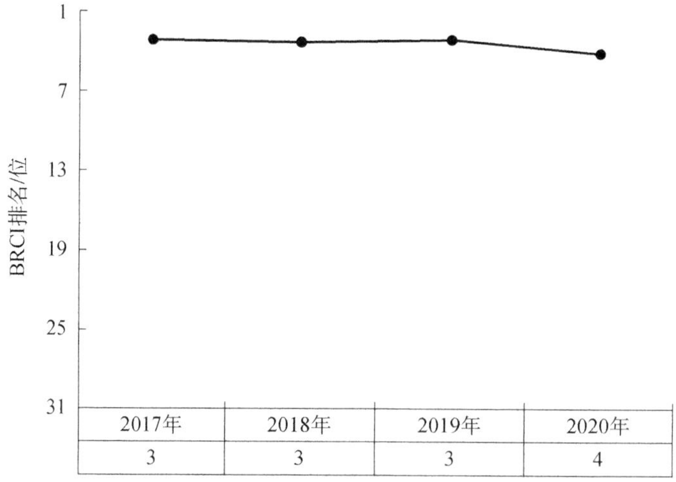

图 3-17 2017～2020 年广东省 BRCI 排名变化趋势

资料来源：科技大数据湖北省重点实验室

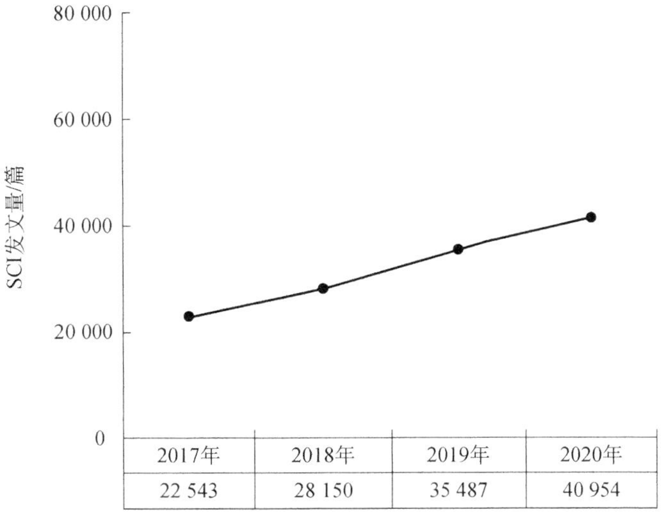

图 3-18　2017～2020 年广东省 SCI 发文趋势

资料来源：科技大数据湖北省重点实验室

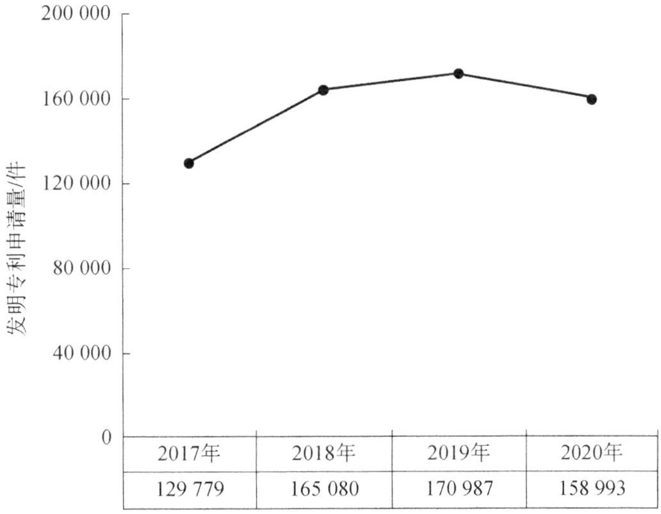

图 3-19　2017～2020 年广东省发明专利申请趋势

资料来源：科技大数据湖北省重点实验室

3.3.5　浙江省

2020 年，浙江省的基础研究竞争力指数为 75.2643，排名第 5 位。综合全省各学科论文数和篇均被引量来看，2020 年浙江省基础研究在全省范围内较为活跃的学科为电子与电气工程、多学科材料、病毒学、环境科学、物理化学、多学科化学、药学与药理学、肿瘤学、传染病学、应用物理学等。其中，电子与电气工程的高频词包括特征提取、深度学习、优化、任务分析、训练等，多学科材料的高频词包括微观结构、力学性能、石墨烯、金属-有机框架、光催化等，病毒学的高频词包括 COVID-19、冠状病毒、SARS-CoV-2、BmNPV、感染等（表 3-27）。综合全省各学科在全国的发文数量和排名位次来看，2020 年浙江省基础研究在全国范围内较为突出的学科为医学检验技术、内科学、有机化学、传染病学、渔业、医学信息学、耳鼻喉科学、显微学、药物滥用、食品科学等。浙江省工程科学、化学、材料科学学科领域发表高水平论文数量分别为59篇、55篇、34篇（表3-28）。浙江省共有23个机构进入相关学科的ESI全球前1%行列（图3-20）；发明专利申请量共112 140件，全国排名第3（表3-29），主要专利权人如表3-30所示；获得国家奖励的科研机构如表3-31所示。

2017～2020年，浙江省BRCI排名在2017年位于第6位，2018～2020年稳定位列第5位（图3-21）；SCI论文数呈上升趋势（图3-22）；发明专利申请量呈波动上升趋势（图3-23）。

2020年，浙江省地方财政科技投入经费472.13亿元，全国排名第4位；获得国家科技奖励37项，全国排名第4位。截至2021年9月，浙江省拥有国家重点实验室14个，省级重点实验室311个，省实验室7个；拥有院士42人，全国排名第9位。

表3-27　2020年浙江省基础研究SCI活跃学科及高频词

序号	活跃学科	SCI学科活跃度	高频词（词频）
1	电子与电气工程	6.78	特征提取（80）；深度学习（76）；优化（57）；任务分析（50）；训练（46）；计算建模（39）；数学模型（37）；卷积神经网络（33）；估计（32）；机器学习（32）；传感器（29）；无线通信（28）；神经网络（26）；不确定性（26）；稳健性（24）；数据模型（21）；图像分割（21）；阻抗（21）；指标（21）；物联网（21）；预测模型（21）
2	多学科材料	5.20	微观结构（59）；力学性能（28）；石墨烯（23）；金属-有机框架（23）；光催化（21）；析氧反应（17）；氧化还原反应（17）；锂离子电池（16）；耐腐蚀（14）；电催化（14）；热稳定性（14）；纳米复合材料（13）；TiO_2（12）；碳（11）；纳米颗粒（11）；稳定性（11）；超级电容器（11）；3D打印（10）；耐久性（10）；氧化石墨烯（10）；钙钛矿太阳能电池（10）；光致发光（10）；超级电容器（10）
3	病毒学	4.88	COVID-19（16）；冠状病毒（9）；SARS-CoV-2（9）；BmNPV（5）；感染（4）；传输（4）；疫苗（4）；儿童（3）；流行病学（3）；HIV（3）；死亡（3）；腺病毒（2）；禽流感病毒（2）；泰巴奇（2）；慢性乙型肝炎（2）；临床特征（2）；冠状病毒病2019（COVID-19）（2）；检测（2）；爱泼斯坦-巴尔病毒（EB病毒）（2）；病因（2）
4	环境科学	4.33	中国（30）；重金属（28）；生物炭（25）；重金属（25）；微生物群落（25）；吸附（24）；镉（21）；微塑料（17）；气候变化（16）；植物修复（15）；遥感（15）；风险评估（15）；可持续发展（15）；空气污染（14）；城镇化（13）；多环芳烃（12）；Anammox（11）；生物可利用性（11）；吸附（11）；可持续性（11）
5	物理化学	3.86	电催化（22）；吸附（21）；析氢反应（19）；析氧反应（17）；光催化（17）；锂离子电池（16）；氧化还原反应（16）；金属-有机框架（15）；超级电容器（13）；微观结构（12）；密度泛函理论（11）；石墨烯（11）；协同效应（11）；异构催化（10）；储氢（10）；锂硫电池（10）；反应机理（10）；水分裂（10）；析氢（9）；锂离子电池（9）；超级电容器（9）
6	多学科化学	3.50	电催化（20）；电化学（15）；金属-有机框架（14）；自组装（13）；石墨烯（11）；合成（11）；纳米颗粒（10）；光催化（10）；毒品运送（9）；钯（9）；水分裂（9）；吸附（8）；C—H活化（8）；聚集排放（7）；凋亡（7）；壳聚糖（7）；机制（7）；纳米材料（7）；纳米医学（7）；纳米颗粒（7）；光动力疗法（7）；光热疗法（7）；稳定性（7）；超级电容器（7）
7	药学与药理学	3.49	凋亡（52）；炎症（50）；药动学（48）；自噬（31）；UPLC-MS/MS（29）；氧化应激（25）；预后（24）；元分析（19）；NF-kappa B（19）；增殖（19）；移徙（17）；骨关节炎（17）；大鼠（17）；生物可利用性（16）；化疗（16）；COVID-19（16）；乳腺癌（14）；癌症（14）；糖尿病（14）；免疫治疗（13）；入侵（13）；中医（13）
8	肿瘤学	3.30	预后（125）；凋亡（65）；乳腺癌（64）；肝细胞癌（62）；增殖（61）；胃癌（51）；结直肠癌（49）；元分析（43）；入侵（40）；转移（40）；癌症（38）；名字图（36）；生存（34）；自噬（31）；移徙（31）；免疫治疗（28）；胰腺癌（27）；生物标志物（26）；化疗（26）；总体生存（24）

续表

序号	活跃学科	SCI 学科活跃度	高频词（词频）
9	传染病学	3.30	COVID-19（34）；SARS-CoV-2（22）；肺炎克雷伯菌（14）；危险因素（13）；中国（12）；流行病学（11）；全基因组测序（8）；鲍曼不动杆菌（7）；大肠杆菌（7）；死亡（7）；儿童（6）；治疗（6）；抗菌药物耐药（5）；血流感染（5）；流感（5）；mcr-1（5）；2019-nCoV（4）；案件报告（4）；冠状病毒（4）；冠状病毒病 2019（COVID-19）（4）；抵抗（4）；风险因素（4）；传输（4）
10	应用物理学	3.27	微观结构（16）；光催化（12）；析氧反应（10）；硅（9）；深度学习（8）；锂离子电池（8）；力学性能（8）；金属-有机框架（8）；纳米复合材料（8）；纳米材料（8）；TiO_2（8）；生物材料（7）；电催化（7）；石墨烯（7）；超材料（7）；纳米颗粒（7）；氧化还原反应（7）；2D 材料（6）；碳（6）；碳材料（6）；纳米结构（6）；数值模拟（6）；钙钛矿太阳能电池（6）；磁电纳米发电机（6）

资料来源：科技大数据湖北省重点实验室

表 3-28　2020 年浙江省各学科 SCI 论文发文情况

序号	ESI 学科	论文数/篇（全国排名，省内排名）	被引次数/次（全国排名，省内排名）	篇均被引/次（全国排名，省内排名）	高水平论文/篇（全国排名，省内排名）
1	农业科学	900（4，11）	2 296（5，14）	2.551 1（6，1）	14（4，10）
2	生物学与生物化学	1 313（6，6）	2 979（7，9）	2.268 8（12，2）	11（3，12）
3	化学	3 537（6，3）	10 589（6，2）	2.993 8（9，3）	55（6，2）
4	临床医学	4 823（5，1）	12 134（6，1）	2.515 9（6，4）	26（5，5）
5	计算机科学	983（9，10）	3 101（8，8）	3.154 6（8，5）	22（7，7）
6	经济与商学	337（7，19）	638（6，20）	1.893 2（10，6）	6（4，17）
7	工程科学	3 950（11，2）	9 330（11，3）	2.362 0（13，7）	59（10，1）
8	环境/生态学	1 305（8，7）	4 107（6，5）	3.147 1（3，8）	25（4，6）
9	地球科学	556（10，16）	752（12，19）	1.352 5（24，9）	2（16，19）
10	免疫学	487（6，18）	3 958（5，6）	8.127 3（6，10）	13（2，11）
11	材料科学	2 342（11，4）	9 063（9，4）	3.869 8（2，11）	34（10，3）
12	数学	730（6，13）	1 387（5，16）	1.900 0（2，12）	28（2，4）
13	微生物学	333（7，20）	2 411（6，13）	7.240 2（7，13）	5（5，18）
14	分子生物与遗传学	1 285（5，8）	2 894（8，10）	2.252 1（13，14）	7（5，16）
15	综合交叉学科	557（5，15）	3 421（4，7）	6.141 8（5，15）	18（7，8）
16	神经科学与行为	543（5，17）	865（7，18）	1.593 0（15，16）	1（8，20）
17	药理学与毒物学	1 228（6，9）	2 418（6，12）	1.969 1（11，17）	9（6，14）
18	物理学	1 372（9，5）	2 790（8，11）	2.033 5（4，18）	15（6，9）
19	植物与动物科学	897（6，12）	1 531（6，15）	1.706 8（7，19）	8（7，15）
20	精神病学/心理学	288（6，21）	293（14，21）	1.017 4（22，20）	1（10，20）
21	一般社会科学	616（7，14）	1 004（7，17）	1.629 9（16，21）	10（4，13）
22	空间科学	8（25，22）	18（21，22）	2.250 0（4，22）	0（3，22）
全省合计		29 931	78 615	2.626 5	419

资料来源：科技大数据湖北省重点实验室

注：学科排序同 ESI 学科固定排序

	机构综合排名	农业科学	生物学与生物化学	化学	临床医学	计算机科学	经济与商学	工程科学	环境/生态学	地球科学	免疫学	材料科学	数学	微生物学	分子生物与基因	神经科学与行为	药理学与毒物学	物理学	植物与动物科学	精神病学/心理学	社会科学	机构进入ESI学科数
浙江大学	90	23	112	17	290	23	274	10	104	396	239	18	103	134	195	355	46	188	79	741	397	20
温州医科大学	996	—	665	1197	688	—	—	—	—	—	—	753	—	—	570	752	218	—	—	—	—	7
浙江工业大学	1021	694	970	258	—	368	—	334	666	—	—	356	—	—	—	—	—	—	—	—	—	7
宁波大学	1296	706	—	736	2316	—	—	631	—	—	—	524	—	—	—	—	—	—	951	—	—	6
浙江师范大学	1403	—	—	461	—	—	—	833	—	—	—	495	104	—	—	—	—	—	—	—	—	4
杭州师范大学	1468	—	—	730	4262	—	—	1527	—	—	—	—	—	—	—	757	—	—	963	—	—	5
中国科学院宁波材料技术与工程研究所	1476	—	—	514	—	—	—	1384	—	—	—	195	—	—	—	—	—	—	—	—	—	3
浙江理工大学	1653	—	—	522	—	—	—	841	—	—	—	475	—	—	—	—	—	—	—	—	—	3
杭州电子科技大学	2041	—	—	1346	—	226	—	493	—	—	—	631	—	—	—	—	—	—	—	—	—	4
温州大学	2130	—	—	727	—	—	—	972	—	—	—	666	—	—	—	—	—	—	—	—	—	3
中国计量大学	2300	—	—	1080	—	—	—	864	—	—	—	720	—	—	—	—	—	—	—	—	—	3
浙江农林大学	2425	506	—	—	—	—	—	1223	839	—	—	—	—	—	—	—	—	—	803	—	—	4
浙江工商大学	2804	418	—	—	—	—	—	1178	—	—	—	—	—	—	—	—	—	—	—	—	—	2
浙江中医药大学	2922	—	—	—	2319	—	—	—	—	—	—	—	—	—	—	—	559	—	—	—	—	2
浙江省农业科学院	3366	552	—	—	—	—	—	—	—	—	—	—	—	—	—	—	—	—	603	—	—	2
浙江省肿瘤医院	3456	—	—	—	1725	—	—	—	—	—	—	—	—	—	—	—	—	—	—	—	—	1
湖州师范学院	3602	—	—	—	4726	—	—	—	—	—	—	—	246	—	—	—	—	—	—	—	—	2
绍兴文理学院	3670	—	—	—	—	—	—	1156	—	—	—	—	—	—	—	—	—	—	—	—	—	1
宁波诺丁汉大学	4117	—	—	—	—	—	—	912	—	—	—	—	—	—	—	—	—	—	—	—	—	1
浙江省人民医院	4202	—	—	—	2598	—	—	—	—	—	—	—	—	—	—	—	—	—	—	—	—	1
中国水稻研究所	4291	—	—	—	—	—	—	—	—	—	—	—	—	—	—	—	—	—	766	—	—	1
浙江财经大学	5183	—	—	—	—	—	—	1335	—	—	—	—	—	—	—	—	—	—	—	—	—	1
中国农业科学院茶叶研究所	5608	865	—	—	—	—	—	—	—	—	—	—	—	—	—	—	—	—	1376	—	—	2

图 3-20　2020 年浙江省各机构进入 ESI 前 1%的学科及排名

资料来源：科技大数据湖北省重点实验室

表 3-29　2020 年浙江省发明专利申请量十强技术领域

序号	IPC 号（技术领域）	发明专利申请量/件
1	G06F（电子数字数据处理）	5 337
2	G01N（小类中化学分析方法或化学检测方法）	2 650
3	G06Q（专门适用于行政、商业、金融、管理、监督或预测目的的数据处理系统或方法；其他类目不包含的专门适用于行政、商业、金融、管理、监督或预测目的的处理系统或方法）	2 378
4	G06K（数据处理）	2 000
5	H04L［数字信息的传输，例如电报通信（电报和电话通信的公用设备入 H04M）］	1 811
6	B01D［分离（用湿法从固体中分离固体入 B03B、B03D，用风力跳汰机或摇床入 B03B，用其他干法入 B07；固体物料从固体物料或流体中的磁或静电分离，利用高压电场的分离入 B03C；离心机、涡旋装置入 B04B；涡旋装置入 B04C；用于从含液物料中挤出液体的压力机本身入 B30B 9/02）］	1 731
7	B24B［用于磨削或抛光的机床、装置或工艺（用电蚀入 B23H；磨料或有关喷射入 B24C；电解浸蚀或电解抛光入 C25F 3/00）；磨具磨损表面的修理或调节；磨削，抛光剂或研磨剂的进给］	1 609
8	B29C［塑料的成型或连接；塑性状态材料的成型，不包含在其他类目中的；已成型产品的后处理，例如修整（制作预型件入 B29B 11/00；通过将原本不相连接的层结合成为各层连在一起的产品来制造层状产品入 B32B 7/00 至 B32B 41/00）］	1 547
9	C02F［水、废水、污水或污泥的处理（通过在物质中产生化学变化使有害的化学物质无害或降低危害的方法入 A62D 3/00；分离、沉淀箱或过滤设备入 B01D；有关处理水、废水或污水生产装置的水运容器的特殊设备，例如用于制备淡水入 B63J；为防止水的腐蚀用的添加物质入 C23F；放射性废液的处理入 G21F 9/04）］	1 499
10	G06T（图像数据处理）	1 478
全省合计		112 140

资料来源：科技大数据湖北省重点实验室

表 3-30　2020 年浙江省发明专利申请量优势企业和科研机构

序号	优势企业	发明专利申请量/件	序号	优势科研机构	发明专利申请量/件
1	支付宝（杭州）信息技术有限公司	2122	1	浙江大学	2673
2	网易（杭州）网络有限公司	1048	2	浙江工业大学	1850
3	浙江大华技术股份有限公司	967	3	杭州电子科技大学	1072
4	宁波方太厨具有限公司	567	4	浙江理工大学	563
5	宁波奥克斯电气股份有限公司	440	5	中国计量大学	492
6	杭州海康威视数字技术股份有限公司	348	6	宁波大学	445
7	杭州安恒信息技术股份有限公司	340	7	温州大学	430
8	浙江亚厦装饰股份有限公司	248	8	温州职业技术学院	307
9	杭州涂鸦信息技术有限公司	247	9	嘉兴学院	249
10	中国电建集团华东勘测设计研究院有限公司	228	10	绍兴文理学院	242
	华电电力科学研究院有限公司		11	中国科学院宁波材料技术与工程研究所	227
12	吉利汽车研究院（宁波）有限公司	199	12	浙江师范大学	212
13	宁波吉利汽车研究开发有限公司	197	13	浙江科技学院	189
14	杭州迪普科技股份有限公司	178	14	台州学院	188
15	浙江舜宇光学有限公司	171		温州医科大学	
16	中移（杭州）信息技术有限公司	170	16	浙江海洋大学	187
17	浙江吉利汽车研究院有限公司	154	17	浙江省农业科学院	174
18	国网浙江省电力有限公司湖州供电公司	141	18	浙江工商大学	166
	杭州老板电器股份有限公司		19	浙江农林大学	143
	浙江浙能技术研究院有限公司		20	杭州师范大学	135

资料来源：科技大数据湖北省重点实验室

表 3-31　2020 年浙江省获得国家科技奖励机构清单

序号	获奖机构	获奖数量/项		
		总计	主持	参与
1	浙江大学	15	11	4
2	温州大学	2	1	1
3	中国水稻研究所	2	1	1
4	宁波市测绘设计研究院	1	0	1
5	浙江上洋机械股份有限公司	1	0	1
6	杭州依图医疗技术有限公司	1	0	1
7	阿里巴巴（中国）有限公司	1	0	1
8	浙江富安水力机械研究所有限公司	1	0	1
9	浙江运达风电股份有限公司	1	0	1
10	国网浙江省电力有限公司	1	1	0
11	宁波江丰电子材料股份有限公司	1	1	0
12	嘉力丰科技股份有限公司	1	0	1
13	宁波三生生物科技有限公司	1	0	1

续表

序号	获奖机构	获奖数量/项		
		总计	主持	参与
14	中国石油化工股份有限公司镇海炼化分公司	1	0	1
15	中国林业科学研究院亚热带林业研究所	1	0	1
16	浙江省农业科学院	1	1	0
17	浙江理工大学	1	1	0
18	浙江工业大学	1	1	0
19	浙江大学医学院附属妇产科医院	1	0	1
20	杭州师范大学	1	0	1
21	杭州电子科技大学	1	1	0

资料来源：科技大数据湖北省重点实验室

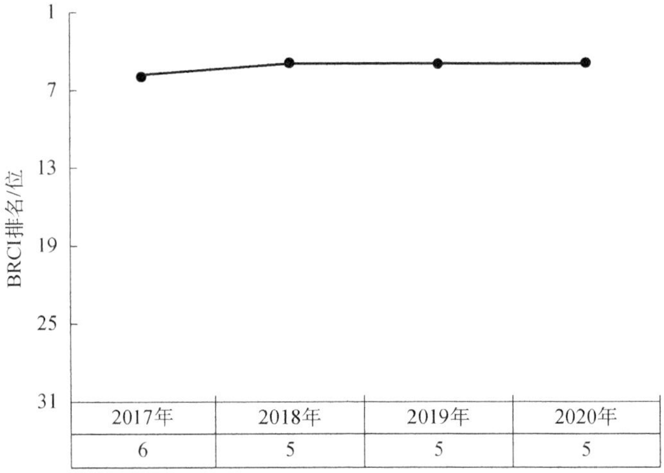

图 3-21　2017～2020 年浙江省 BRCI 排名变化趋势

资料来源：科技大数据湖北省重点实验室

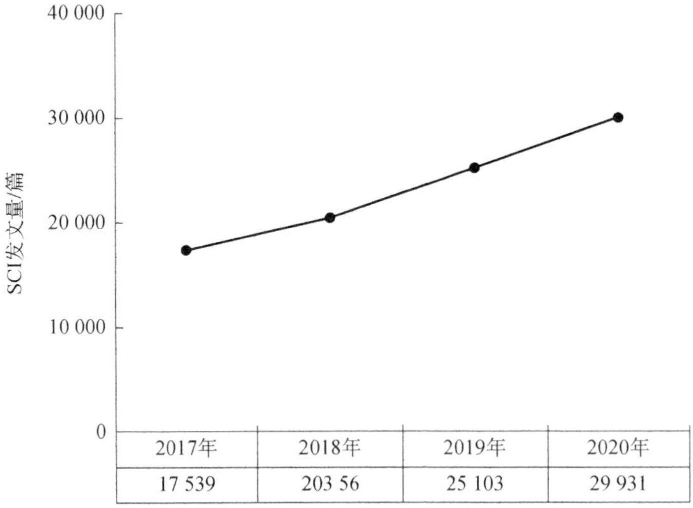

图 3-22　2017～2020 年浙江省 SCI 发文趋势

资料来源：科技大数据湖北省重点实验室

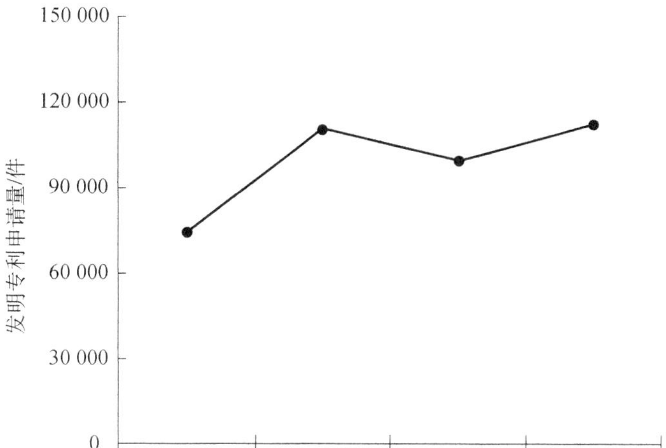

2017年	2018年	2019年	2020年
74 003	109 719	99 454	112 140

图 3-23　2017～2020 年浙江省发明专利申请趋势

资料来源：科技大数据湖北省重点实验室

3.3.6　湖北省

2020 年，湖北省的基础研究竞争力指数为 71.2347，排名第 6 位。综合全省各学科论文数和篇均被引量来看，2020 年湖北省基础研究在全省范围内较为活跃的学科为电子与电气工程、周围血管病、变态反应、内科学、多学科材料、血液学、环境科学、危重病医学、病毒学、物理化学等。其中，电子与电气工程的高频词包括特征提取、深度学习、优化、训练、任务分析等，周围血管病的高频词包括 COVID-19、D-Dimer、高血压、SARS-CoV-2、死亡等，变态反应的高频词包括 COVID-19、哮喘、冠状病毒病 2019、SARS-CoV-2、慢性鼻窦炎等（表 3-32）。综合全省各学科在全国的发文数量和排名位次来看，2020 年湖北省基础研究在全国范围内较为突出的学科为地质工程、多学科地球科学、遥感、影像科学、地球化学与地球物理学、病毒学、矿物学、信息科学与图书馆学、环境科学、水资源等。湖北省临床医学、工程科学、化学、材料科学、计算机科学学科领域发表高水平论文数量分别为 133 篇、90 篇、34 篇、34 篇、34 篇（表 3-33）。湖北省共有 25 个机构进入相关学科的 ESI 全球前 1%行列（图 3-24）；发明专利申请量共 36 091 件，全国排名第 8（表 3-34），主要专利权人如表 3-35 所示；获得国家奖励的科研机构如表 3-36 所示。

2017～2020 年，湖北省 BRCI 排名在 2017 年位于第 5 位，2018～2020 年始终位列第 6 位（图 3-25）；SCI 论文数呈上升趋势（图 3-26）；发明专利申请量呈上升趋势，2020 年发明专利申请量有所减少（图 3-27）。

2020 年，湖北省地方财政科技投入经费 284.8993 亿元，全国排名第 9 位；获得国家科技奖励 24 项，全国排名第 7 位。截至 2021 年 9 月，湖北省拥有国家重点实验室 29 个，省级重点实验室 182 个，省实验室 7 个；拥有院士 73 人，全国排名第 4 位。

表 3-32 2020 年湖北省基础研究 SCI 活跃学科及高频词

序号	活跃学科	SCI 学科活跃度	高频词（词频）
1	电子与电气工程	6.62	特征提取（114）；深度学习（89）；优化（58）；训练（56）；任务分析（52）；数学模型（46）；机器学习（42）；图像分割（41）；遥感（41）；卷积神经网络（36）；神经网络（34）；预测模型（33）；电压控制（31）；数据模型（30）；故障诊断（30）；延迟（29）；估计（29）；指标（27）；相关性（26）；转子（26）；语义（26）；三维显示（26）
2	周围血管病	6.55	COVID-19（16）；D-Dimer（7）；高血压（7）；SARS-CoV-2（7）；死亡（6）；预后（5）；冠状病毒（4）；冠状病毒病 2019（4）；元分析（4）；动脉粥样硬化（3）；生物标志物（3）；血压（3）；凝血病（3）；深静脉血栓形成（3）；肺栓塞（3）；危险因素（3）；生物标志物（2）；心血管疾病（2）；冠状病毒病（2）
3	变态反应	5.84	COVID-19（6）；哮喘（5）；冠状病毒病 2019（5）；SARS-CoV-2（5）；慢性鼻窦炎（4）；上皮细胞（4）；过敏（3）；血管紧张素转换酶Ⅱ（3）；嗜酸性粒细胞（3）；免疫球蛋白 E（3）；危险因素（3）；严重程度（3）；过敏免疫治疗（2）；过敏性鼻炎（2）；儿童（2）；临床特点（2）；细胞因子（2）；管理（2）；死亡（2）
4	内科学	5.34	COVID-19（59）；预后（37）；SARS-CoV-2（26）；元分析（25）；系统审查（13）；诊断（12）；案件报告（11）；死亡（10）；协议（10）；凋亡（9）；危险因素（9）；名字图（7）；卵巢癌（7）；针灸（6）；临床特点（6）；计算机断层扫描（6）；冠状病毒（6）；冠状病毒病 2019（6）；增殖（6）；脓毒症（6）
5	多学科材料	5.20	微观结构（91）；力学性能（69）；稳定性（35）；石墨烯（33）；光催化（29）；钙钛矿太阳能电池（28）；选择性激光熔化（25）；储能（21）；2D 材料（19）；锂离子电池（18）；超级电容器（18）；抗压强度（17）；电催化（17）；析氢反应（17）；分子动力学（17）；析氧反应（16）；添加剂制造（15）；机械特性（15）；钠离子电池（15）；热电性能（15）
6	血液学	5.15	COVID-19（18）；SARS-CoV-2（10）；冠状病毒病 2019（7）；D-Dimer（7）；死亡（6）；血小板减少症（4）；急性髓系白血病（3）；凝血病（3）；冠状病毒（3）；深静脉血栓形成（3）；感染（3）；炎症（3）；肺炎（3）；肺栓塞（3）；血栓（3）；动脉刚度（2）；动脉粥样硬化（2）；B 细胞（2）；骨髓间充质干细胞（2）；癌症（2）
7	环境科学	4.53	中国（49）；吸附（48）；生物炭（36）；镉（27）；氧化应激（24）；遥感（24）；重金属（22）；重金属（21）；空气污染（20）；砷（20）；风险评估（20）；气候变化（19）；COVID-19（17）；$PM_{2.5}$（16）；城镇化（16）；机制（15）；可持续发展（15）；深度学习（14）；环境污染（14）；富营养化（13）；微塑料（13）；长江（13）
8	危重病医学	4.31	COVID-19（11）；死亡（4）；SARS-CoV-2（3）；脓毒症（3）；冠状病毒病 2019（2）；皮质类固醇（2）；感染（2）；肺炎（2）；风险因素（2）
9	病毒学	3.98	COVID-19（42）；SARS-CoV-2（29）；冠状病毒（10）；乙型肝炎病毒（6）；冠状病毒病 2019（COVID-19）（5）；肺炎（5）；自噬（4）；临床特点（4）；临床特征（4）；流行病学（4）；炎症（4）；病毒复制（4）；19（3）；抗体（3）；抗病毒 RNAi（3）；杆状病毒（3）；COVID 2019（3）；晶体结构（3）；细胞因子（3）；肠道病毒（3）
10	物理化学	3.40	析氢反应（29）；光催化（29）；稳定性（29）；吸附（24）；氧化还原反应（22）；超级电容器（22）；析氧反应（19）；电催化（17）；钙钛矿太阳能电池（17）；锂离子电池（16）；微观结构（16）；密度泛函理论（15）；水分裂（15）；DFT（14）；力学性能（14）；协同效应（14）；储能（13）；钠离子电池（13）；TiO_2（13）；2D 材料（12）；钠离子电池（12）

资料来源：科技大数据湖北省重点实验室

表 3-33 2020 年湖北省各学科 SCI 论文发文情况

序号	ESI 学科	论文数/篇（全国排名，省内排名）	被引次数/次（全国排名，省内排名）	篇均被引/次（全国排名，省内排名）	高水平论文/篇（全国排名，省内排名）
1	农业科学	687（7，14）	1 510（7，17）	2.198 0（15，1）	3（13，19）
2	生物学与生物化学	1 110（7，10）	3 508（6，12）	3.160 4（3，2）	8（7，16）
3	化学	3 135（7，4）	10 001（7，4）	3.190 1（5，3）	34（11，3）
4	临床医学	3 877（7，2）	80 600（1，1）	20.789 3（1，4）	133（1，1）
5	计算机科学	1 212（6，8）	4 249（3，10）	3.505 8（5，5）	34（2，3）
6	经济与商学	276（8，20）	475（9，21）	1.721 0（13，6）	3（10，19）

续表

序号	ESI 学科	论文数/篇（全国排名，省内排名）	被引次数/次（全国排名，省内排名）	篇均被引/次（全国排名，省内排名）	高水平论文/篇（全国排名，省内排名）
7	工程科学	4 622（7，1）	13 170（5，2）	2.849 4（2，7）	90（6，2）
8	环境/生态学	1 648（5，6）	4 343（5，9）	2.635 3（12，8）	17（8，10）
9	地球科学	1 831（3，5）	3 965（3，11）	2.165 5（3，9）	18（2，8）
10	免疫学	514（4，17）	9 375（1，5）	18.239 3（3，10）	25（1，7）
11	材料科学	3 146（6，3）	12 142（6，3）	3.859 5（3，11）	34（10，3）
12	数学	654（9，15）	656（10，20）	1.003 1（17，12）	7（13，17）
13	微生物学	499（3，18）	8 843（1，6）	17.721 4（1，13）	28（1，6）
14	分子生物与遗传学	1 115（7，9）	6 357（2，8）	5.701 3（2，14）	5（8，18）
15	综合交叉学科	532（6，16）	7 322（3，7）	13.763 2（1，15）	18（7，8）
16	神经科学与行为	342（9，19）	2 889（1，14）	8.447 4（1，16）	9（1，13）
17	药理学与毒物学	940（7，11）	2 538（5，15）	2.700 0（2，17）	11（4，12）
18	物理学	1 515（7，7）	3 004（6，13）	1.982 8（5，18）	9（10，13）
19	植物与动物科学	930（5，12）	1 801（5，16）	1.936 6（2，19）	12（3，11）
20	精神病学/心理学	230（7，21）	1 029（7，19）	4.473 9（5，20）	1（10，21）
21	一般社会科学	732（6，13）	1 422（4，18）	1.942 6（7，21）	9（5，13）
22	空间科学	94（5，22）	202（5，22）	2.148 9（5，22）	0（3，22）
全省合计		31 516	180 222	5.718 4	614

资料来源：科技大数据湖北省重点实验室

注：学科排序同 ESI 学科固定排序

	机构综合排名	农业科学	生物学与生物化学	化学	临床医学	计算机科学	工程科学	环境/生态学	地球科学	免疫学	材料科学	数学	微生物学	分子生物与基因	神经科学与行为	药理学与毒物学	物理学	植物与动物科学	精神病学/心理学	社会科学	机构进入ESI学科数
华中科技大学	181	601	251	114	302	12	12	550	—	350	29	148	482	334	344	136	245	1202	802	576	18
武汉大学	251	459	—	72	424	51	106	406	104	478	78	156	342	446	717	256	571	608	—	415	18
武汉理工大学	643	—	—	137	—	548	223	—	—	—	64	—	—	—	—	—	—	—	—	—	4
华中农业大学	777	57	457	790	—	—	1152	552	—	—	—	—	219	439	—	762	—	66	—	—	9
华中师范大学	987	—	—	279	—	—	1473	—	—	—	417	191	—	—	—	—	464	1322	—	—	6
湖北大学	1891	—	—	726	—	—	1560	—	—	—	384	—	—	—	—	—	—	—	—	—	3
武汉科技大学	2053	—	—	1226	2929	—	818	—	—	—	465	—	—	—	—	—	—	—	—	—	4
武汉工程大学	2307	—	—	870	—	—	990	—	—	—	578	—	—	—	—	—	—	—	—	—	3
中国科学院水生生物研究所	2418	—	1186	—	—	—	—	611	—	—	—	—	—	—	—	—	—	465	—	—	3
中南民族大学	2606	—	—	798	—	—	1457	—	—	—	—	—	—	—	—	—	—	—	—	—	2
三峡大学	2652	—	—	1148	4698	—	1062	—	—	—	—	—	—	—	—	—	—	—	—	—	3
中国科学院武汉病毒研究所	2681	—	—	—	3991	—	—	—	—	—	—	—	130	—	—	—	—	—	—	—	2
中国科学院武汉物理与数学研究所	2825	—	—	1062	—	—	—	—	—	—	—	—	—	—	—	—	—	—	—	—	1
长江大学	3019	867	—	—	—	—	1450	—	—	—	—	—	—	—	—	—	—	1174	—	—	3
中国科学院武汉植物园	3480	875	—	—	—	—	—	880	—	—	—	—	—	—	—	—	—	564	—	—	3
湖北医药学院	3579	—	—	—	1961	—	—	—	—	—	—	—	—	—	—	—	—	—	—	—	1
湖北工业大学	3622	857	—	—	—	—	1273	—	—	—	—	—	—	—	—	—	—	—	—	—	2
武汉纺织大学	3654	—	—	1373	—	—	1682	—	—	—	919	—	—	—	—	—	—	—	—	—	3
中国科学院武汉岩土力学研究所	4160	—	—	—	—	—	866	—	664	—	—	—	—	—	—	—	—	—	—	—	2
武汉轻工大学	4279	805	—	—	—	—	—	—	—	—	—	—	—	—	—	—	—	—	—	—	1
中国农业科学院油料作物研究所	4383	820	—	—	—	—	—	—	—	—	—	—	—	—	—	—	—	1115	—	—	2
中国科学院测量与地球物理研究所	4911	—	—	—	—	—	—	—	591	—	—	—	—	—	—	—	—	—	—	—	1
湖北理工学院	5148	—	—	—	3395	—	—	—	—	—	—	—	—	—	—	—	—	—	—	—	1
中国人民解放军海军工程大学	5408	—	—	—	—	—	932	—	—	—	—	—	—	—	—	—	—	—	—	—	1
武汉市第一医院(武汉市中西医结合医院)	6378	—	—	—	3963	—	—	—	—	—	—	—	—	—	—	—	—	—	—	—	1

图 3-24　2020 年湖北省各机构进入 ESI 前 1%的学科及排名

资料来源：科技大数据湖北省重点实验室

表 3-34　2020 年湖北省发明专利申请量十强技术领域

序号	IPC 号（技术领域）	发明专利申请量/件
1	G06F（电子数字数据处理）	2 051
2	H01L［半导体器件；其他类目中不包括的电固体器件（使用半导体器件的测量入 G01；一般电阻器入 H01C；磁体、电感器、变压器入 H01F；一般电容器入 H01G；电解型器件入 H01G9/00；电池组、蓄电池入 H01M；波导管、谐振器或波导型线路入 H01P；线路连接器、汇流器入 H01R；受激发射器件入 H01S；机电谐振器入 H03H；扬声器、送话器、留声机拾音器或类似的声机电传感器入 H04R；一般电光源入 H05B；印刷电路、混合电路、电设备的外壳或结构零部件、电气元件的组件的制造入 H05K；在具有特殊应用的电路中使用的半导体器件见应用相关的小类)］	1 487
3	G01N（小类中化学分析方法或化学检测方法）	1 268
4	G06Q（专门适用于行政、商业、金融、管理、监督或预测目的的数据处理系统或方法；其他类目不包含的专门适用于行政、商业、金融、管理、监督或预测目的的处理系统或方法）	762
5	G06K（数据处理）	738
6	G06T（图像数据处理）	648
7	H04L［数字信息的传输，例如电报通信（电报和电话通信的公用设备入 H04M)］	562
8	H01M（用于直接转变化学能为电能的方法或装置，例如电池组）	533
9	A61K［医用、牙科用或梳妆用的配制品（专门适用于将药品制成特殊的物理或服用形式的装置或方法 A61J 3/00；空气除臭，消毒或灭菌，或者绷带、敷料、吸收垫或外科用品的化学方面，或材料的使用入 A61L；肥皂组合物入 C11D)］	532
10	C04B［石灰；氧化镁；矿渣；水泥；其组合物，例如：砂浆、混凝土或类似的建筑材料；人造石；陶瓷（微晶玻璃陶瓷入 C03C 10/00)；耐火材料（难熔金属的合金入 C22C)；天然石的处理］	500
全省合计		36 091

资料来源：科技大数据湖北省重点实验室

表 3-35　2020 年湖北省发明专利申请量优势企业和科研机构

序号	优势企业	发明专利申请量/件	序号	优势科研机构	发明专利申请量/件
1	东风汽车集团有限公司	945	1	华中科技大学	1539
2	武汉华星光电半导体显示技术有限公司	908	2	武汉理工大学	1212
3	长江存储科技有限责任公司	729	3	武汉大学	1113
4	中铁第四勘察设计院集团有限公司	517	4	武汉轻工大学	507
5	东风商用车有限公司	450	5	中国地质大学（武汉）	468
6	武汉华星光电技术有限公司	411	6	华中农业大学	415
7	中国一冶集团有限公司	366	7	三峡大学	397
8	烽火通信科技股份有限公司	338	8	武汉科技大学	390
9	武汉钢铁有限公司	294	9	武汉工程大学	319
10	湖北中烟工业有限责任公司	236	10	长江大学	302
11	武汉第二船舶设计研究所（中国船舶重工集团公司第七一九研究所）	204	11	湖北工业大学	292
12	武汉天马微电子有限公司	171	12	中国人民解放军海军工程大学	229
13	武汉船用机械有限责任公司	150	13	湖北大学	201
14	湖北亿纬动力有限公司	145	14	中南民族大学	161
15	长江勘测规划设计研究有限责任公司	130	15	武汉纺织大学	160
16	东风汽车股份有限公司	129	16	中国科学院武汉岩土力学研究所	151

续表

序号	优势企业	发明专利申请量/件	序号	优势科研机构	发明专利申请量/件
17	格力电器（武汉）有限公司	115	17	湖北文理学院	140
18	武汉格罗夫氢能汽车有限公司	111	18	江汉大学	118
19	武汉光迅科技股份有限公司	105	19	湖北科技学院	112
20	中交第二航务工程局有限公司	104	20	华中师范大学	85

资料来源：科技大数据湖北省重点实验室

表 3-36　2020 年湖北省获得国家科技奖励机构清单

序号	获奖机构	获奖数量/项		
		总计	主持	参与
1	武汉大学	5	4	1
2	华中科技大学	3	3	0
3	武汉华中数控股份有限公司	2	0	2
4	中钢集团天澄环保科技股份有限公司	2	0	2
5	中铁第四勘察设计院集团有限公司	2	0	2
6	中韩（武汉）石油化工有限公司	1	0	1
7	中国五环工程有限公司	1	0	1
8	中国地质大学（武汉）	1	0	1
9	武汉理工大学	1	1	0
10	武汉科技大学	1	0	1
11	华中师范大学	1	0	1
12	华中农业大学	1	0	1
13	湖北省农业科学院植保土肥研究所	1	0	1
14	湖北省农业科学院粮食作物研究所	1	0	1
15	湖北省农业科学院	1	1	0

资料来源：科技大数据湖北省重点实验室

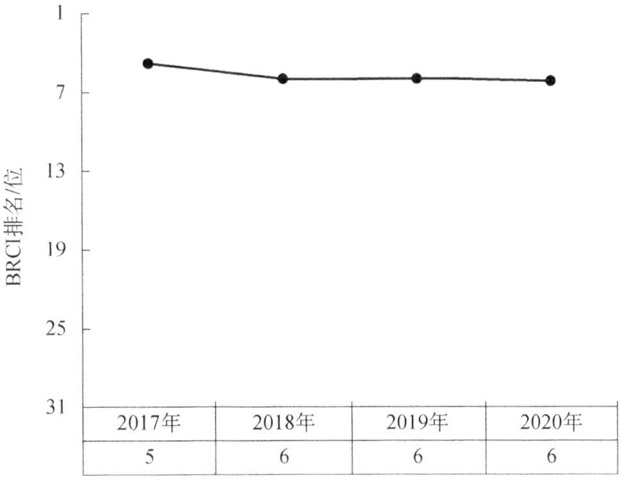

图 3-25　2017～2020 年湖北省 BRCI 排名变化趋势

资料来源：科技大数据湖北省重点实验室

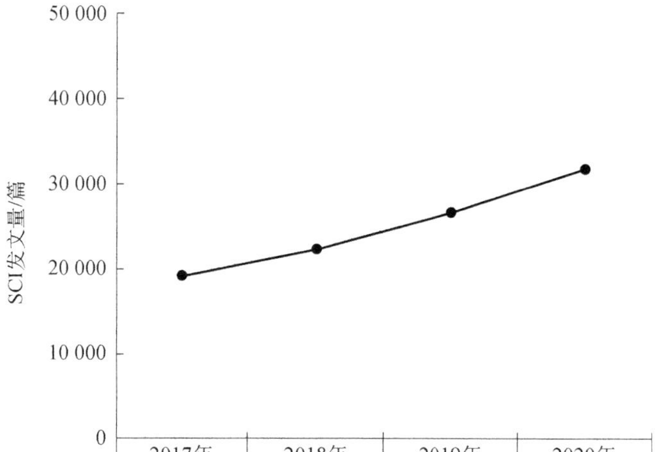

2017年	2018年	2019年	2020年
19 240	22 318	26 623	315 16

图 3-26　2017～2020 年湖北省 SCI 发文趋势

资料来源：科技大数据湖北省重点实验室

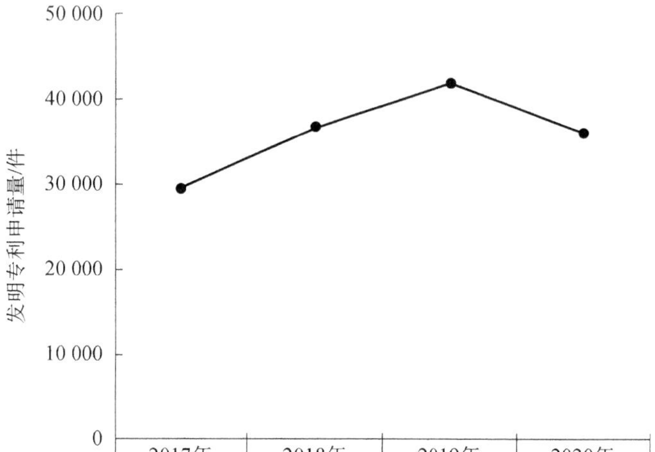

2017年	2018年	2019年	2020年
29 588	36 938	42 203	36 091

图 3-27　2017～2020 年湖北省发明专利申请趋势

资料来源：科技大数据湖北省重点实验室

3.3.7　山东省

2020 年，山东省的基础研究竞争力指数为 68.7956，排名第 7 位。综合全省各学科论文数和篇均被引量来看，2020 年山东省基础研究在全省范围内较为活跃的学科为电子与电气工程、多学科材料、控制论、环境科学、物理化学、病毒学、能源与燃料、化学工程、药学与药理学、计算机信息系统等。其中，电子与电气工程的高频词包括特征提取、深度学习、优化、数学模型、任务分析等，多学科材料的高频词包括微观结构、力学性能、光催化、超级电容器、石墨烯等，控制论的高频词包括适应性系统、非线性系统、反馈、优化、人工神经网络等（表 3-37）。综合全省各学科在全国的发文数量和排名位次来看，2020

年山东省基础研究在全国范围内较为突出的学科为海洋学、水生生物学、湖沼生物学、显微学、渔业、生理学、无机与核化学、石油工程、病理学、地质学等。山东省工程科学、化学、材料科学学科领域发表高水平论文数量分别为92篇、62篇、43篇（表3-38）。山东省共有25个机构进入相关学科的ESI全球前1%行列（图3-28）；发明专利申请量共64 331件，全国排名第5（表3-39），主要专利权人如表3-40所示；获得国家奖励的科研机构如表3-41所示。

2017～2020年，山东省BRCI排名始终稳定位列第7位（图3-29）；SCI论文数呈快速上升趋势（图3-30）；发明专利申请量呈上升趋势（图3-31）。

2020年，山东省地方财政科技投入经费299.7129亿元，全国排名第8位；获得国家科技奖励30项，全国排名第6位。截至2021年9月，山东省拥有国家重点实验室23个，省级重点实验室239个，省实验室6个；拥有院士27人，全国排名第14位。

表3-37　2020年山东省基础研究SCI活跃学科及高频词

序号	活跃学科	SCI学科活跃度	高频词（词频）
1	电子与电气工程	5.11	特征提取（91）；深度学习（66）；优化（48）；数学模型（47）；任务分析（46）；训练（36）；机器学习（33）；计算建模（30）；数据模型（28）；神经网络（28）；卷积神经网络（27）；云计算（26）；对象检测（25）；开关（25）；自适应控制（24）；图像分割（22）；指标（22）；预测模型（22）；卷积（21）；非线性系统（21）
2	多学科材料	5.01	微观结构（75）；力学性能（62）；光催化（34）；超级电容器（33）；石墨烯（28）；锂离子电池（26）；吸附（25）；耐腐蚀（25）；稳定性（25）；电催化（23）；机械特性（21）；腐蚀（20）；静电纺丝（20）；析氢反应（20）；超级电容器（19）；阳极（18）；电催化剂（15）；氧化石墨烯（15）；镁合金（15）；自组装（15）
3	控制论	4.95	适应性系统（8）；非线性系统（7）；反馈（6）；优化（5）；人工神经网络（4）；稳定性分析（4）；任务分析（4）；不确定性（4）；适应模式（3）；自适应控制（3）；自适应跟踪控制（3）；分析模型（3）；控制系统（3）；模糊控制（3）；模糊逻辑（3）；多代理系统（3）；自适应模糊控制（2）；渐近稳定性（2）；汽车（2）；控制论（2）；延迟（2）；应急服务（2）；故障检测（2）
4	环境科学	4.11	中国（47）；生物炭（32）；吸附（30）；微生物群落（26）；微塑料（24）；沉积物（21）；风险评估（19）；重金属（18）；氧化应激（17）；气候变化（15）；重金属（15）；镉（14）；遥感（14）；黄河三角洲（14）；数值模拟（13）；光催化（13）；毒性（13）；细菌群落（12）；来源分配（12）；抗生素耐药基因（11）；微塑性（11）
5	物理化学	3.99	光催化（42）；析氢反应（33）；超级电容器（28）；锂离子电池（27）；DFT（25）；析氧反应（25）；吸附（23）；电催化（23）；电催化剂（23）；稳定性（23）；氧化还原反应（22）；阳极（21）；微观结构（19）；协同效应（19）；密度泛函理论（18）；析氢（17）；水分裂（17）；产氢（16）；力学性能（16）；机制（16）
6	病毒学	3.59	COVID-19（14）；SARS-CoV-2（13）；冠状病毒（7）；2019-nCoV（4）；基因组（4）；ACE2（3）；致病性（3）；疫苗（3）；抗体（2）；应用（2）；交叉保护（2）；噬菌体（2）；流行病学（2）；爱泼斯坦-巴尔病毒（EB病毒）（2）；融合蛋白（2）；胃癌（2）；人副流感病毒3型（2）；流感病毒（2）；面具（2）；膜融合（2）
7	能源与燃料	3.26	数值模拟（39）；热解（17）；生物量（15）；生物柴油（13）；电催化剂（13）；析氧反应（12）；能源消耗（11）；析氢反应（11）；产氢（11）；固体氧化物燃料电池（11）；生物油（10）；水力压裂（10）；多目标优化（10）；氧化还原反应（10）；孔结构（10）；电催化（9）；锂离子电池（9）；稳定性（9）；阳极（8）；生物炭（8）
8	化学工程	3.07	吸附（36）；数值模拟（17）；氧化（12）；萃取蒸馏（10）；析氢（10）；光催化（10）；热解（10）；生物炭（9）；电催化剂（9）；界面聚合（9）；氧化还原反应（9）；水分裂（9）；煤（8）；析氢反应（8）；离子液体（8）；纳滤膜（8）；析氧反应（8）；渗透性（8）；销毁（7）；电渗析（7）

续表

序号	活跃学科	SCI 学科活跃度	高频词（词频）
9	药学与药理学	2.97	炎症（46）；氧化应激（39）；药动学（28）；预后（23）；转移（22）；移徙（21）；卵巢癌（21）；入侵（19）；元分析（19）；肝细胞癌（18）；自噬（17）；骨肉瘤（17）；Akt（15）；胃癌（15）；NF-kappa B（15）；药物-药物相互作用（14）；炎症反应（14）；Nrf2（14）；动脉粥样硬化（13）；乳腺癌（13）
10	计算机信息系统	2.93	特征提取（67）；深度学习（48）；任务分析（39）；数学模型（33）；优化（32）；云计算（30）；机器学习（29）；训练（28）；计算建模（25）；卷积（22）；数据模型（21）；许可证（20）；神经网络（20）；卷积神经网络（19）；图像分割（19）；指标（17）；物联网（17）；预测模型（17）；数据挖掘（15）；稳健性（15）

资料来源：科技大数据湖北省重点实验室

表 3-38 2020 年山东省各学科 SCI 论文发文情况

序号	ESI 学科	论文数/篇（全国排名，省内排名）	被引次数/次（全国排名，省内排名）	篇均被引/次（全国排名，省内排名）	高水平论文/篇（全国排名，省内排名）
1	农业科学	721（6，14）	1 598（6，13）	2.216 4（14，1）	2（18，17）
2	生物学与生物化学	1 506（5，7）	4 396（5，5）	2.919 0（6，2）	9（6，10）
3	化学	4 539（4，1）	14 073（4，1）	3.100 5（6，3）	62（4，2）
4	临床医学	3 811（8，3）	6 102（9，4）	1.601 2（17，4）	11（9，8）
5	计算机科学	906（10，13）	3 210（7，7）	3.543 0（4，5）	23（6，5）
6	经济与商学	141（14，21）	223（15，20）	1.581 6（17，6）	1（14，18）
7	工程科学	4 332（8，2）	12 093（8，2）	2.791 6（3，7）	92（5，1）
8	环境/生态学	1 653（4，5）	3 811（8，6）	2.305 5（18，8）	13（9，7）
9	地球科学	1 382（4，8）	2 295（4，9）	1.660 6（19，9）	15（3，6）
10	免疫学	289（7，19）	714（15，18）	2.470 6（23，10）	0（17，21）
11	材料科学	2 928（8，4）	10 578（7，3）	3.612 7（6，11）	43（5，3）
12	数学	978（4，12）	1 432（4，15）	1.464 2（6，12）	27（3，4）
13	微生物学	372（6，17）	1 566（7，14）	4.209 7（14，13）	5（5，14）
14	分子生物与遗传学	1 155（6，11）	2 904（7，8）	2.514 3（10，14）	6（7，12）
15	综合交叉学科	489（7，15）	833（14，16）	1.703 5（20，15）	8（12，11）
16	神经科学与行为	456（7，16）	764（9，17）	1.675 4（13，16）	1（8，18）
17	药理学与毒物学	1 553（3，6）	2 092（8，11）	1.347 1（25，17）	6（9，12）
18	物理学	1 165（11，10）	2 163（11，10）	1.856 7（10，18）	10（9，9）
19	植物与动物科学	1 336（4，9）	2 030（4，12）	1.519 5（12，19）	5（11，14）
20	精神病学/心理学	172（11，20）	217（18，21）	1.261 6（20，20）	1（10，18）
21	一般社会科学	327（9，18）	608（10，19）	1.859 3（11，21）	3（14，16）
22	空间科学	56（8，22）	81（8，22）	1.446 4（13，22）	0（3，21）
全省合计		31 832	74 934	2.354 0	377

资料来源：科技大数据湖北省重点实验室

注：学科排序同 ESI 学科固定排序

	机构综合排名	农业科学	生物学与生物化学	化学	临床医学	计算机科学	工程科学	环境/生态学	地球科学	免疫学	材料科学	数学	微生物学	分子生物与基因	神经科学与行为	药理学与毒物学	物理学	植物与动物科学	社会科学	机构进入ESI学科数
山东大学	233	770	197	71	389	159	87	435	645	433	81	70	388	394	515	77	202	686	770	18
中国海洋大学	868	275	668	611	—	—	558	342	206	—	532	—	—	—	—	507	—	282	—	9
青岛大学	986	—	908	534	1160	410	597	—	—	—	362	—	—	—	668	608	—	—	—	8
山东第一医科大学	1160	—	829	—	590	—	—	—	—	—	—	—	—	863	—	483	—	—	—	4
济南大学	1191	—	—	319	2150	—	719	—	—	—	359	—	—	—	—	—	—	—	—	4
山东科技大学	1421	—	—	656	—	473	355	—	484	—	602	45	—	—	—	—	—	—	—	6
青岛科技大学	1458	—	—	320	—	—	686	—	—	—	401	—	—	—	—	—	—	—	—	3
山东师范大学	1696	—	—	570	—	516	771	—	—	—	916	—	—	—	—	—	—	789	—	5
山东农业大学	1770	205	—	1127	—	—	—	1212	—	—	—	—	—	—	—	—	—	203	—	4
中国科学院海洋研究所	1904	—	—	—	—	—	—	980	464	—	—	—	—	—	—	—	—	402	—	3
曲阜师范大学	1908	—	—	718	—	554	640	—	—	—	—	52	—	—	—	—	—	—	—	4
齐鲁工业大学	2205	—	—	816	—	—	997	—	—	—	704	—	—	—	—	—	—	—	—	3
聊城大学	2479	—	—	833	—	—	1072	—	—	—	930	—	—	—	—	—	—	—	—	3
青岛农业大学	2665	469	—	1211	—	—	—	—	—	—	—	—	—	—	—	—	—	833	—	3
烟台大学	2830	—	—	1099	—	—	1508	—	—	—	—	—	—	—	—	820	—	—	—	3
山东理工大学	3044	—	—	1068	—	—	1327	—	—	—	—	—	—	—	—	—	—	—	—	2
鲁东大学	3557	—	—	—	—	—	1198	—	—	—	—	—	—	—	—	—	—	—	—	1
滨州医学院	3677	—	—	—	2730	—	—	—	—	—	—	—	—	—	—	—	—	—	—	1
山东省农业科学院	4076	736	—	—	—	—	—	—	—	—	—	—	—	—	—	—	—	862	—	2
济宁医学院	4118	—	—	—	4433	—	—	—	—	—	—	—	—	—	—	—	—	—	—	1
青岛理工大学	4263	—	—	—	—	—	999	—	—	—	—	—	—	—	—	—	—	—	—	1
潍坊医学院	4296	—	—	—	3421	—	—	—	—	—	—	—	—	—	—	—	—	—	—	1
山东中医药大学	4377	—	—	—	2971	—	—	—	—	—	—	—	—	—	—	—	—	—	—	1
山东建筑大学	5115	—	—	—	—	—	1320	—	—	—	—	—	—	—	—	—	—	—	—	1
山东财经大学	5249	—	—	—	—	—	1424	—	—	—	—	—	—	—	—	—	—	—	—	1

图 3-28　2020 年山东省各机构进入 ESI 前 1%的学科及排名

资料来源：科技大数据湖北省重点实验室

表 3-39　2020 年山东省发明专利申请量十强技术领域

序号	IPC 号（技术领域）	发明专利申请量/件
1	G06F（电子数字数据处理）	3 290
2	G01N（小类中化学分析方法或化学检测方法）	2 344
3	A61B［诊断；外科；鉴定（分析生物材料入 G01N，如 G01N 33/48）］	1 788
4	A61K［医用、牙科用或梳妆用的配制品（专门适用于将药品制成特殊的物理或服用形式的装置或方法 A61J 3/00；空气除臭，消毒或灭菌，或者绷带、敷料、吸收垫或外科用品的化学方面，或材料的使用入 A61L；肥皂组合物入 C11D)］	1 457
5	G06Q（专门适用于行政、商业、金融、管理、监督或预测目的的数据处理系统或方法；其他类目不包含的专门适用于行政、商业、金融、管理、监督或预测目的的处理系统或方法）	1 175
6	A61M［将介质输入人体内或输到人体上的器械（将介质输入动物体内或输入动物体上的器械入 A61D7/00；用于插入棉塞的装置入 A61F13/26；喂饲食物或口服药物用的器具入 A61J；用于收集、贮存或输注血液或医用液体的容器入 A61J1/05）；为转移人体介质或为从人体内取出介质的器械（外科用的入 A61B，外科用品的化学方面入 A61L；将磁性元件放入体内进行磁疗的入 A61N2/10）；用于产生或结束睡眠或昏迷的器械］	1 042
7	B01D［分离（用湿法从固体中分离固体入 B03B、B03D，用风力跳汰机或摇床入 B03B，用其他干法入 B07；固体物料从固体物料或流体中的磁或静电分离，利用高压电场的分离入 B03C；离心机、涡旋装置入 B04B；涡旋装置入 B04C；用于从含液物料中挤出液体的压力机本身入 B30B 9/02)］	1 031
8	F24F［空气调节；空气增湿；通风；空气流作为屏蔽的应用（从尘、烟产生区消除尘、烟入 B08B 15/00；从建筑物中排除废气的竖向管道入 E04F17/02；烟道末端入 F23L17/02)］	1 011
9	C02F［水、废水、污水或污泥的处理（通过在物质中产生化学变化使有害的化学物质无害或降低危害的方法入 A62D 3/00；分离、沉淀箱或过滤设备入 B01D；有关处理水、废水或污水生产装置的水运容器的特殊设备，例如用于制备淡水入 B63J；为防止水的腐蚀用的添加物质入 C23F；放射性废液的处理入 G21F 9/04)］	1 000

续表

序号	IPC 号（技术领域）	发明专利申请量/件
10	A61G［专门适用于病人或残疾人的运输工具、专用运输工具或起居设施（辅助病人或残疾人步行的器具入 A61H 3/00）；手术台或手术椅子；牙科椅子；丧葬用具（尸体防腐剂 A01N 1/00）］	861
全省合计		64 331

资料来源：科技大数据湖北省重点实验室

表 3-40　2020 年山东省发明专利申请量优势企业和科研机构

序号	优势企业	发明专利申请量/件	序号	优势科研机构	发明专利申请量/件
1	歌尔科技有限公司	494	1	山东大学	1754
2	潍柴动力股份有限公司	432	2	中国石油大学（华东）	728
3	青岛海尔空调器有限总公司	399	3	青岛科技大学	585
4	中车青岛四方机车车辆股份有限公司	384	4	济南大学	566
5	万华化学集团股份有限公司	340	5	山东科技大学	525
6	浪潮云信息技术股份公司	334	6	齐鲁工业大学	497
7	海信视像科技股份有限公司	328	7	中国海洋大学	437
8	海信（山东）空调有限公司	319	8	山东理工大学	400
9	歌尔股份有限公司	301	9	青岛理工大学	342
10	济南浪潮高新科技投资发展有限公司	272	10	山东师范大学	301
11	浪潮电子信息产业股份有限公司	218	11	青岛大学	299
12	山东超越数控电子股份有限公司	200	12	山东交通学院	296
13	中车青岛四方车辆研究所有限公司	184	13	山东建筑大学	246
14	国网山东省电力公司电力科学研究院	182	14	青岛农业大学	243
15	山东浪潮通软信息科技有限公司	178	15	山东农业大学	242
16	海信（山东）冰箱有限公司	177	16	烟台大学	201
17	歌尔光学科技有限公司	165	17	哈尔滨工业大学（威海）	198
18	山东钢铁股份有限公司	163	18	山东交通职业学院	183
19	青岛鼎信通讯股份有限公司	157	19	莱芜职业技术学院	163
20	山东云海国创云计算装备产业创新中心有限公司	141	20	中国人民解放军海军航空大学	151

资料来源：科技大数据湖北省重点实验室

表 3-41　2020 年山东省获得国家科技奖励机构清单

序号	获奖机构	获奖数量/项		
		总计	主持	参与
1	山东大学	6	2	4
2	中国石油化工股份有限公司胜利油田分公司	2	2	0
3	中国石油大学（华东）	2	2	0
4	山东威高骨科材料股份有限公司	1	0	1

续表

序号	获奖机构	获奖数量/项		
		总计	主持	参与
5	雷沃重工股份有限公司	1	0	1
6	青岛清原抗性杂草防治有限公司	1	0	1
7	威海百合生物技术股份有限公司	1	0	1
8	石药集团百克（山东）生物制药股份有限公司	1	0	1
9	烟台金晖铜业有限公司	1	0	1
10	青岛海尔空调电子有限公司	1	0	1
11	海克斯康测量技术（青岛）有限公司	1	0	1
12	山东电工电气集团有限公司	1	0	1
13	青岛创统科技发展有限公司	1	0	1
14	山东省农业科学院农业质量标准与检测技术研究所	1	0	1
15	青岛蔚蓝生物股份有限公司	1	0	1
16	威海中玻新材料技术研发有限公司	1	0	1
17	山东鼎泰盛食品工业装备股份有限公司	1	0	1
18	山东第一医科大学附属皮肤病医院	1	1	0
19	中国海洋大学	1	1	0
20	山东农业大学	1	1	0
21	青岛农业大学	1	0	1
22	齐鲁工业大学	1	1	0
23	齐鲁动物保健品有限公司	1	0	1

资料来源：科技大数据湖北省重点实验室

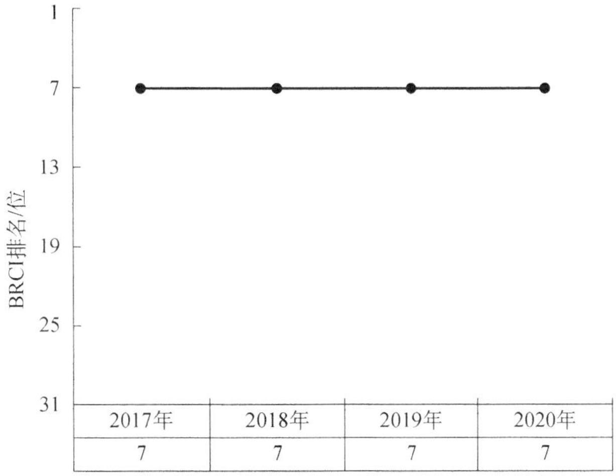

图 3-29 2017～2020 年山东省 BRCI 排名变化趋势

资料来源：科技大数据湖北省重点实验室

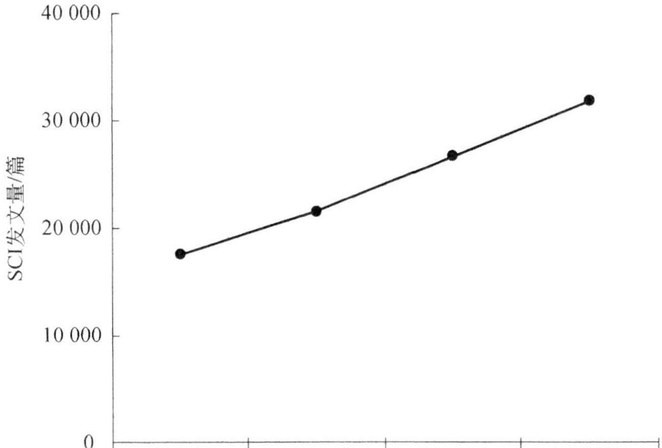

2017年	2018年	2019年	2020年
17 613	21 475	26 689	31 832

图 3-30　2017～2020 年山东省 SCI 发文趋势

资料来源：科技大数据湖北省重点实验室

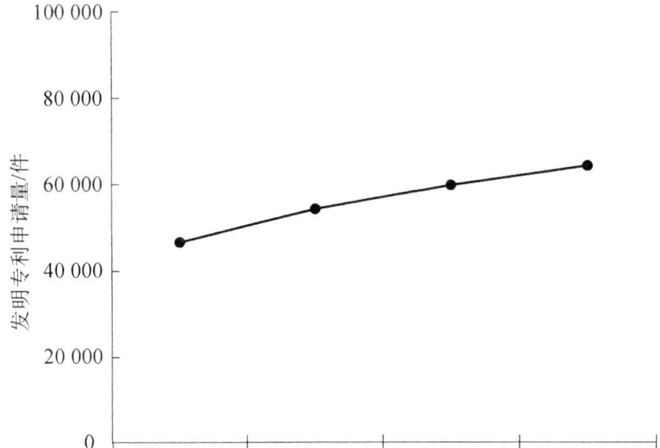

2017年	2018年	2019年	2020年
46 514	54 273	59 825	64 331

图 3-31　2017～2020 年山东省发明专利申请趋势

资料来源：科技大数据湖北省重点实验室

3.3.8　陕西省

2020 年，陕西省的基础研究竞争力指数为 66.8334，排名第 8 位。综合全省各学科论文数和篇均被引量来看，2020 年陕西省基础研究在全省范围内较为活跃的学科为电子与电气工程、多学科材料、通信、计算机信息系统、应用物理学、环境科学、物理化学、能源与燃料、多学科化学、化学工程等。其中，电子与电气工程的高频词包括特征提取、深度学习、优化、任务分析、训练等，多学科材料的高频词包括微观结构、力学性能、石墨烯、机械特性、稳定性等，通信的高频词包括特征提取、优化、深度学习、任务分析、数学模型等（表 3-42）。综合全省各学科在全国的发文数量和排名位次来看，2020 年陕西省基础研究在全国范围内较为突出的学科为陶瓷材料、航空航天工程、核科学与技术、电子与电气工程、通信、计算机信息系统、应用物理学、人工智能、力学、仪器与仪表等。陕西省工程科学、材料科学、化学学科领域发表高水平论文数量分别为100篇、61篇、39篇（表3-43）。陕西省共有18个机构进入相关学科的ESI全球前1%行列（图3-32）；发明专利申请量共27 079件，全国排名第13（表3-44），主要专利权人如表3-45所示；获得国家奖励的科研机构如表3-46所示。

2017～2020年，陕西省BRCI排名始终稳定位列第8位（图3-33）；SCI论文数呈上升趋势（图3-34）；发明专利申请量呈上升趋势，2020年发明专利申请量有所减少（图3-35）。

2020年，陕西省地方财政科技投入经费预算55.8亿元，全国排名第19位；获得国家科技奖励21项，全国排名第9位。截至2021年9月，陕西省拥有国家重点实验室21个，省级重点实验室184个；拥有院士67人，全国排名第5位。

表3-42　2020年陕西省基础研究SCI活跃学科及高频词

序号	活跃学科	SCI学科活跃度	高频词（词频）
1	电子与电气工程	10.54	特征提取（203）；深度学习（115）；优化（107）；任务分析（99）；训练（97）；数学模型（93）；机器学习（66）；无线通信（56）；数据模型（54）；计算建模（53）；对象检测（52）；估计（51）；传感器（49）；图像分割（47）；图像重建（46）；安全（46）；语义（46）；不确定性（46）；相关性（44）；延迟（44）；图像处理（44）；稳健性（44）
2	多学科材料	6.31	微观结构（189）；力学性能（141）；石墨烯（50）；机械特性（39）；稳定性（29）；热导率（28）；微结构演化（27）；动态再结晶（25）；氧化（25）；纹理（24）；钛合金（24）；钙钛矿太阳能电池（23）；添加剂制造（22）；沥青混合料（22）；分子动力学（22）；3D打印（21）；耐腐蚀（21）；储能（21）；相变（21）；光催化（20）；道路工程（20）
3	通信	5.02	特征提取（84）；优化（78）；深度学习（60）；任务分析（57）；数学模型（55）；机器学习（51）；无线通信（48）；资源管理（42）；物联网（41）；训练（40）；干扰（38）；数据模型（37）；安全（37）；计算建模（36）；云计算（32）；延迟（31）；估计（31）；相关性（30）；许可证（29）；预测模型（28）
4	计算机信息系统	4.10	特征提取（85）；深度学习（63）；优化（55）；机器学习（53）；任务分析（52）；数学模型（46）；物联网（42）；训练（38）；云计算（34）；数据模型（34）；计算建模（31）；安全（30）；许可证（29）；预测模型（28）；相关性（27）；稳健性（26）；语义（25）；无线通信（25）；图像重建（24）；神经网络（24）
5	应用物理学	3.84	微观结构（66）；力学性能（47）；石墨烯（40）；密度泛函理论（19）；传感器（18）；数值模拟（13）；钙钛矿太阳能电池（13）；吸附（12）；界面（12）；纳米复合材料（12）；氧化（12）；光催化（12）；热导率（12）；耐磨性（12）；耐腐蚀（11）；深度学习（11）；储能（11）；机器学习（11）；沥青混合料（10）；导电性（10）
6	环境科学	3.68	中国（41）；黄土高原（40）；吸附（34）；气候变化（31）；数值模拟（18）；重金属（17）；土壤侵蚀（17）；遥感（16）；土壤水分（15）；COVID-19（13）；机制（13）；细菌群落（12）；生物炭（12）；重金属（12）；镉（11）；生态系统服务（11）；地下水（11）；风险评估（11）；生态修复（10）；土地利用（10）
7	物理化学	3.66	微观结构（49）；力学性能（31）；石墨烯（30）；密度泛函理论（27）；光催化（27）；吸附（24）；稳定性（18）；静电纺丝（17）；析氢反应（16）；锂离子电池（15）；分子动力学（15）；金属-有机框架（14）；晶体结构（13）；电化学性能（13）；超级电容器（13）；热稳定性（13）；电催化（12）；机械特性（12）；析氧反应（12）；光催化剂（12）；超级电容器（12）
8	能源与燃料	3.06	数值模拟（29）；优化（25）；构成（12）；储能（12）；孔结构（12）；鄂尔多斯盆地（11）；钙钛矿太阳能电池（11）；厌氧消化（10）；CFD（10）；传热（10）；锂离子电池（10）；生物炭（9）；传热强化（9）；产氢（9）；动力学（9）；相变材料（9）；超级电容器（9）；超临界水（9）；热能储存（9）；能量收集（8）

续表

序号	活跃学科	SCI 学科活跃度	高频词（词频）
9	多学科化学	2.68	光催化（18）；石墨烯（14）；合成（14）；电催化（13）；荧光（11）；析氢反应（10）；自组装（10）；深度学习（9）；水分裂（9）；吸附（8）；双折射（8）；晶体结构（8）；力学性能（8）；小麦（8）；2D 材料（7）；不对称催化（7）；氧化还原反应（7）；太阳能电池（7）；超分子化学（7）；热导率（7）
10	化学工程	2.66	光催化（20）；吸附（19）；数值模拟（15）；降解（9）；产氢（9）；动力学（9）；优化（8）；稳定性（8）；静电纺丝（7）；析氢反应（7）；力学性能（7）；煤自燃（6）；储能（6）；氢（6）；协同效应（6）；集聚（5）；阳极（5）；生物量（5）；CFD（5）；特征温度（5）

资料来源：科技大数据湖北省重点实验室

表 3-43　2020 年陕西省各学科 SCI 论文发文情况

序号	ESI 学科	论文数/篇（全国排名，省内排名）	被引次数/次（全国排名，省内排名）	篇均被引/次（全国排名，省内排名）	高水平论文/篇（全国排名，省内排名）
1	农业科学	869（5，9）	2 345（4，8）	2.698 5（2，1）	12（5，7）
2	生物学与生物化学	850（8，10）	2 041（8，10）	2.401 2（10，2）	4（11，15）
3	化学	2 986（8，3）	7 912（10，3）	2.649 7（17，3）	39（8，3）
4	临床医学	1 810（12，5）	3 181（13，5）	1.757 5（13，4）	9（12，11）
5	计算机科学	1 557（3，6）	3 039（9，7）	1.951 8（21，5）	12（12，7）
6	经济与商学	256（9，18）	422（10，19）	1.648 4（16，6）	5（6，13）
7	工程科学	7 201（3，1）	16 651（3，1）	2.312 3（16，7）	100（2，1）
8	环境/生态学	1 347（7，7）	3 668（9，4）	2.723 1（9，8）	21（7，4）
9	地球科学	1 087（5，8）	2 162（5，9）	1.989 0（7，9）	12（6，7）
10	免疫学	148（14，20）	445（18，18）	3.006 8（21，10）	0（17，20）
11	材料科学	4 039（4，2）	13 783（5，2）	3.412 5（10，11）	61（2，2）
12	数学	667（8，14）	947（7，14）	1.419 8（9，12）	15（6，6）
13	微生物学	137（12，21）	221（21，21）	1.613 1（24，13）	1（16，18）
14	分子生物与遗传学	729（10，12）	1 393（13，12）	1.910 8（17，14）	1（17，18）
15	综合交叉学科	411（9，15）	834（13，15）	2.029 2（17，15）	6（15，12）
16	神经科学与行为	382（8，16）	598（10，16）	1.565 4（17，16）	0（17，20）
17	药理学与毒物学	750（11，11）	1 444（11，11）	1.925 3（12，17）	5（11，13）
18	物理学	1 956（4，4）	3 085（5，6）	1.577 2（20，18）	20（2，5）
19	植物与动物科学	694（7，13）	1 289（7，13）	1.857 3（5，19）	11（4，10）
20	精神病学/心理学	169（12，19）	305（13，20）	1.804 7（15，20）	4（4，15）
21	一般社会科学	284（10，17）	548（11，17）	1.929 6（8，21）	4（10，15）
22	空间科学	42（9，22）	32（13，22）	0.761 9（25，22）	0（3，20）
全省合计		30 167	67 189	2.227 2	357

资料来源：科技大数据湖北省重点实验室

注：学科排序同 ESI 学科固定排序

	机构综合排名	农业科学	生物学与生物化学	化学	临床医学	计算机科学	经济与商学	工程科学	环境/生态学	地球科学	免疫学	材料科学	数学	微生物学	分子生物与基因	神经科学与行为	药理学与毒物学	物理学	植物与动物科学	社会科学	机构进入ESI学科数
西安交通大学	257	—	479	139	591	52	289	11	930	284	—	46	163	—	488	567	204	363	—	818	15
西北工业大学	625	—	—	419	—	115	—	72	—	—	—	67	—	—	—	—	—	655	—	—	5
西北农林科技大学	757	17	481	767	—	—	—	611	279	—	—	—	—	466	701	—	757	—	100	—	9
中国人民解放军空军军医大学	814	—	487	—	532	—	—	—	—	—	825	646	—	—	467	411	275	—	—	—	7
西安电子科技大学	1027	—	—	—	4883	15	—	86	—	596	—	826	—	—	—	—	—	—	—	—	5
西北大学	1067	935	—	315	4504	—	—	795	—	221	—	525	—	—	—	—	835	—	—	—	7
陕西师范大学	1236	464	—	400	—	551	—	1109	1237	—	—	350	—	—	—	—	—	—	—	1494	7
长安大学	2248	—	—	—	—	—	—	545	848	589	—	740	—	—	—	—	—	—	—	—	4
西安理工大学	2566	—	—	—	—	—	—	684	—	—	—	564	—	—	—	—	—	—	—	—	2
中国科学院地球环境研究所	2585	—	—	—	—	—	—	—	735	278	—	—	—	—	—	—	—	—	—	—	2
陕西科技大学	2607	—	—	954	—	—	—	1635	—	—	—	489	—	—	—	—	—	—	—	—	3
西安建筑科技大学	2762	—	—	—	—	—	—	637	963	—	—	839	—	—	—	—	—	—	—	—	3
中国科学院西安光学精密机械研究所	2971	—	—	—	—	274	—	825	—	—	—	—	—	—	—	—	—	—	—	—	2
中国科学院水利部水土保持研究所	2987	157	—	—	—	—	—	1673	729	—	—	—	—	—	—	—	—	—	—	—	3
瞬态光学与光子技术国家重点实验室	3177	—	—	—	—	302	—	882	—	—	—	—	—	—	—	—	—	—	—	—	2
西安科技大学	4029	—	—	—	—	—	—	1276	—	—	—	—	—	—	—	—	—	—	—	—	1
西安医学院	4073	—	—	—	2506	—	—	—	—	—	—	—	—	—	—	—	—	—	—	—	1
中国人民解放军空军工程大学	4075	—	—	—	—	—	—	829	—	—	—	—	—	—	—	—	—	—	—	—	1

图 3-32　2020 年陕西省各机构进入 ESI 前 1%的学科及排名

资料来源：科技大数据湖北省重点实验室

表 3-44　2020 年陕西省发明专利申请量十强技术领域

序号	IPC 号（技术领域）	发明专利申请量/件
1	G06F（电子数字数据处理）	1 889
2	G01N（小类中化学分析方法或化学检测方法）	1 043
3	G06K（数据处理）	763
4	G06T（图像数据处理）	659
5	G01S（无线电定向；无线电导航；采用无线电波测距或测速；采用无线电波的反射或再辐射的定位或存在检测；采用其他波的类似装置）	493
6	G06Q（专门适用于行政、商业、金融、管理、监督或预测目的的数据处理系统或方法；其他类目不包含的专门适用于行政、商业、金融、管理、监督或预测目的的处理系统或方法）	470
7	H04L［数字信息的传输，例如电报通信（电报和电话通信的公用设备入 H04M）］	469
8	A61K［医用、牙科用或梳妆用的配制品（专门适用于将药品制成特殊的物理或服用形式的装置或方法 A61J 3/00；空气除臭，消毒或灭菌，或者绷带、敷料、吸收垫或外科用品的化学方面，或材料的使用入 A61L；肥皂组合物入 C11D）］	443
9	G01R（G01T 物理测定方法；其设备）	421
10	E21B［土层或岩石的钻进（采矿、采石入 E21C；开凿立井、掘进平巷或隧洞入 E21D）；从井中开采油、气、水、可溶解或可熔化物质或矿物泥浆］	416
10	H01L［半导体器件；其他类目中不包括的电固体器件（使用半导体器件的测量入 G01；一般电阻器入 H01C；磁体、电感器、变压器入 H01F；一般电容器入 H01G；电解型器件入 H01G9/00；电池组、蓄电池入 H01M；波导管、谐振器或波导型线路入 H01P；线路连接器、汇流器入 H01R；受激发射器件入 H01S；机电谐振器入 H03H；扬声器、送话器、留声机拾音器或类似的声机电传感器入 H04R；一般电光源入 H05B；印刷电路、混合电路、电设备的外壳或结构零部件、电气元件的组件的制造入 H05K；在具有特殊应用的电路中使用的半导体器件见应用相关的小类）］	416
全省合计		27 079

资料来源：科技大数据湖北省重点实验室

表 3-45　2020 年陕西省发明专利申请量优势企业和科研机构

序号	优势企业	发明专利申请量/件	序号	优势科研机构	发明专利申请量/件
1	西安热工研究院有限公司	913	1	西安交通大学	2250
2	西安万像电子科技有限公司	331	2	西北工业大学	1538
3	中铁第一勘察设计院集团有限公司	223	3	西安电子科技大学	1315
4	中煤科工集团西安研究院有限公司	130	4	陕西科技大学	803
5	中国航发动力股份有限公司	129	5	西安理工大学	726
6	中国重型机械研究院股份公司	110	6	西安工程大学	577
7	中国航空工业集团公司西安航空计算技术研究所	94	7	西安建筑科技大学	518
8	西安奕斯伟硅片技术有限公司	91	8	长安大学	513
9	西安柯莱特信息科技有限公司	88	9	中国科学院西安光学精密机械研究所	324
10	中铁宝桥集团有限公司	73	10	西北大学	310
11	陕西煤业化工技术研究院有限责任公司	71	11	西北农林科技大学	305
12	西安长庆科技工程有限责任公司	70	12	西安石油大学	285
13	陕西延长石油（集团）有限责任公司	68	13	西安工业大学	275
14	中油国家油气钻井装备工程技术研究中心有限公司	65	14	西安科技大学	263
	西安艾润物联网技术服务有限责任公司		15	陕西师范大学	213
16	国网陕西省电力公司电力科学研究院	59	16	西安近代化学研究所	208
17	西安飞机工业（集团）有限责任公司	56	17	西安微电子技术研究所	185
18	西安易朴通讯技术有限公司	55	18	中国人民解放军空军军医大学	167
	西安西热节能技术有限公司		19	西京学院	166
20	陕西斯瑞新材料股份有限公司	54	20	中国人民解放军空军工程大学	162

资料来源：科技大数据湖北省重点实验室

表 3-46　2020 年陕西省获得国家科技奖励机构清单

序号	获奖机构	获奖数量/项		
		总计	主持	参与
1	中交第一公路勘察设计研究院有限公司	2	1	1
2	西北工业大学	2	2	0
3	西安交通大学	2	2	0
4	西安电子科技大学	2	2	0
5	陕西陕煤黄陵矿业有限公司	1	1	0
6	中国航空工业集团公司西安飞机设计研究所	1	0	1
7	西安奇维科技有限公司	1	0	1
8	西安德兴环保科技有限公司	1	0	1
9	中节能环保装备股份有限公司	1	0	1
10	西京学院	1	0	1

续表

序号	获奖机构	获奖数量/项		
		总计	主持	参与
11	中铁第一勘察设计院集团有限公司	1	0	1
12	中国人民解放军火箭军工程大学	1	0	1
13	长安大学	1	1	0
14	西北大学	1	1	0
15	西安西电变压器有限责任公司	1	0	1
16	西安理工大学	1	1	0
17	西安建筑科技大学	1	0	1

资料来源：科技大数据湖北省重点实验室

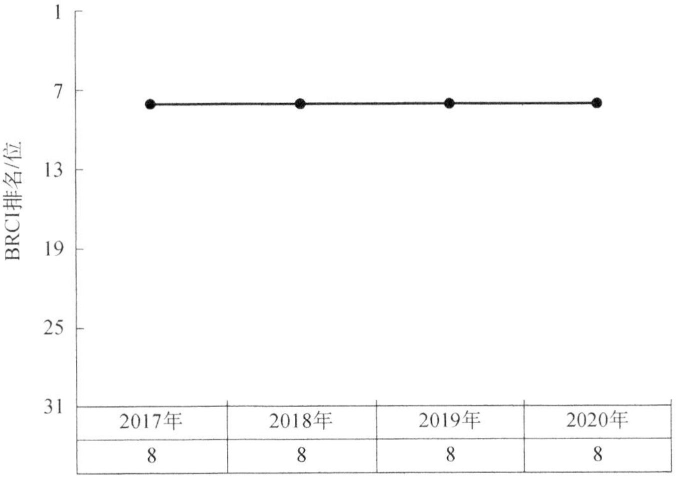

图 3-33　2017～2020 年陕西省 BRCI 排名变化趋势

资料来源：科技大数据湖北省重点实验室

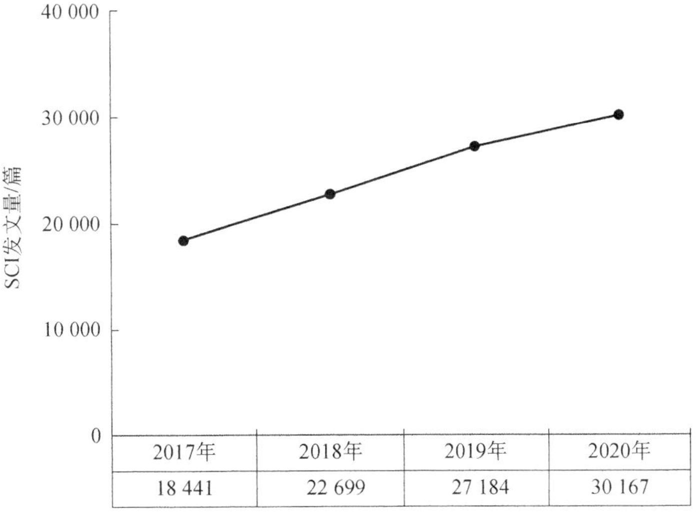

图 3-34　2017～2020 年陕西省 SCI 发文趋势

资料来源：科技大数据湖北省重点实验室

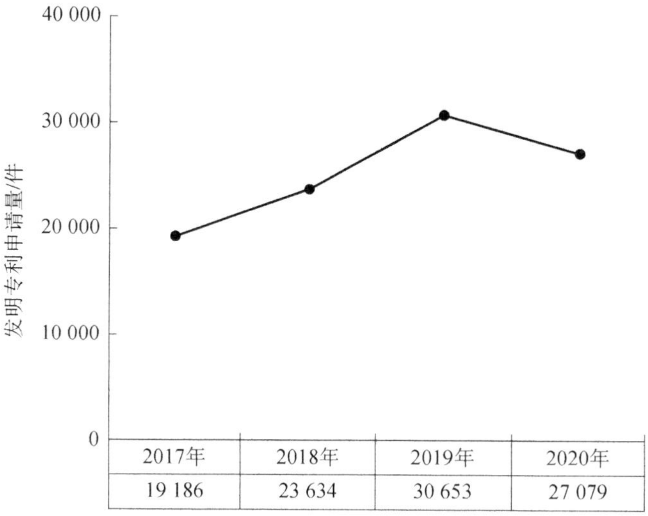

图 3-35 2017～2020 年陕西省发明专利申请趋势

资料来源：科技大数据湖北省重点实验室

3.3.9 四川省

2020 年，四川省的基础研究竞争力 BRCI 为 60.8159，排名第 9 位。综合全省各学科论文数和篇均被引量来看，2020 年四川省基础研究在全省范围内较为活跃的学科为热带医学、电子与电气工程、寄生物学、多学科材料、通信、物理化学、控制论、计算机信息系统、应用物理学、环境科学等。其中，热带医学的高频词包括寄生虫、流行病学、内部迁移、肺结核、血清学诊断等，电子与电气工程的高频词包括优化、特征提取、深度学习、训练、无线通信等，寄生物学的高频词包括空间分析、血清学诊断、肺结核、羊痒螨、内部迁移等（表 3-47）。综合全省各学科在全国的发文数量和排名位次来看，2020 年四川省基础研究在全国范围内较为突出的学科为内科学、口腔医学、神经成像、核科学与技术、石油工程、乳品与动物学、麻醉学、法医学、外科学、交通科学与技术等。四川省工程科学、材料科学、化学科领域发表高水平论文数量分别为 58 篇、39 篇、36 篇（表 3-48）。四川省共有 18 个机构进入相关学科的 ESI 全球前 1%行列（图 3-36）；发明专利申请量共 33 627 件，全国排名第 10（表 3-49），主要专利权人如表 3-50 所示；获得国家奖励的科研机构如表 3-51 所示。

2017～2020 年，四川省 BRCI 排名始终稳定位列第 9 位（图 3-37），SCI 论文数呈上升趋势（图 3-38），发明专利申请量呈缓慢下降趋势（图 3-39）。

2021 年，四川省地方财政科技投入经费 179.3748 亿元，全国排名第 11 位；获得国家科技奖励 17 项，全国排名第 11 位。截至 2021 年 9 月，四川省拥有国家重点实验室 16 个，省级重点实验室 130 个，省实验室 1 个；拥有院士 53 人，全国排名第 7 位。

表 3-47 2020 年四川省基础研究 SCI 活跃学科及高频词

序号	活跃学科	SCI 学科活跃度	高频词（词频）
1	热带医学	9.98	寄生虫（2）；流行病学（2）；内部迁移（2）；肺结核（2）；血清学诊断（2）；空间分析（2）

续表

序号	活跃学科	SCI 学科活跃度	高频词（词频）
2	电子与电气工程	8.71	优化（85）；特征提取（71）；深度学习（66）；训练（58）；无线通信（55）；机器学习（45）；数学模型（42）；任务分析（41）；计算建模（35）；数据模型（35）；阻抗（35）；资源管理（35）；神经网络（34）；接收者（34）；带宽（33）；开关（33）；电压控制（33）；耦合器（32）；宽带（32）；物联网（31）
3	寄生物学	7.18	空间分析（2）；血清学诊断（2）；肺结核（2）；羊痒螨（2）；内部迁移（2）；流行病学（2）；猪蛔虫（2）
4	多学科材料	5.36	微观结构（72）；力学性能（69）；石墨烯（26）；纳米颗粒（20）；钙钛矿太阳能电池（20）；光催化（18）；稳定性（18）；超级电容器（18）；吸附（16）；腐蚀（16）；热稳定性（16）；密度泛函理论（14）；介电特性（13）；纳米复合材料（13）；碳纳米管（12）；耐腐蚀（12）；第一性原理计算（12）；自我愈合（12）；构成模式（11）；DFT（11）；氧化石墨烯（11）
5	通信	4.07	优化（60）；特征提取（46）；训练（42）；无线通信（40）；深度学习（37）；机器学习（37）；资源管理（32）；物联网（30）；数据模型（26）；任务分析（26）；数学模型（25）；接收者（25）；神经网络（24）；云计算（23）；计算建模（23）；阵列信号处理（22）；天线辐射方向图（21）；米莫通信（21）；天线阵列（20）；带宽（20）；传感器（19）；区块链（18）
6	物理化学	3.68	密度泛函理论（20）；石墨烯（20）；析氧反应（20）；析氢反应（18）；光催化（18）；吸附（17）；微观结构（17）；稳定性（15）；热稳定性（14）；电催化（13）；超级电容器（13）；DFT（12）；溶解度（12）；氧化还原反应（11）；钙钛矿太阳能电池（11）；力学性能（10）；合成（10）；水分裂（10）；电催化剂（9）；氧化石墨烯（9）
7	控制论	3.55	数据模型（4）；训练（4）；适应模式（3）；深度学习（3）；知识代表（3）；拉普拉斯方程（3）；语义（3）；经验知识结构（3）；二进制码（2）；相关性（2）；控制论（2）；哈希（2）；图像检索（2）；矩阵分解（2）；神经知识 DNA（2）；噪声测量（2）；优化（2）；供应链管理（2）；任务分析（2）
8	计算机信息系统	3.46	特征提取（48）；机器学习（46）；深度学习（41）；优化（36）；训练（32）；任务分析（28）；物联网（27）；区块链（25）；云计算（24）；数据模型（21）；数学模型（21）；无线通信（21）；计算建模（20）；神经网络（20）；资源管理（20）；卷积神经网络（17）；延迟（15）；协议（15）；传感器（15）；服务器（15）
9	应用物理学	3.40	微观结构（29）；力学性能（17）；稳定性（14）；石墨烯（12）；光催化（12）；第一性原理计算（11）；吸附（10）；热稳定性（10）；生物材料（9）；密度泛函理论（9）；高温超导（9）；纳米颗粒（9）；钙钛矿太阳能电池（9）；深度学习（8）；超导磁体（8）；电子性质（7）；氧化石墨烯（7）；纳米复合材料（7）；优化（7）；超级电容器（7）
10	环境科学	3.26	中国（38）；镉（34）；吸附（33）；生物炭（18）；气候变化（15）；重金属（14）；重金属（14）；空气污染（13）；植物修复（13）；微生物群落（12）；过硫酸盐（12）；遥感（11）；铀（11）；COVID-19（9）；页岩气（9）；热力学（9）；钒（9）；深度学习（8）；过氧单硫酸盐（8）；四川盆地（8）

资料来源：科技大数据湖北省重点实验室

表 3-48　2020 年四川省各学科 SCI 论文发文情况

序号	ESI 学科	论文数/篇（全国排名，省内排名）	被引次数/次（全国排名，省内排名）	篇均被引/次（全国排名，省内排名）	高水平论文/篇（全国排名，省内排名）
1	农业科学	464（12，16）	954（13，13）	2.056 0（19，1）	0（24，21）
2	生物学与生物化学	794（9，10）	1 748（10，8）	2.201 5（13，2）	3（16，19）
3	化学	2 980（9，3）	8 293（9，3）	2.782 9（13，3）	36（10，3）
4	临床医学	4 160（6，2）	8 058（8，4）	1.937 0（12，4）	22（7，5）
5	计算机科学	1 139（7，6）	3 807（5，5）	3.342 4（7，5）	26（4，4）
6	经济与商学	358（5，18）	875（2，16）	2.444 1（7，6）	10（2，8）
7	工程科学	4 684（6，1）	11 221（9，1）	2.395 6（11，7）	58（11，1）

续表

序号	ESI 学科	论文数/篇（全国排名，省内排名）	被引次数/次（全国排名，省内排名）	篇均被引/次（全国排名，省内排名）	高水平论文/篇（全国排名，省内排名）
8	环境/生态学	900（9，8）	2 268（11，7）	2.520 0（14，8）	8（12，10）
9	地球科学	956（7，7）	1 718（7，9）	1.797 1（12，9）	9（8，9）
10	免疫学	207（9，20）	1 443（9，12）	6.971 0（9，10）	4（7，13）
11	材料科学	2 652（10，4）	9 021（10，2）	3.401 6（12，11）	39（6，2）
12	数学	572（10，13）	814（8，18）	1.423 1（8，12）	14（8，6）
13	微生物学	236（8，19）	847（14，17）	3.589 0（15，13）	4（9，13）
14	分子生物与遗传学	766（9，11）	1 694（12，10）	2.211 5（14，14）	4（10，13）
15	综合交叉学科	485（8，15）	765（16，19）	1.577 3（22，15）	5（18，12）
16	神经科学与行为	489（6，14）	909（6，15）	1.858 9（9，16）	4（5，13）
17	药理学与毒物学	879（8，9）	1 660（9，11）	1.888 5（13，17）	6（9，11）
18	物理学	1 529（6，5）	2 595（9，6）	1.697 2（16，18）	14（7，6）
19	植物与动物科学	641（9，12）	917（11，14）	1.430 6（15，19）	4（14，13）
20	精神病学/心理学	199（8，21）	431（10，21）	2.165 8（13，20）	1（10，20）
21	一般社会科学	397（8，17）	738（9，20）	1.858 9（12，21）	4（10，13）
22	空间科学	14（18，22）	7（26，22）	0.500 0（26，22）	0（3，21）
全省合计		26 926	61 247	2.274 6	324

资料来源：科技大数据湖北省重点实验室

注：学科排序同 ESI 学科固定排序

	机构综合排名	农业科学	生物学与生物化学	化学	临床医学	计算机科学	经济与商学	工程科学	环境/生态学	地球科学	免疫学	材料科学	数学	微生物学	分子生物与基因	神经科学与行为	药理学与毒物学	物理学	植物与动物科学	精神病学/心理学	社会科学	机构进入ESI学科数
四川大学	235	408	280	51	314	103		161	705	783	554	62	196	505	283	364	81	627	799	536	781	19
西南交通大学	1179	—	—	1171	—	147	—	128	—	—	—	299	—	—	—	—	—	—	—	—	—	4
中国工程物理研究院	1749	—	—	745	—	—	—	731	—	—	—	378	—	—	—	—	—	—	—	—	—	3
四川农业大学	1769	270	933	—	—	—	—	—	1042	—	—	—	—	—	—	—	—	—	253	—	—	4
西南石油大学	2191	—	—	851	—	—	—	469	—	810	—	874	—	—	—	—	—	—	—	—	—	4
西南科技大学	2396	—	—	930	—	—	—	992	—	—	—	589	—	—	—	—	—	—	—	—	—	3
成都理工大学	2835	—	—	—	—	—	—	1381	—	443	—	—	—	—	—	—	—	—	—	—	—	2
中国科学院成都生物研究所	3005	814	—	1254	—	—	—	—	1075	—	—	—	—	—	—	—	—	—	980	—	—	4
西华师范大学	3121	—	—	1106	—	—	—	1607	—	—	—	—	—	—	—	—	—	—	—	—	—	2
四川师范大学	3319	—	—	—	—	—	—	1503	—	—	—	—	—	—	—	—	—	—	—	—	—	1
西南医科大学	3454	—	—	—	2487	—	—	—	—	—	—	—	—	—	—	—	—	—	—	—	—	1
成都中医药大学	3982	—	—	—	4458	—	—	—	—	—	—	—	—	—	—	—	668	—	—	—	—	2
四川省人民医院	4050	—	—	—	2604	—	—	—	—	—	—	—	—	—	—	—	—	—	—	—	—	1
中国科学院、水利部成都山地灾害与环境研究所	4071	—	—	—	—	—	—	—	869	720	—	—	—	—	—	—	—	—	—	—	—	2
西南财经大学	4141	—	—	—	—	—	339	1459	—	—	—	—	—	—	—	—	—	—	—	—	1229	3
西华大学	4770	—	—	—	—	—	—	1440	—	—	—	—	—	—	—	—	—	—	—	—	—	1
川北医学院	5034	—	—	—	3954	—	—	—	—	—	—	—	—	—	—	—	—	—	—	—	—	1
电子科技大学	5426	—	669	563	4208	27	364	51	—	—	—	173	122	—	—	555	—	406	—	—	1302	11

图 3-36　2020 年四川省各机构进入 ESI 前 1%的学科及排名

资料来源：科技大数据湖北省重点实验室

表 3-49　2020 年四川省发明专利申请量十强技术领域

序号	IPC 号（技术领域）	发明专利申请量/件
1	G06F（电子数字数据处理）	2 506
2	G01N（小类中化学分析方法或化学检测方法）	1 188

续表

序号	IPC 号（技术领域）	发明专利申请量/件
3	G06Q（专门适用于行政、商业、金融、管理、监督或预测目的的数据处理系统或方法；其他类目不包含的专门适用于行政、商业、金融、管理、监督或预测目的的处理系统或方法）	1 006
4	G06K（数据处理）	849
5	H04L［数字信息的传输，例如电报通信（电报和电话通信的公用设备入 H04M）］	805
6	A61K［医用、牙科用或梳妆用的配制品（专门适用于将药品制成特殊的物理或服用形式的装置或方法 A61J 3/00；空气除臭，消毒或灭菌，或者绷带、敷料、吸收垫或外科用品的化学方面，或材料的使用入 A61L；肥皂组合物入 C11D）］	768
7	G06T（图像数据处理）	579
8	E21B［土层或岩石的钻进（采矿、采石入 E21C；开凿立井、掘进平巷或隧洞入 E21D）；从井中开采油、气、水、可溶解或可熔化物质或矿物泥浆］	558
9	H01L［半导体器件；其他类目中不包括的电固体器件（使用半导体器件的测量入 G01；一般电阻器入 H01C；磁体、电感器、变压器入 H01F；一般电容器入 H01G；电解型器件入 H01G9/00；电池组、蓄电池入 H01M；波导管、谐振器或波导型线路入 H01P；线路连接器、汇流器入 H01R；受激发射器件入 H01S；机电谐振器入 H03H；扬声器、送话器、留声机拾音器或类似的声机电传感器入 H04R；一般电光源入 H05B；印刷电路、混合电路、电设备的外壳或结构零部件、电气元件的组件的制造入 H05K；在具有特殊应用的电路中使用的半导体器件见应用相关的小类）］	478
10	G01M（机器或结构部件的静或动平衡的测试；其他类目中不包括的结构部件或设备的测试）	472
全省合计		33 627

资料来源：科技大数据湖北省重点实验室

表 3-50　2020 年四川省发明专利申请量优势企业和科研机构

序号	优势企业	发明专利申请量/件	序号	优势科研机构	发明专利申请量/件
1	四川长虹电器股份有限公司	442	1	电子科技大学	2104
2	成都飞机工业（集团）有限责任公司	369	2	四川大学	1322
3	中铁二院工程集团有限责任公司	333	3	西南交通大学	898
4	成都新柯力化工科技有限公司	261	4	西南石油大学	806
5	中国五冶集团有限公司	257	5	成都理工大学	248
6	攀钢集团攀枝花钢铁研究院有限公司	191	6	西南科技大学	244
7	西南电子技术研究所（中国电子科技集团公司第十研究所）	190	7	西华大学	202
8	四川虹美智能科技有限公司	172	8	成都信息工程大学	191
9	中国电子科技集团公司第二十九研究所	152	9	四川农业大学	159
10	中国电建集团成都勘测设计研究院有限公司	139	10	四川轻化工大学	152
11	业成科技（成都）有限公司	138	11	中国科学院光电技术研究所	140
12	国网四川省电力公司电力科学研究院	106	12	中国工程物理研究院激光聚变研究中心	137
13	攀钢集团研究院有限公司	103	13	中国空气动力研究与发展中心超高速空气动力研究所	129
14	四川省交通勘察设计研究院有限公司	77	14	中国工程物理研究院总体工程研究所	102
15	四川新网银行股份有限公司	73	15	中国空气动力研究与发展中心低速空气动力研究所	95

续表

序号	优势企业	发明专利申请量/件	序号	优势科研机构	发明专利申请量/件
16	成都新潮传媒集团有限公司	73	16	中国空气动力研究与发展中心高速空气动力研究所	95
17	中国十九冶集团有限公司	72	17	成都大学	95
18	迈普通信技术股份有限公司	70	18	中国工程物理研究院机械制造工艺研究所	90
19	成都极米科技股份有限公司	69	19	成都工业学院	88
20	成都先进金属材料产业技术研究院有限公司	66	20	中国工程物理研究院材料研究所	77

资料来源：科技大数据湖北省重点实验室

表 3-51　2020 年四川省获得国家科技奖励机构清单

序号	获奖机构	获奖数量/项		
		总计	主持	参与
1	成都飞机工业（集团）有限责任公司	3	1	2
2	中国建筑西南设计研究院有限公司	2	0	2
3	四川大学	2	2	0
4	成都泰合健康科技集团股份有限公司	1	0	1
5	中国市政工程西南设计研究总院有限公司	1	0	1
6	西南化工研究设计院有限公司	1	0	1
7	中国石油四川石化有限责任公司	1	0	1
8	华派生物工程集团有限公司	1	0	1
9	四川省林业科学研究院	1	0	1
10	中铁二院工程集团有限责任公司	1	0	1
11	西南交通大学	1	0	1
12	四川省农业科学院作物研究所	1	0	1
13	四川大学华西医院	1	1	0

资料来源：科技大数据湖北省重点实验室

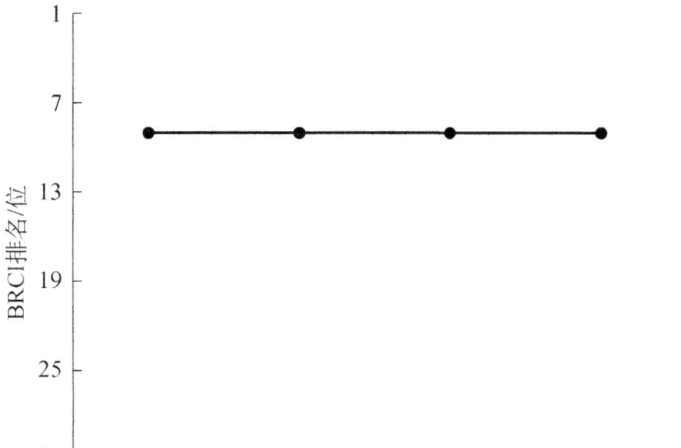

图 3-37　2017～2020 年四川省 BRCI 排名变化趋势

资料来源：科技大数据湖北省重点实验室

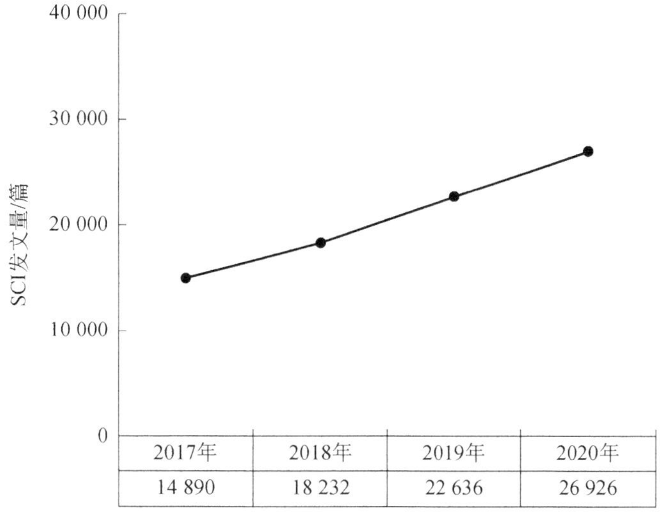

图 3-38 2017～2020 年四川省 SCI 发文趋势

资料来源：科技大数据湖北省重点实验室

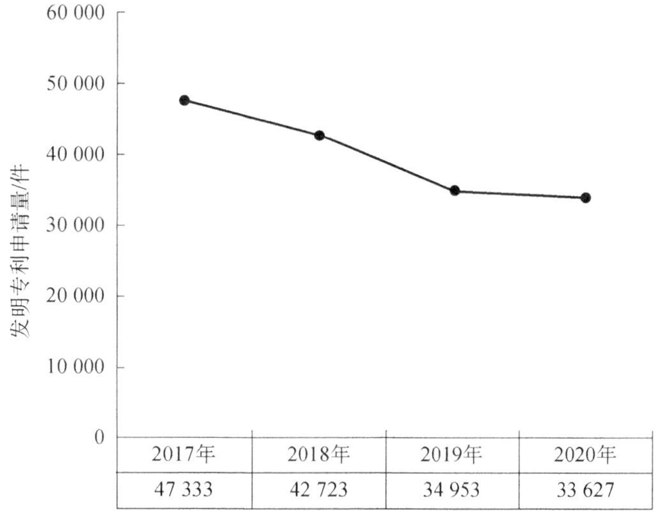

图 3-39 2017～2020 年四川省发明专利申请趋势

资料来源：科技大数据湖北省重点实验室

3.3.10 安徽省

2020 年，安徽省的基础研究竞争力指数为 59.2597，排名第 10 位。综合全省各学科论文数和篇均被引量来看，2020 年安徽省基础研究在全省范围内较为活跃的学科为环境与职业健康、电子与电气工程、多学科材料、病毒学、环境科学、物理化学、应用物理学、多学科化学、计算机信息系统、纳米科学与技术等。其中，环境与职业健康的高频词包括抑郁、计划行为理论、空气污染、儿童、大学生等，电子与电气工程的高频词包括深度学习、特征提取、优化、训练、任务分析等，多学科材料的高频词包括微观结构、力学性能、石墨烯、光催化、密度泛函理论等（表 3-52）。综合全省各学科在全国的发文数量和排名位次来看，

2020年安徽省基础研究在全国范围内较为突出的学科为流体与等离子体物理、鸟类学、核科学与技术、光谱学、量子科技、概率与统计、数学物理学、矿物学、核物理学、原子、分子与化学物理学等。安徽省工程科学、综合交叉学科、化学学科领域发表高水平论文数量分别为25篇、21篇、18篇（表3-53）。安徽省共有12个机构进入相关学科的ESI全球前1%行列（图3-40）；发明专利申请量共60 755件，全国排名第6（表3-54），主要专利权人如表3-55所示；获得国家奖励的科研机构如表3-56所示。

2017～2020年，安徽省BRCI排名在第10～第12位之间波动（图3-41），SCI论文数呈上升趋势（图3-42），发明专利申请量在2018年达到顶峰，2019与2020年的发明专利申请量基本持平（图3-43）。

2020年，安徽省地方财政科技投入经费369.6549亿元，全国排名第6位；获得国家科技奖励11项，全国排名第15位。截至2021年9月，安徽省拥有国家重点实验室12个，省级重点实验室175个，省实验室15个；拥有院士39人，全国排名第10位。

表3-52　2020年安徽省基础研究SCI活跃学科及高频词

序号	活跃学科	SCI学科活跃度	高频词（词频）
1	环境与职业健康	8.84	抑郁（5）；计划行为理论（4）；空气污染（3）；儿童（3）；大学生（3）；氧化应激（3）；弹性（3）；社会资本（3）；吸附（2）；焦虑（2）；镉（2）；童年虐待（2）；气候变化（2）；COVID-19（2）；抑郁症状（2）；老年人（2）；因素分析（2）；性别（2）；潜在类分析（2）
2	电子与电气工程	6.33	深度学习（51）；特征提取（38）；优化（32）；训练（31）；任务分析（28）；故障诊断（24）；数学模型（23）；计算建模（22）；相关性（17）；延迟（17）；逆变器（17）；无线通信（16）；图像处理（15）；开关（15）；卷积神经网络（14）；机器学习（14）；对象检测（14）；图像重建（13）；不确定性（13）
3	多学科材料	5.15	微观结构（48）；力学性能（28）；石墨烯（17）；光催化（14）；密度泛函理论（12）；热导率（12）；磁性（11）；纳米颗粒（11）；析氧反应（11）；纹理（10）；碳纳米管（9）；耐腐蚀（9）；储能（9）；氧化石墨烯（9）；析氢反应（9）；界面（9）；锂离子电池（9）；微波吸收（9）；钙钛矿太阳能电池（9）；超级电容器（9）
4	病毒学	4.52	COVID-19（7）；SARS-CoV-2（7）；冠状病毒（3）；COVID 2019（2）；流行病学（2）；实时PCR（2）；SARS（2）
5	环境科学	4.36	中国（16）；空气污染（12）；吸附（11）；生物炭（11）；重金属（9）；重金属（9）；氧化应激（9）；风险评估（9）；镉（7）；影响因素（7）；$PM_{2.5}$（7）；计划行为理论（7）；毒性（7）；厌氧消化（6）；砷（6）；COVID-19（6）；健康风险评估（6）；温度（6）；气候变化（5）；降解（5）
6	物理化学	3.62	密度泛函理论（16）；光催化（14）；析氧反应（12）；吸附（11）；氧化还原反应（10）；减少二氧化碳（9）；反应机理（9）；超级电容器（9）；电催化（8）；石墨烯（8）；析氢反应（8）；锂离子电池（8）；微观结构（8）；纳米复合材料（8）；DFT（7）；电催化剂（7）；储能（7）；异构催化（7）；力学性能（7）；金属-有机框架（7）；热力学建模（7）
7	应用物理学	3.26	微观结构（20）；石墨烯（12）；纳米颗粒（12）；力学性能（9）；（空白）（9）；密度泛函理论（8）；储能与转换（8）；纳米复合材料（8）；光催化（8）；薄膜（8）；析氢反应（6）；阿尔甘（5）；碳纳米管（5）；减少二氧化碳（5）；光纤激光器（5）；热处理（5）；优化（5）；析氧反应（5）；超导电性（5）；热导率（5）
8	多学科化学	3.12	光催化（19）；电催化（13）；钯（9）；金属-有机框架（8）；氧化还原反应（8）；自组装（8）；不对称催化（7）；电化学（7）；异构催化（7）；析氢反应（7）；催化（6）；CO_2电还原（6）；储能（6）；纳米粒子（6）；聚合物（6）；银（6）；合成（6）；活动站点（5）；吸附（5）；密度泛函理论（5）

续表

序号	活跃学科	SCI学科活跃度	高频词（词频）
9	计算机信息系统	2.81	特征提取（28）；深度学习（24）；优化（16）；训练（15）；任务分析（14）；计算建模（12）；机器学习（11）；无线传感器网络（11）；相关性（10）；拓扑学（10）；卷积神经网络（9）；指标（9）；无线通信（9）；认证（8）；数据挖掘（8）；数据模型（8）；发电机（8）；监测（8）；开关（8）；不确定性（8）
10	纳米科学与技术	2.74	石墨烯（10）；光催化（9）；密度泛函理论（8）；二氧化碳（7）；自组装（7）；碳纳米管（6）；析氢反应（6）；钙钛矿太阳能电池（6）；光热疗法（6）；协同效应（6）；储能（5）；氧化石墨烯（5）；锂离子电池（5）；金属-有机框架（5）；纳米颗粒（5）；阳极（4）；癌症免疫治疗（4）；晶体结构（4）；电催化（4）；飞秒激光（4）

资料来源：科技大数据湖北省重点实验室

表 3-53　2020 年安徽省各学科 SCI 论文发文情况

序号	ESI 学科	论文数/篇（全国排名，省内排名）	被引次数/次（全国排名，省内排名）	篇均被引/次（全国排名，省内排名）	高水平论文/篇（全国排名，省内排名）
1	农业科学	300（17，14）	745（15，13）	2.483 3（8，1）	5（10，9）
2	生物学与生物化学	525（17，8）	979（19，11）	1.864 8（20，2）	2（18，15）
3	化学	2 202（15，2）	5 811（16，1）	2.639 0（18，3）	18（17，3）
4	临床医学	1 165（18，5）	1 951（18，7）	1.674 7（14，4）	6（14，7）
5	计算机科学	683（12，6）	1 535（14，9）	2.247 4（15，5）	2（21，15）
6	经济与商学	129（15，19）	266（13，20）	2.062 0（9，6）	2（12，15）
7	工程科学	2 413（14，1）	5 290（15，2）	2.192 3（18，7）	25（16，1）
8	环境/生态学	551（16，7）	3 971（7，4）	7.206 9（1，8）	10（10，4）
9	地球科学	421（12，11）	707（14，14）	1.679 3（18，9）	3（13，13）
10	免疫学	167（13，17）	1 646（7，8）	9.856 3（4，10）	3（10，13）
11	材料科学	1 504（15，3）	4 717（15，3）	3.136 3（16，11）	9（20，5）
12	数学	505（12，9）	552（11，16）	1.093 1（14，12）	6（14，7）
13	微生物学	105（19，20）	1 012（10，10）	9.638 1（3，13）	5（5，9）
14	分子生物与遗传学	366（17，12）	612（19，15）	1.672 1（19，14）	1（17，19）
15	综合交叉学科	254（15，15）	2 021（7，6）	7.956 7（3，15）	21（5，2）
16	神经科学与行为	179（16，16）	518（11，17）	2.893 9（2，16）	1（8，19）
17	药理学与毒物学	429（14，10）	919（13，12）	2.142 2（9，17）	4（12，12）
18	物理学	1 386（8，4）	2 187（10，5）	1.577 9（19，18）	7（16，6）
19	植物与动物科学	302（17，13）	440（16，18）	1.457 0（14，19）	5（11，9）
20	精神病学/心理学	99（14，21）	173（20，21）	1.747 5（16，20）	0（15，21）
21	一般社会科学	153（17，18）	426（12，19）	2.784 3（2，21）	2（17，15）
22	空间科学	78（7，22）	105（6，22）	1.346 2（15，22）	0（3，21）
全省合计		14 823	37 019	2.497 4	165

资料来源：科技大数据湖北省重点实验室

注：学科排序同 ESI 学科固定排序

	机构综合排名	农业科学	生物学与生物化学	化学	临床医学	计算机科学	工程科学	环境/生态学	地球科学	免疫学	材料科学	数学	分子生物与基因	神经科学与行为	药理学与毒物学	物理学	植物与动物科学	社会科学	机构进入ESI学科数
中国科学技术大学	164	—	392	20	2445	55	39	500	231	649	20	131	649	—	924	45	1132	891	15
合肥工业大学	1079	448	—	540	—	197	208	—	686	—	291	—	—	—	—	—	—	—	6
安徽医科大学	1249	—	847	—	873	—	—	—	—	625	—	—	667	908	342	—	—	1733	7
安徽大学	1509	—	—	651	—	352	774	—	—	—	470	—	—	—	—	—	—	—	4
安徽师范大学	2216	—	—	572	—	—	—	—	—	—	974	—	—	—	—	—	—	—	2
安徽工业大学	2438	—	—	1071	—	—	816	—	—	—	491	—	—	—	—	—	—	—	3
安徽农业大学	2926	434	—	—	—	—	—	—	—	—	—	—	—	—	—	—	659	—	2
中国科学院合肥物质科学研究院	3385	—	—	1228	—	—	—	—	—	—	856	—	—	—	—	—	—	—	2
淮北师范大学	3484	—	—	1006	—	—	—	—	—	—	—	—	—	—	—	—	—	—	1
安徽理工大学	3850	—	—	—	—	—	1674	—	—	—	—	—	—	—	—	—	—	—	1
蚌埠医学院	4471	—	—	—	2973	—	—	—	—	—	—	—	—	—	—	—	—	—	1
皖南医学院	4742	—	—	—	4296	—	—	—	—	—	—	—	—	—	—	—	—	—	1

图 3-40　2020 年安徽省各机构进入 ESI 前 1%的学科及排名

资料来源：科技大数据湖北省重点实验室

表 3-54　2020 年安徽省发明专利申请量十强技术领域

序号	IPC 号（技术领域）	发明专利申请量/件
1	G01N（小类中化学分析方法或化学检测方法）	1 539
2	G06F（电子数字数据处理）	1 484
3	B65G［运输或贮存装置，例如装载或倾卸用输送机、车间输送机系统或气动管道输送机（包装用的入 B65B；搬运薄的或细丝状材料如纸张或细丝入 B65H；起重机入 B66C；便携式或可移动的举升或牵引器具，如升降机入 B66D；用于装载或卸载目的的升降货物的装置，如叉车，入 B66F9/00；不包括在其他类目中的瓶子、罐、罐头、木桶、桶或类似容器的排空入 B67C9/00；液体分配或转移入 B67D；将压缩的、液化的或固体化的气体灌入容器或从容器内排出入 F17C；流体用管道系统入 F17D）］	1 172
4	B01D［分离（用湿法从固体中分离固体入 B03B、B03D，用风力跳汰机或摇床入 B03B，用其他干法入 B07；固体物料从固体物料或流体中的磁或静电分离，利用高压电场的分离入 B03C；离心机、涡旋装置入 B04B；涡旋装置入 B04C；用于从含液物料中挤出液体的压力机本身入 B30B 9/02）］	1 026
5	B29C［塑料的成型或连接；塑性状态材料的成型，不包含在其他类目中的；已成型产品的后处理，例如修整（制作预型件入 B29B 11/00；通过将原本不相连接的层结合成为各层连在一起的产品来制造层状产品入 B32B 7/00 至 B32B 41/00）］	922
6	A01G［园艺；蔬菜、花卉、稻、果树、葡萄、啤酒花或海菜的栽培；林业；浇水（水果、蔬菜、啤酒花等类植物的采摘入 A01D46/00；繁殖单细胞藻类入 C12N1/12）］	888
7	B24B［用于磨削或抛光的机床、装置或工艺（用电蚀入 B23H；磨料或有关喷射入 B24C；电解浸蚀或电解抛光入 C25F 3/00）；磨具磨损表面的修理或调节；磨削，抛光剂或研磨剂的进给］	882
8	C02F［水、废水、污水或污泥的处理（通过在物质中产生化学变化使有害的化学物质无害或降低危害的方法入 A62D 3/00；分离、沉淀箱或过滤设备入 B01D；有关处理水、废水或污水生产装置的水运容器的特殊设备，例如用于制备淡水入 B63J；为防止水的腐蚀用的添加物质入 C23F；放射性废液的处理入 G21F 9/04）］	825
9	C08L［高分子化合物的组合物（基于可聚合单体的组成成分入 C08F、C08G；人造丝或纤维入 D01F；织物处理的配方入 D06）］	797
10	B21D［金属板或管、棒或型材的基本无切削加工或处理；冲压金属（线材的加工或处理入 B21F）］	774
全省合计		60 755

资料来源：科技大数据湖北省重点实验室

表 3-55　2020 年安徽省发明专利申请量优势企业和科研机构

序号	优势企业	发明专利申请量/件	序号	优势科研机构	发明专利申请量/件
1	安徽江淮汽车集团股份有限公司	569	1	合肥工业大学	1162
2	中国十七冶集团有限公司	532	2	中国科学技术大学	761
3	长虹美菱股份有限公司	286	3	安徽理工大学	649
4	马鞍山钢铁股份有限公司	285	4	安徽大学	327
5	合肥国轩高科动力能源有限公司	264	5	中国科学院合肥物质科学研究院	312
6	合肥维信诺科技有限公司	257	6	安徽工业大学	287
7	新华三信息安全技术有限公司	206	7	安徽信息工程学院	274
8	奇瑞汽车股份有限公司	205	8	安徽农业大学	230
9	安徽文香信息技术有限公司	159	9	安徽科技学院	206
10	科大讯飞股份有限公司	148	10	安徽工程大学	179
11	阳光电源股份有限公司	146	11	合肥学院	148
12	中国电子科技集团公司第三十八研究所	143	12	安徽师范大学	125
13	合肥鑫晟光电科技有限公司	122	13	蚌埠学院	119
14	奇瑞商用车（安徽）有限公司	113	14	安徽建筑大学	106
15	合肥联宝信息技术有限公司	102	15	芜湖职业技术学院	96
	国网安徽省电力有限公司电力科学研究院		16	安徽机电职业技术学院	81
17	安徽金禾实业股份有限公司	74	17	安庆师范大学	80
18	中冶华天工程技术有限公司	68	18	滁州学院	67
	界首市天瓴建筑工程有限公司			皖西学院	
20	合肥通用机械研究院有限公司	66	20	滁州职业技术学院	62
	安徽合力股份有限公司				

资料来源：科技大数据湖北省重点实验室

表 3-56　2020 年安徽省获得国家科技奖励机构清单

序号	获奖机构	获奖数量/项		
		总计	主持	参与
1	中国科学技术大学	3	2	1
2	安徽省农业科学院水稻研究所	2	0	2
3	合肥通用机械研究院有限公司	1	0	1
4	马鞍山钢铁股份有限公司	1	0	1
5	安徽医科大学第一附属医院	1	0	1
6	中国科学院合肥物质科学研究院	1	1	0
7	合肥工业大学	1	0	1
8	安徽农业大学	1	1	0

资料来源：科技大数据湖北省重点实验室

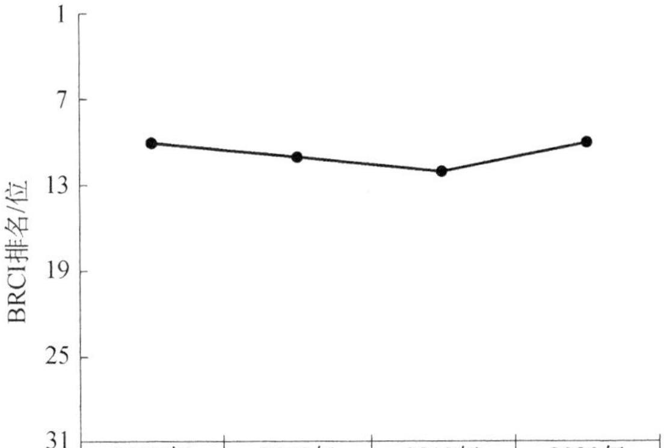

2017年	2018年	2019年	2020年
10	11	12	10

图 3-41　2017～2020 年安徽省 BRCI 排名变化趋势

资料来源：科技大数据湖北省重点实验室

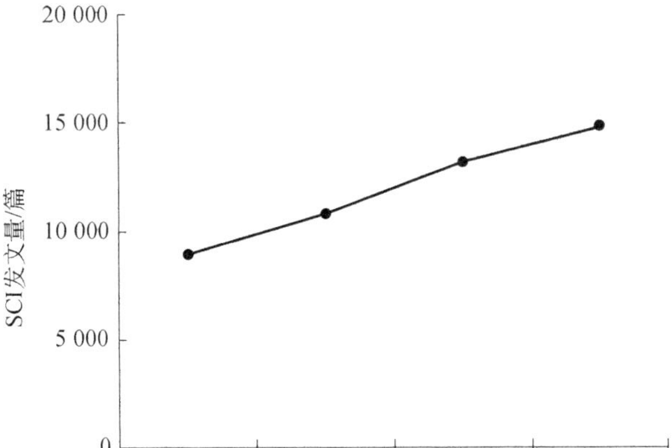

2017年	2018年	2019年	2020年
8 913	10 799	13 188	14 823

图 3-42　2017～2020 年安徽省 SCI 发文趋势

资料来源：科技大数据湖北省重点实验室

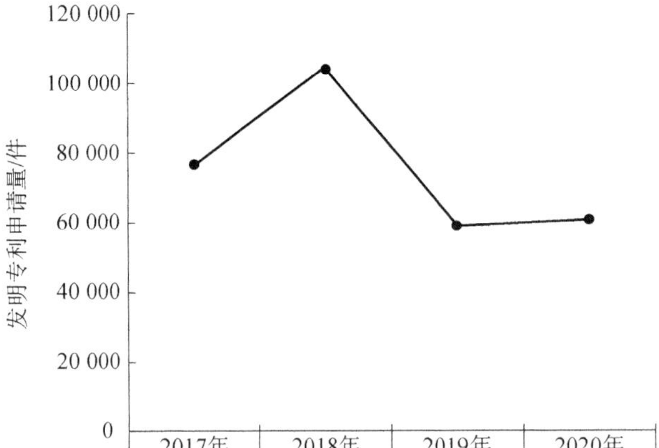

2017年	2018年	2019年	2020年
77 394	104 071	59 424	60 755

图 3-43　2017～2020 年安徽省发明专利申请趋势

资料来源：科技大数据湖北省重点实验室

3.3.11 湖南省

2020年，湖南省的基础研究竞争力指数为59.1940，排名第11位。综合全省各学科论文数和篇均被引量来看，2020年湖南省基础研究在全省范围内较为活跃的学科为电子与电气工程、多学科材料、计算机信息系统、物理化学、通信、应用物理学、环境科学、传染病学、化学工程、冶金等。其中，电子与电气工程的高频词包括特征提取、任务分析、深度学习、训练、数学模型等，多学科材料的高频词包括微观结构、机械性能、动态再结晶、耐腐蚀性、腐蚀、锂离子电池等，计算机信息系统的高频词包括深度学习、物联网、任务分析、特征提取、云计算等（表3-57）。综合全省各学科在全国的发文数量和排名位次来看，2020年湖南省基础研究在全国范围较为突出的学科为矿物加工、冶金、矿物学、建造技术、多学科物理学、遥感、精神病学、航空航天工程、医学检验技术、药物滥用等。湖南省工程科学、计算机科学、材料科学等学科领域发表高水平论文数量分别为96篇、51篇、38篇（表3-58）；共有12个机构进入相关学科的ESI全球前1%行列（图3-44）；发明专利申请量共35 365件，全国排名第9（表3-59）；主要专利权人如表3-60所示；获得国家奖励的科研机构如表3-61所示。

2017～2020年，湖南省BRCI排名在第10～第12位之间波动（图3-45），SCI论文数呈上升趋势（图3-46），发明专利申请量呈上升趋势（图3-47）。

2020年，湖南省地方财政科技投入经费234.2亿元，全国排名第10位；获得国家科技奖励12项，全国排名第14位。截至2021年9月，湖南省拥有国家重点实验室14个，省级重点实验室339个；拥有院士43人，全国排名第8位。

表3-57 2020年湖南省基础研究SCI活跃学科及高频词

序号	活跃学科	SCI学科活跃度	高频词（词频）
1	电子与电气工程	7.29	特征提取（72）；任务分析（67）；深度学习（63）；训练（47）；数学模型（46）；优化（41）；物联网（41）；计算建模（35）；机器学习（31）；云计算（30）；语义（27）；可靠性（27）；传感器（26）；延迟（25）；索引（24）；稳健性（24）；预测模型（24）；合成孔径雷达（24）；数据模型（24）；能源消耗（23）
2	多学科材料	6.49	微观结构（133）；机械性能（148）；动态再结晶（23）；耐腐蚀性（23）；腐蚀（22）；锂离子电池（21）；降水（19）；导热系数（19）；石墨烯（18）；相变（18）；强度（17）；钠离子电池（17）；热稳定性（17）；选择性激光熔化（17）；微观结构（17）；晶粒细化（16）；老化（15）；微观结构演化（15）；沥青混合料（14）
3	计算机信息系统	3.83	深度学习（47）；物联网（43）；任务分析（42）；特征提取（41）；云计算（37）；训练（27）；数学模型（25）；语义（25）；计算建模（22）；能源消耗（21）；优化（21）；许可（21）；机器学习（21）；预测模型（19）；延迟（18）；卷积神经网络（18）；启发式算法（18）；资源管理（17）；物联网（IoT）（17）；可靠性（16）
4	物理化学	3.74	显微结构（31）；光催化（27）；吸附（26）；锂离子电池（24）；机械性能（23）；密度泛函理论（16）；析氢反应（15）；电催化（14）；浮选（14）；阳极（13）；析氧反应（12）；氧化还原反应（12）；超级电容器（12）；氧化石墨烯（12）；分水器（12）；锂硫电池（11）；钠离子电池（11）；电催化剂（11）；相图（10）；石墨烯（10）
5	通信	3.68	任务分析（47）；物联网（44）；特征提取（36）；深度学习（31）；优化（28）；数学模型（26）；云计算（25）；训练（25）；计算建模（25）；能源消耗（24）；语义（22）；执照（21）；延迟（21）；机器学习（20）；启发式算法（19）；资源管理（19）；预测模型（19）；物联网（IoT）（18）；数据模型（17）；服务器（16）
6	应用物理学	3.42	微观结构（27）；机械性能（21）；石墨烯（14）；传感器（12）；锂离子电池（11）；光催化（9）；析氢反应（9）；深度学习（8）；残余应力（8）；数值模拟（7）；二维材料（7）；耐磨性（7）；光纤激光器（7）；纳米粒子（7）；光电探测器（7）；化学气相沉积（7）；异质结构（7）；涂层（7）；耐腐蚀性（6）；断裂韧性（6）

续表

序号	活跃学科	SCI 学科活跃度	高频词（词频）
7	环境科学	3.26	吸附（51）；镉（32）；生物炭（24）；中国（22）；重金属（19）；重金属（15）；废水处理（15）；植物修复（13）；大米（10）；铝土矿渣（10）；生物降解（10）；铀（10）；降解（10）；吸附机理（9）；砷（9）；氧化应激（9）；土壤（9）；废水（8）；空气污染（8）；$PM_{2.5}$（7）
8	传染病学	3.16	COVID-19（23）；SARS-CoV-2（10）；临床特征（4）；元分析（4）；冠状病毒（4）；肺炎（3）；治疗（3）；脑脊液（3）；儿童（3）；非典冠状病毒（3）；非典（2）；预后（2）；衣原体（2）；脑膜脑炎（2）；风险因素（2）；梅尔斯（2）；中国（2）；隐球菌脑膜炎（2）
9	化学工程	2.96	吸附（29）；光催化（16）；浮选（15）；二氧化碳捕集（14）；硫铁矿（9）；机制（8）；分水器（8）；黄铜矿（7）；生物炭（7）；DFT（7）；过硫酸盐（6）；分子氧活化（6）；方解石（6）；光催化降解（6）；g-C_3N_4（6）；锂离子电池（6）；动力学（6）；表面改性（5）；过硫酸盐（5）；燃烧（5）
10	冶金	2.84	微观结构（88）；机械性能（84）；机械性能（23）；动态再结晶（21）；耐腐蚀性（20）；降水（17）；微观结构演化（15）；腐蚀（15）；相图（14）；选择性激光熔化（14）；相变（14）；纹理（14）；晶粒细化（13）；强度（13）；粉末冶金（12）；数值模拟（11）；生物浸出（11）；铝合金（11）；孪生（11）；镁（11）

表 3-58 2020 年湖南省各学科 SCI 论文发文情况

序号	ESI 学科	论文数/篇（全国排名，省内排名）	被引次数/次（全国排名，省内排名）	篇均被引/次（全国排名，省内排名）	高水平论文/篇（全国排名，省内排名）
1	农业科学	277（20，16）	578（18，18）	2.086 6（17，1）	4（12，16）
2	生物学与生物化学	634（13，10）	1 644（11，10）	2.593 1（7，2）	6（9，13）
3	化学	2 208（14，4）	7 161（11，3）	3.243 2（3，3）	37（9，4）
4	临床医学	2 220（10，3）	5 510（11，4）	2.482 0（7，4）	12（8，9）
5	计算机科学	1 065（8，6）	4 239（4，5）	3.980 3（2，5）	51（1，2）
6	经济与商学	190（10，20）	627（7，17）	3.300 0（1，6）	10（2，10）
7	工程科学	3 994（9，1）	12 116（7，1）	3.033 6（1，7）	96（4，1）
8	环境/生态学	754（10，8）	2 877（10，6）	3.815 6（2，8）	26（3，6）
9	地球科学	584（9，11）	1 384（8，12）	2.369 9（2，9）	13（5，8）
10	免疫学	197（10，17）	1 045（11，13）	5.304 6（16，10）	4（7，16）
11	材料科学	2 687（9，2）	9 164（8，2）	3.410 5（11，11）	38（8，3）
12	数学	696（7，9）	1 469（3，11）	2.110 6（1，12）	31（1，5）
13	微生物学	123（15，21）	696（16，16）	5.658 5（11，13）	3（10，18）
14	分子生物与遗传学	800（8，7）	2 012（10，9）	2.515 0（9，14）	5（8，15）
15	综合交叉学科	371（10，13）	881（10，15）	2.374 7（14，15）	9（9，11）
16	神经科学与行为	289（12，15）	515（12，19）	1.782 0（11，16）	2（7，19）
17	药理学与毒物学	542（13，12）	2 212（7，8）	4.081 2（1，17）	9（6，11）
18	物理学	1 313（10，5）	2 867（7，7）	2.183 5（2，18）	16（5，7）
19	植物与动物科学	357（14，14）	473（15，20）	1.324 9（19，19）	2（16，19）
20	精神病学/心理学	197（9，17）	920（8，14）	4.670 1（4，20）	0（15，21）
21	一般社会科学	193（15，19）	411（13，21）	2.129 5（5，21）	6（6，13）
22	空间科学	18（15，22）	21（19，22）	1.166 7（17，22）	0（3，21）
全省合计		20 632	59 204	2.869 5	399

资料来源：科技大数据湖北省重点实验室

注：学科排序同 ESI 学科固定排序

	机构综合排名	农业科学	生物学与生物化学	化学	临床医学	计算机科学	工程科学	环境/生态学	地球科学	免疫学	材料科学	数学	分子生物与基因	神经科学与行为	药理学与毒物学	物理学	植物与动物科学	精神病学/心理学	社会科学	机构进入ESI学科数
中南大学	259	652	348	162	338	54	70	553	338	459	40	74	346	385	187	694		471	719	18
湖南大学	451	—	629	76	—	98	60	339	—	—	122	247	—	—	—	594	—	—	1579	10
中国人民解放军国防科学技术大学	1182	—	—	—	—	104	157	—	801	—	530	—	—	—	—	630	—	—	—	6
湘潭大学	1466	—	—	480		—	804	—	—	—	370	170	—	—	—	—	—	—	—	5
湖南师范大学	1763		—	731	4219	—	1651	—	—	—	1014	—	—	—	—	—	—	—	—	5
湖南农业大学	2238	415	—	1382	—	—	—	961	—	—	—	—	—	—	—	—	631	—	—	5
长沙理工大学	2268	—	—	1257	—	440	605	—	—	—	674	216	—	—	—	—	—	—	—	6
南华大学	2380	—	—	1164	2335	—	—	—	—	—	—	—	—	—	—	—	—	—	—	3
湖南科技大学	2919	—	—	973	—	—	1026	—	—	—		—	—	—	—	—	—	—	—	3
湖南工业大学	3367	—	—	—	—	—	1420	—	—	—	814	—	—	—	—	—	—	—	—	3
中南林业科技大学	3548	878	—	—	—	—	1618	—	—	—	—	—	—	—	—	—	—	—	—	3
中国科学院亚热带农业生态研究所	3834	447	—	—	—	—	—	—	—	—	—	—	—	—	—	—	1319	—	—	3

图 3-44 2020 年湖南省各机构进入 ESI 前 1%的学科及排名

资料来源：科技大数据湖北省重点实验室

表 3-59 2020 年湖南省发明专利申请量十强技术领域

序号	IPC 号（技术领域）	发明专利申请量/件
1	G06F（电子数字数据处理）	1 488
2	G01N（小类中化学分析方法或化学检测方法）	863
3	A61K［医用、牙科用或梳妆用的配制品（专门适用于将药品制成特殊的物理或服用形式的装置或方法 A61J 3/00；空气除臭，消毒或灭菌，或者绷带、敷料、吸收垫或外科用品的化学方面，或材料的使用入 A61L；肥皂组合物入 C11D）］	684
4	B01D［分离（用湿法从固体中分离固体入 B03B、B03D，用风力跳汰机或摇床入 B03B，用其他干法入 B07；固体物料从固体物料或流体中的磁或静电分离，利用高压电场的分离入 B03C；离心机、涡旋装置入 B04B；涡旋装置入 B04C；用于从含液物料中挤出液体的压力机本身入 B30B 9/02）］	578
5	G06Q（专门适用于行政、商业、金融、管理、监督或预测目的的数据处理系统或方法；其他类目不包含的专门适用于行政、商业、金融、管理、监督或预测目的的处理系统或方法）	576
6	A23L［不包含在 A21D 或 A23B 至 A23J 小类中的食品、食料或非酒精饮料；它们的制备或处理，例如烹调、营养品质的改进、物理处理（不能为本小类完全包含的成型或加工入 A23P）；食品或食料的一般保存（用于烘焙的面粉或面团的保存入 A21D）］	552
7	A01G［园艺；蔬菜、花卉、稻、果树、葡萄、啤酒花或海菜的栽培；林业；浇水（水果、蔬菜、啤酒花等类植物的采摘入 A01D46/00；繁殖单细胞藻类入 C12N1/12）］	538
8	C02F［水、废水、污水或污泥的处理（通过在物质中产生化学变化使有害的化学物质无害或降低危害的方法入 A62D 3/00；分离、沉淀箱或过滤设备入 B01D；有关处理水、废水或污水生产装置的水运容器的特殊设备，例如用于制备淡水入 B63J；为防止水的腐蚀用的添加物质入 C23F；放射性废液的处理入 G21F 9/04）］	530
9	B65G［运输或贮存装置，例如装载或倾卸用输送机、车间输送机系统或气动管道输送机（包装用的入 B65B；搬运薄的或细丝状材料如纸张或细丝入 B65H；起重机入 B66C；便携式或可移动的举升或牵引器具，如升降机入 B66D；用于装载或卸载目的的升降货物的装置，如叉车，入 B66F9/00；不包括在其他类目中的瓶子、罐、罐头、木桶、桶或类似容器的排空入 B67C9/00；液体分配或转移入 B67D；将压缩的、液化的或固体化的气体灌入容器或从容器内排出入 F17C；流体用管道系统入 F17D）］	519
10	C04B［石灰；氧化镁；矿渣；水泥；其组合物，例如：砂浆、混凝土或类似的建筑材料；人造石；陶瓷（微晶玻璃陶瓷入 C03C 10/00）；耐火材料（难熔金属的合金入 C22C）；天然石的处理］	482
	全省合计	35 365

资料来源：科技大数据湖北省重点实验室

表 3-60　2020 年湖南省发明专利申请量优势企业和科研机构

<table>
<tr><th>序号</th><th>优势企业</th><th>发明专利申请量/件</th><th>序号</th><th>优势科研机构</th><th>发明专利申请量/件</th></tr>
<tr><td>1</td><td>国网湖南省电力有限公司</td><td>311</td><td>1</td><td>中南大学</td><td>1670</td></tr>
<tr><td>2</td><td>中国铁建重工集团股份有限公司</td><td>264</td><td>2</td><td>中国人民解放军国防科技大学</td><td>1141</td></tr>
<tr><td>3</td><td>中车株洲电力机车有限公司</td><td>201</td><td>3</td><td>湖南大学</td><td>717</td></tr>
<tr><td>4</td><td>株洲时代新材料科技股份有限公司</td><td>171</td><td>4</td><td>长沙理工大学</td><td>479</td></tr>
<tr><td>5</td><td>中联重科股份有限公司</td><td>144</td><td>5</td><td>湘潭大学</td><td>472</td></tr>
<tr><td>6</td><td>华翔翔能科技股份有限公司</td><td>140</td><td>6</td><td>湖南科技大学</td><td>283</td></tr>
<tr><td>7</td><td>三一汽车制造有限公司</td><td>136</td><td>7</td><td>中南林业科技大学</td><td>207</td></tr>
<tr><td>8</td><td>湖南翰坤实业有限公司</td><td>135</td><td>8</td><td>湖南工业大学</td><td>171</td></tr>
<tr><td>9</td><td>中国航发南方工业有限公司</td><td>118</td><td>9</td><td>南华大学</td><td>130</td></tr>
<tr><td>10</td><td>湖南快乐阳光互动娱乐传媒有限公司</td><td>96</td><td>10</td><td>湖南工程学院</td><td>122</td></tr>
<tr><td>11</td><td>长沙市到家悠享网络科技有限公司</td><td>94</td><td>11</td><td>湖南农业大学</td><td>119</td></tr>
<tr><td>12</td><td>晟通科技集团有限公司</td><td>81</td><td>12</td><td>湖南城市学院</td><td>113</td></tr>
<tr><td>13</td><td>中冶长天国际工程有限责任公司</td><td>78</td><td rowspan="2">13</td><td>中国航发湖南动力机械研究所</td><td rowspan="2">112</td></tr>
<tr><td>14</td><td>中车株洲电力机车研究所有限公司</td><td>74</td><td>湖南人文科技学院</td></tr>
<tr><td rowspan="2">15</td><td>湖南国科微电子股份有限公司</td><td rowspan="2">67</td><td>15</td><td>湖南文理学院</td><td>110</td></tr>
<tr><td>湖南机油泵股份有限公司</td><td>16</td><td>湖南师范大学</td><td>101</td></tr>
<tr><td>17</td><td>湖南常德牌水表制造有限公司</td><td>66</td><td>17</td><td>邵阳学院</td><td>99</td></tr>
<tr><td>18</td><td>长沙矿冶研究院有限责任公司</td><td>65</td><td>18</td><td>衡阳师范学院</td><td>81</td></tr>
<tr><td>19</td><td>三一汽车起重机械有限公司</td><td>64</td><td>19</td><td>怀化学院</td><td>77</td></tr>
<tr><td>20</td><td>三一专用汽车有限责任公司</td><td>62</td><td>20</td><td>长沙学院</td><td>73</td></tr>
</table>

资料来源：科技大数据湖北省重点实验室

表 3-61　2020 年湖南省获得国家科技奖励机构清单

序号	获奖机构	获奖数量/项		
		总计	主持	参与
1	湖南大学	3	3	0
2	中南大学	2	1	1
3	湖南省农业科学院	1	1	0
4	中冶长天国际工程有限责任公司	1	0	1
5	中南林业科技大学	1	0	1
6	中国人民解放军国防科技大学	1	1	0
7	花垣县太丰冶炼有限责任公司	1	0	1
8	湖南华菱涟源钢铁有限公司	1	0	1
9	中南大学湘雅二医院	1	1	0

资料来源：科技大数据湖北省重点实验室

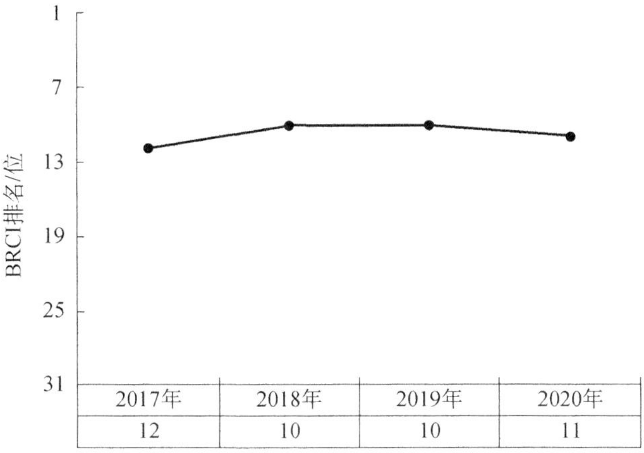

图 3-45　2017～2020 年湖南省 BRCI 排名变化趋势

资料来源：科技大数据湖北省重点实验室

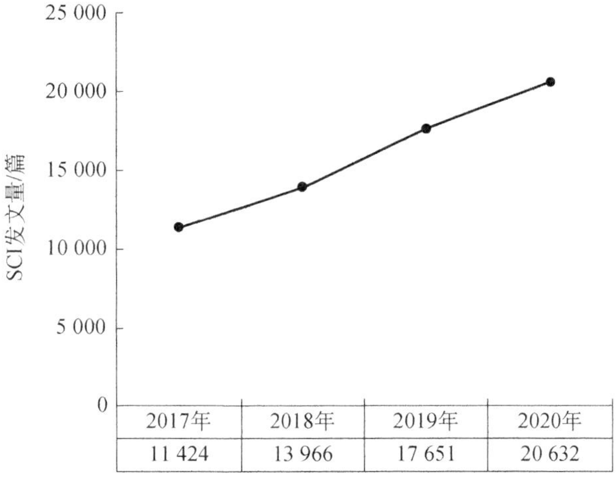

图 3-46　2017～2020 年湖南省 SCI 发文趋势

资料来源：科技大数据湖北省重点实验室

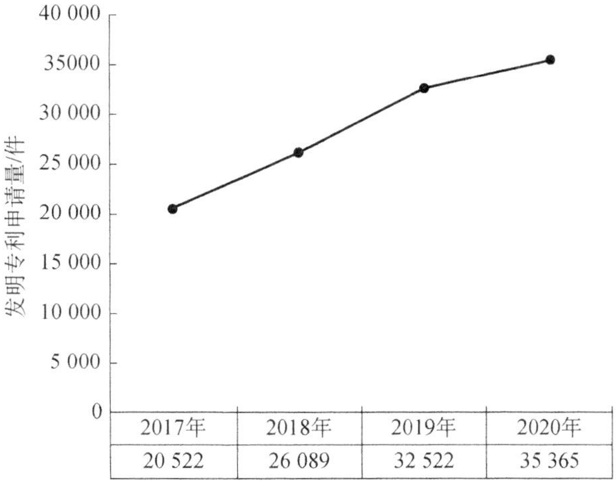

图 3-47　2017～2020 年湖南省发明专利申请趋势

资料来源：科技大数据湖北省重点实验室

3.3.12 辽宁省

2020 年，辽宁省的基础研究竞争力指数为 57.6806，排名第 12 位。综合全省各学科论文数和篇均被引量来看，2020 年辽宁省基础研究在全省范围内较为活跃的学科为病毒学、多学科材料、电子与电气工程、语言与语言学、语言学、冶金、物理化学、计算机信息系统、通信、自动控制等。其中，病毒学的高频词包括 SARS-CoV-2、COVID-19、HIV-1、流行病学、阿德效应等，多学科材料的高频词包括显微结构、机械性能、光催化、石墨烯、纹理等，电子与电气工程的高频词包括特征提取、深度学习、任务分析、优化、训练等（表 3-62）。综合全省各学科在全国的发文数量和排名位次来看，2020 年辽宁省基础研究在全国范围内较为突出的学科为冶金、海洋工程、海事工程、自动控制、控制论、海洋学、生物心理学、仪器与仪表、力学、制造工程等。辽宁省工程科学、化学、材料科学等学科领域发表高水平论文数量分别为 64 篇、25 篇、24 篇（表 3-63）；共有 24 个机构进入相关学科的 ESI 全球前 1%行列（图 3-48）；发明专利申请量共 15 594 件，全国排名第 18（表 3-64）；主要专利权人如表 3-65 所示；获得国家奖励的科研机构如表 3-66 所示。

2017～2020 年，辽宁省 BRCI 排名在第 11～第 12 位之间波动（图 3-49）；SCI 论文数呈上升趋势（图 3-50）；发明专利申请量呈平稳上升趋势，2020 年稍有回落（图 3-51）。

2020 年，辽宁省地方财政科技投入经费 21.7 亿元，全国排名第 28 位；获得国家科技奖励 24 项，全国排名第 7 位；截至 2021 年 9 月，辽宁省拥有国家重点实验室 17 个，省级重点实验室 552 个；拥有院士 57 人，全国排名第 6 位。

表 3-62 2020 年辽宁省基础研究 SCI 活跃学科及高频词

序号	活跃学科	SCI 学科活跃度	高频词（词频）
1	病毒学	8.54	SARS-CoV-2（6）；COVID-19（6）；HIV-1（3）；流行病学（2）；阿德效应（1）；非洲猪瘟（1）；年龄（1）；抗 HCV（1）；抗体（1）；抗体依赖性增强（ADE）（1）；表征（1）；儿童（1）；辣椒脉斑驳病毒（CHiVMV）（1）；中国（1）；CIRCSP100（1）；环状 RNA（circRNA）（1）；免疫共沉淀（1）；控制（1）；相关性（1）；CRF01_AE（1）；CRF07_BC（1）；巨细胞病毒（1）；变形翼病毒（1）；检测（1）；诊断性能（1）
2	多学科材料	6.65	显微结构（203）；机械性能（149）；光催化（27）；石墨烯（26）；纹理（25）；耐腐蚀性（24）；镁合金（21）；腐蚀（21）；相变（20）；氧化（20）；数值模拟（20）；拉伸性能（19）；热处理（19）；不锈钢（17）；接口（17）；磁性（17）；吸附（17）；晶体结构（16）；微观结构（16）
3	电子与电气工程	6.21	特征提取（74）；深度学习（58）；任务分析（48）；优化（44）；训练（35）；数学模型（34）；机器学习（30）；非线性系统（27）；观察员（25）；自适应控制（24）；适配模型（24）；图像处理（24）；不确定性（23）；神经网络（23）；自适应系统（21）；开关（21）；执照（21）；卷积神经网络（20）；稳健性（20）；启发式算法（20）
4	语言与语言学	5.17	英语（4）；形式（3）；上下文（1）；对比语用分析（1）；公约（1）；语料库（1）；文化认同（1）；文化图式（1）；定义（1）；频率（1）；伤害（1）；口译培训（1）；口译准确度（1）；关键词分析（1）；语言意识形态（1）；词汇包（1）；语用学挑战（1）；语用语言学（1）；仪式框架指示表达（RFIES）（2）；罗马（1）；社会化（1）；标准情况（1）；文字特征（1）
5	语言学	4.15	形式（3）；英语（2）；学术词汇（1）；中文（1）；口译认知因素（1）；认知风格（1）；计算机科学（1）；上下文（1）；对比语用分析（1）；公约（1）；语料库（1）；盘问问题（1）；文化认同（1）；文化图式（1）；第一/第二语言（1）；FMRI（1）；口译培训（1）；口译准确度（1）；语言控制（1）；语言意识形态（1）；词汇包（1）；词汇覆盖（1）；语言抽象（1）；比喻语言（1）

续表

序号	活跃学科	SCI 学科活跃度	高频词（词频）
6	冶金	3.75	微观结构（166）；机械性能（134）；数值模拟（26）；不锈钢（23）；镁合金（20）；纹理（20）；微观结构（19）；动态再结晶（18）；隔离（17）；腐蚀（17）；相变（16）；氧化（15）；残留奥氏体（14）；热处理（14）；晶粒细化（14）；拉伸性能（13）；凝固（13）；耐腐蚀性（13）；降水（13）
7	物理化学	3.71	光催化（37）；显微结构（35）；析氧反应（23）；吸附（20）；密度泛函理论（17）；机械性能（16）；电催化（16）；氧化还原反应（15）；阴极材料（12）；石墨烯（11）；锂离子电池（22）；超级电容器（10）；反应机理（10）；电导率（9）；晶体结构（9）；电化学性能（9）；催化氧化（8）；DFT（8）
8	计算机信息系统	3.20	特征提取（54）；深度学习（46）；任务分析（39）；优化（32）；训练（30）；机器学习（27）；物联网（24）；数学模型（23）；许可（21）；神经网络（17）；启发式算法（16）；可视化（15）；卷积神经网络（14）；语义（14）；适配模型（13）；预测模型（13）；资源管理（13）；索引（13）；计算建模（12）；估算（12）
9	通信	3.06	特征提取（50）；深度学习（38）；任务分析（37）；优化（36）；训练（29）；物联网（24）；机器学习（24）；数学模型（22）；许可（21）；启发式算法（17）；神经网络（17）；无线通信（16）；资源管理（15）；语义（14）；估算（14）；可视化（14）；相关性（14）；监控（14）；适配模型（13）；预测模型（13）
10	自动控制	3.01	自适应控制（33）；非线性系统（25）；观察员（21）；稳定性（19）；执行器（18）；开关（18）；自适应系统（16）；多代理系统（16）；切换非线性系统（16）；线性矩阵不等式（16）；李雅普诺夫方法（15）；交换系统（15）；事件触发控制（15）；控制系统综合（14）；输入饱和度（14）；后退（13）；优化（12）；订明表现（12）；平均停留时间（12）；闭环系统（12）

资料来源：科技大数据湖北省重点实验室

表 3-63　2020 年辽宁省各学科 SCI 论文发文情况

序号	ESI 学科	论文数/篇（全国排名，省内排名）	被引次数/次（全国排名，省内排名）	篇均被引/次（全国排名，省内排名）	高水平论文/篇（全国排名，省内排名）
1	农业科学	553（8，11）	1 284（8，10）	2.321 9（10，1）	8（7，8）
2	生物学与生物化学	792（10，6）	1 546（14，7）	1.952 0（19，2）	4（11，13）
3	化学	2 845（11，3）	6 776（12，3）	2.381 7（22，3）	25（13，2）
4	临床医学	1 995（11，4）	2 865（15，4）	1.436 1（19，4）	9（12，5）
5	计算机科学	781（11，7）	2 814（10，5）	3.603 1（3，5）	16（9，4）
6	经济与商学	158（13，18）	220（16，20）	1.392 4（22，6）	0（20，17）
7	工程科学	3 978（10，1）	9 848（10，1）	2.475 6（9，7）	64（9，1）
8	环境/生态学	678（12，9）	1 689（14，6）	2.491 2（16，8）	6（14，10）
9	地球科学	346（14，14）	716（13，16）	2.069 4（4，9）	5（10，12）
10	免疫学	127（15，19）	198（22，21）	1.559 1（26，10）	0（17，17）
11	材料科学	3 114（7，2）	7 949（12，2）	2.552 7（24，11）	24（12，3）
12	数学	357（16，12）	341（17，19）	0.955 2（19，12）	4（16，13）
13	微生物学	116（17，20）	976（13，12）	8.413 8（5，13）	2（13，16）
14	分子生物与遗传学	619（12，10）	1 261（14，11）	2.037 2（15，14）	0（20，17）
15	综合交叉学科	322（11，16）	808（15，14）	2.509 3（13，15）	9（9，5）
16	神经科学与行为	327（10，15）	461（13，18）	1.409 8（22，16）	0（17，17）
17	药理学与毒物学	819（9，5）	1 479（10，8）	1.805 9（16，17）	7（8，9）
18	物理学	758（15，8）	1 394（15，9）	1.839 1（11，18）	9（10，5）
19	植物与动物科学	347（15，13）	531（14，17）	1.530 3（11，19）	3（15，15）

续表

序号	ESI 学科	论文数/篇（全国排名，省内排名）	被引次数/次（全国排名，省内排名）	篇均被引/次（全国排名，省内排名）	高水平论文/篇（全国排名，省内排名）
20	精神病学/心理学	115（13，21）	725（9，15）	6.304 3（2，20）	0（15，17）
21	一般社会科学	225（12，17）	885（8，13）	3.933 3（1，21）	6（6，10）
22	空间科学	10（23，22）	53（10，22）	5.300 0（1，22）	0（3，17）
全省合计		20 401	45 128	2.212 0	209

资料来源：科技大数据湖北省重点实验室

注：学科排序同 ESI 学科固定排序

	机构综合排名	农业科学	生物学与生物化学	化学	临床医学	计算机科学	工程科学	环境/生态学	免疫学	材料科学	数学	分子生物与基因	神经科学与行为	药理学与毒物学	物理学	植物与动物科学	社会科学	机构进入ESI学科数
大连理工大学	360	—	620	54	—	34	28	503	—	79	195	—	—	—	602	—	1013	9
中国科学院大连化学物理研究所	684	—	920	46	—	—	928	—	—	230	—	—	—	853	—	—	—	5
东北大学	834	—	—	602	—	77	96	—	—	151	—	—	—	—	—	—	—	4
中国科学院金属研究所	923	—	—	411	—	—	1334	—	—	—	—	—	—	—	—	—	—	3
中国医科大学	937	—	631	—	537	—	—	—	774	—	—	—	521	344	—	—	1707	7
催化基础国家重点实验室	1410	—	—	172	—	—	—	—	—	571	—	—	—	—	—	—	—	2
大连医科大学	1684	—	1064	—	1315	—	—	—	—	—	—	853	—	385	—	—	—	4
沈阳药科大学	1826	—	—	863	4602	—	—	—	—	—	—	—	—	67	—	—	—	3
中国科学院沈阳应用生态研究所	2561	362	—	—	—	—	1134	447	—	—	—	—	—	—	—	816	—	4
大连海事大学	2582	—	—	—	—	370	413	—	—	—	—	—	—	—	—	—	—	2
渤海大学	2711	889	—	1250	—	382	518	—	—	—	—	—	—	—	—	—	—	4
辽宁大学	3231	—	—	1077	—	—	1712	—	—	—	—	—	—	—	—	—	—	2
辽宁师范大学	3519	—	—	1246	—	—	—	—	—	—	—	—	—	—	—	—	—	1
沈阳农业大学	3708	421	—	—	—	—	—	—	—	—	—	—	—	—	—	865	—	2
辽宁工业大学	3903	—	—	—	—	398	569	—	—	—	—	—	—	—	—	—	—	2
锦州医科大学	4039	—	—	—	2848	—	—	—	—	—	—	—	—	—	—	—	—	1
大连工业大学	4059	701	—	—	—	—	—	—	—	—	—	—	—	—	—	—	—	1
大连大学	4303	—	—	—	4916	—	—	—	—	—	—	—	—	—	—	—	—	1
沈阳航空航天大学	4490	—	—	—	—	—	1016	—	—	—	—	—	—	—	—	—	—	1
辽宁石油化工大学	4493	—	—	—	—	—	1658	—	—	—	—	—	—	—	—	—	—	1
大连海洋大学	5102	—	—	—	—	—	—	—	—	—	—	—	—	—	—	1365	—	1
中国科学院沈阳自动化研究所	5321	—	—	—	—	—	1323	—	—	—	—	—	—	—	—	—	—	1
东北财经大学	5469	—	—	—	—	—	1116	—	—	—	—	—	—	—	—	—	—	1
沈阳建筑大学	6022	—	—	—	—	—	1749	—	—	—	—	—	—	—	—	—	—	1

图 3-48　2020 年辽宁省各机构进入 ESI 前 1%的学科及排名

资料来源：科技大数据湖北省重点实验室

表 3-64　2020 年辽宁省发明专利申请量十强技术领域

序号	IPC 号（技术领域）	发明专利申请量/件
1	G06F（电子数字数据处理）	697
2	G01N（小类中化学分析方法或化学检测方法）	648
3	A61K［医用、牙科用或梳妆用的配制品（专门适用于将药品制成特殊的物理或服用形式的装置或方法 A61J 3/00；空气除臭，消毒或灭菌，或者绷带、敷料、吸收垫或外科用品的化学方面，或材料的使用入 A61L；肥皂组合物入 C11D）］	354
4	B01D［分离（用湿法从固体中分离固体入 B03B、B03D，用风力跳汰机或摇床入 B03B，用其他干法入 B07；固体物料从固体物料或流体中的磁或静电分离，利用高压电场的分离入 B03C；离心机、涡旋装置入 B04B；涡旋装置入 B04C；用于从含液物料中挤出液体的压力机本身入 B30B 9/02）］	311

续表

序号	IPC 号（技术领域）	发明专利申请量/件
5	G06Q（专门适用于行政、商业、金融、管理、监督或预测目的的数据处理系统或方法；其他类目不包含的专门适用于行政、商业、金融、管理、监督或预测目的的处理系统或方法）	308
6	A23L［不包含在 A21D 或 A23B 至 A23J 小类中的食品、食料或非酒精饮料；它们的制备或处理，例如烹调、营养品质的改进、物理处理（不能为本小类完全包含的成型或加工入 A23P）；食品或食料的一般保存（用于烘焙的面粉或面团的保存入 A21D）］	295
7	A01G［园艺；蔬菜、花卉、稻、果树、葡萄、啤酒花或海菜的栽培；林业；浇水（水果、蔬菜、啤酒花等类植物的采摘入 A01D46/00；繁殖单细胞藻类入 C12N1/12）］	279
8	C02F［水、废水、污水或污泥的处理（通过在物质中产生化学变化使有害的化学物质无害或降低危害的方法入 A62D 3/00；分离、沉淀箱或过滤设备入 B01D；有关处理水、废水或污水生产装置的水运容器的特殊设备，例如用于制备淡水入 B63J；为防止水的腐蚀用的添加物质入 C23F；放射性废液的处理入 G21F 9/04）］	274
9	B65G［运输或贮存装置，例如装载或倾卸用输送机、车间输送机系统或气动管道输送机（包装用的入 B65B；搬运薄的或细丝状材料如纸张或细丝入 B65H；起重机入 B66C；便携式或可移动的举升或牵引器具，如升降机入 B66D；用于装载或卸载目的的升降货物的装置，如叉车，入 B66F9/00；不包括在其他类目中的瓶子、罐、罐头、木桶、桶或类似容器的排空入 B67C9/00；液体分配或转移入 B67D；将压缩的、液化的或固体化的气体灌入容器或从容器内排出入 F17C；流体用管道系统入 F17D）］	268
10	C04B［石灰；氧化镁；矿渣；水泥；其组合物，例如：砂浆、混凝土或类似的建筑材料；人造石；陶瓷（微晶玻璃陶瓷入 C03C 10/00）；耐火材料（难熔金属的合金入 C22C）；天然石的处理］	256
全省合计		15 594

资料来源：科技大数据湖北省重点实验室

表 3-65　2020 年辽宁省发明专利申请量优势企业和科研机构

序号	优势企业	发明专利申请量/件	序号	优势科研机构	发明专利申请量/件
1	鞍钢股份有限公司	302	1	大连理工大学	1517
2	三一重型装备有限公司	136	2	东北大学	624
3	中冶焦耐（大连）工程技术有限公司	135	3	辽宁工程技术大学	419
4	沈阳飞机工业（集团）有限公司	110	4	大连海事大学	352
5	中国三冶集团有限公司	104	5	辽宁科技大学	269
6	本钢板材股份有限公司	102	6	中国科学院金属研究所	268
7	中国航发沈阳黎明航空发动机有限责任公司	96	7	沈阳工业大学	244
8	沈阳促晋科技有限公司	94	8	中国航发沈阳发动机研究所	216
9	国网辽宁省电力有限公司电力科学研究院	91	9	辽宁大学	170
10	东软睿驰汽车技术（沈阳）有限公司	89	10	大连交通大学	156
11	中国航空工业集团公司沈阳飞机设计研究所	80	11	沈阳农业大学	146
12	中冶北方（大连）工程技术有限公司	79	12	大连工业大学	138
13	鞍钢集团矿业有限公司	63	13	沈阳建筑大学	129
	东软医疗系统股份有限公司		14	大连大学	110
15	煤科集团沈阳研究院有限公司	62		沈阳航空航天大学	
16	中车大连机车车辆有限公司	51	16	中国科学院沈阳自动化研究所	107
17	瓦房店轴承集团国家轴承工程技术研究中心有限公司	51	17	辽宁石油化工大学	92

续表

序号	优势企业	发明专利申请量/件	序号	优势科研机构	发明专利申请量/件
18	沈阳富创精密设备有限公司	43	18	大连民族大学	86
19	中车大连电力牵引研发中心有限公司	39	19	大连海洋大学	76
20	沈阳先进医疗设备技术孵化中心有限公司	33	20	沈阳药科大学	66

资料来源：科技大数据湖北省重点实验室

表 3-66　2020 年辽宁省获得国家科技奖励机构清单

序号	获奖机构	获奖数量/项		
		总计	主持	参与
1	大连理工大学	5	4	1
2	东北大学	4	3	1
3	沈阳透平机械股份有限公司	1	0	1
4	中国科学院沈阳自动化研究所	1	1	0
5	辽宁省农业科学院	1	0	1
6	辽宁金立电力电器有限公司	1	0	1
7	中冶焦耐（大连）工程技术有限公司	1	0	1
8	沈阳鼓风机集团股份有限公司	1	0	1
9	中国石油天然气股份有限公司抚顺石化分公司	1	0	1
10	沈阳农业大学	1	0	1
11	沈阳斯林达安科新技术有限公司	1	0	1
12	特变电工沈阳变压器集团有限公司	1	0	1
13	国家机床质量监督检验中心	1	0	1
14	獐子岛集团股份有限公司	1	0	1
15	辽宁大学	1	0	1
16	中国科学院大连化学物理研究所	1	1	0
17	中国科学院金属研究所	1	1	0

资料来源：科技大数据湖北省重点实验室

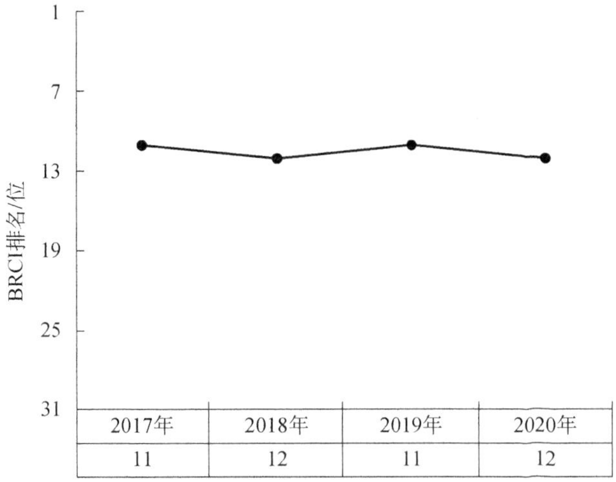

图 3-49　2017～2020 年辽宁省 BRCI 排名变化趋势

资料来源：科技大数据湖北省重点实验室

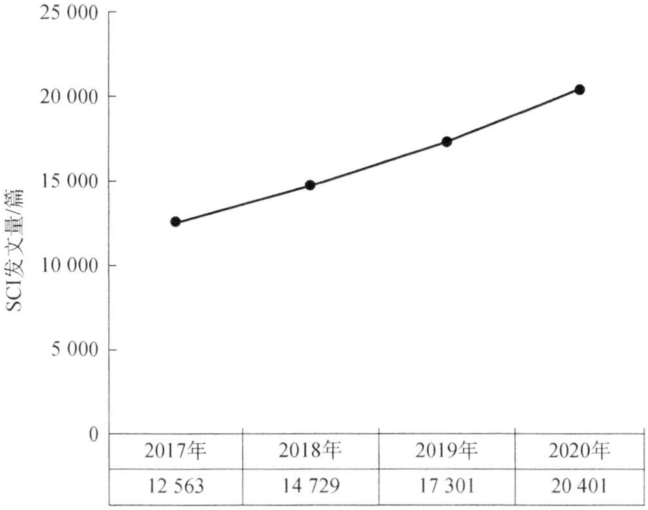

图 3-50　2017～2020 年辽宁省 SCI 发文趋势

资料来源：科技大数据湖北省重点实验室

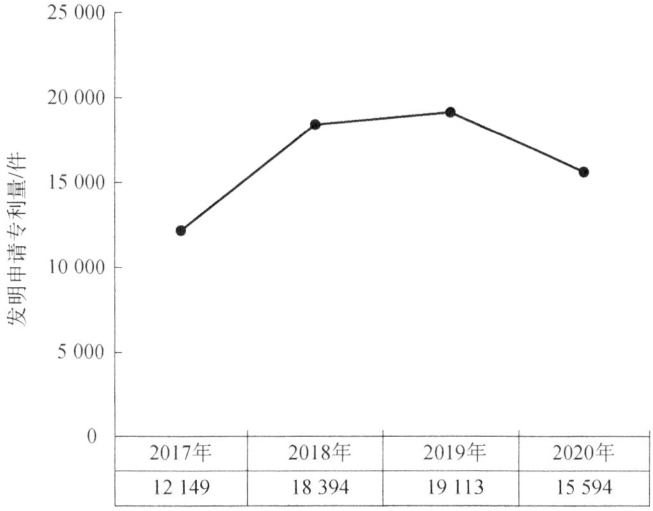

图 3-51　2017～2020 年辽宁省发明专利申请趋势

资料来源：科技大数据湖北省重点实验室

3.3.13　天津市

2020 年，天津市的基础研究竞争力指数为 56.7876，排名第 13 位。综合本市各学科论文数和篇均被引量来看，2020 年天津市基础研究在本市范围内较为活跃的学科为电子与电气工程、多学科材料、物理化学、多学科化学、应用物理学、化学工程、纳米科学与技术、环境科学、能源与燃料、药物滥用等。其中，电子与电气工程的高频词包括特征提取、深度学习、任务分析、图像处理、训练等，多学科材料的高频词包括机械性能、显微结构、电催化、石墨烯、钙钛矿太阳能电池等，物理化学的高频词包括光催化、电催化、析氢反应、氧化还原反应、析氧反应等（表 3-67）。综合本市各学科在全国的发文数量和排名位次来看，

2020 年天津市基础研究在全国范围内较为突出的学科为纺织材料、分析心理学、化学工程、热力学、血液学、男科、多学科化学、生物医学工程、海洋工程、结合与补充医学等。天津市化学、材料科学、工程科学等学科领域发表高水平论文数量分别为 49 篇、39 篇、30 篇（表 3-68）；共有 14 个机构进入相关学科的 ESI 全球前 1%行列（图 3-52）；发明专利申请量共 16 118 件，全国排名第 17（表 3-69）；主要专利权人如表 3-70 所示；获得国家奖励的科研机构如表 3-71 所示。

2017～2020 年，天津市 BRCI 排名始终位列第 13 位（图 3-53）；SCI 论文数呈上升趋势（图 3-54）；发明专利申请量呈平稳上升趋势，2020 年稍有回落（图 3-55）。

2020 年，天津市地方财政科技投入经费 118.4101 亿元，全国排名第 12 位；获得国家科技奖励 17 项，全国排名第 11 位。截至 2021 年 9 月，天津市拥有国家重点实验室 14 个，省级重点实验室 350 个，省（级）实验室 1 个；拥有院士 31 人，全国排名第 13 位。

表 3-67 2020 年天津市基础研究 SCI 活跃学科及高频词

序号	活跃学科	SCI 学科活跃度	高频词（词频）
1	电子与电气工程	6.23	特征提取（67）；深度学习（54）；任务分析（49）；图像处理（35）；训练（33）；卷积神经网络（32）；数学模型（32）；机器学习（26）；图像重建（21）；可视化（21）；计算建模（20）；电极（19）；电压控制（19）；物体检测（19）；神经网络（18）；优化（18）；语义（17）；机器视觉（17）；三维显示器（16）；相关性（15）
2	多学科材料	6.05	机械性能（55）；显微结构（48）；电催化（25）；石墨烯（21）；钙钛矿太阳能电池（20）；析氢反应（18）；光催化（17）；机械性能（17）；稳定性（16）；析氧反应（15）；吸附（13）；分水器（13）；量子点（12）；超级电容器（12）；纳米粒子（12）；氧化还原反应（12）；阳极（12）；自组装（11）；金属有机框架（11）；太赫兹（10）
3	物理化学	4.72	光催化（30）；电催化（25）；析氢反应（25）；氧化还原反应（22）；析氧反应（20）；吸附（18）；密度泛函理论（18）；溶解度（18）；钙钛矿太阳能电池（14）；金属-有机框架（13）；分水器（11）；显微结构（10）；机械性能（10）；加氢（10）；稳定性（9）；电催化剂（9）；石墨烯（9）；碳纳米管（9）；锂离子电池（9）；超级电容器（9）
4	多学科化学	4.28	电催化（24）；金属-有机框架（19）；光催化（16）；自组装（16）；电化学（13）；药物输送（12）；分水器（12）；析氧反应（11）；多相催化（11）；钙钛矿太阳能电池（10）；石墨烯（10）；聚合物（9）；氧化还原反应（8）；荧光（8）；吸附（8）；共价有机框架（8）；纳米材料（7）；电池（7）；纳米粒子（7）；二维材料（7）
5	应用物理学	3.82	微观结构（18）；电催化（15）；机械性能（14）；钙钛矿太阳能电池（13）；光催化（13）；析氧反应（12）；石墨烯（12）；传感器（11）；析氢反应（10）；腐蚀（8）；电导率（8）；纳米粒子（8）；密度泛函理论（8）；稳定性（8）；分水器（7）；深度学习（7）；光纤传感器（7）；灵敏度（6）；量子点（6）；氧化石墨烯（6）
6	化学工程	3.76	吸附（21）；光催化（15）；界面聚合（13）；防污（12）；氧化还原反应（11）；金属-有机框架（10）；膜（10）；海水淡化（10）；二氧化碳分离（8）；生物质（8）；纳滤（8）；传质（8）；燃烧（7）；热解（7）；稳定性（7）；泡沫分馏（7）；析氢反应（7）；膜污染（7）；优化（6）；反渗透（6）
7	纳米科学与技术	3.52	电催化（18）；钙钛矿太阳能电池（14）；量子点（10）；石墨烯（10）；光催化（9）；金属-有机框架（9）；聚集诱导排放（9）；稳定性（9）；氧化还原反应（8）；自组装（8）；阳极（8）；吸附（8）；药物输送（8）；析氧反应（8）；析氢反应（8）；二维材料（8）；机械性能（7）；分水器（7）；超级电容器（6）；光热疗法（6）
8	环境科学	3.37	吸附（27）；生物炭（18）；微生物群落（14）；中国（14）；微塑料（11）；土壤（10）；$PM_{2.5}$（10）；重金属（10）；空气污染（10）；镉（10）；光催化（8）；毒性（8）；抗生素抗性基因（8）；细菌群落（8）；细胞凋亡（6）；可持续发展（6）；水质（6）；电芬顿（5）；范数指数（5）

续表

序号	活跃学科	SCI 学科活跃度	高频词（词频）
9	能源与燃料	3.24	有机朗肯循环（13）；热解（12）；余热回收（12）；燃烧（10）；能源消耗（9）；太阳能（8）；敏感性分析（8）；相变材料（7）；优化（7）；机器学习（7）；析氢反应（7）；不确定性（7）；需求响应（6）；线性有源抗扰控制（6）；自燃（6）；微生物群落（6）；传热（6）；多目标优化（6）；热舒适（6）；压力振荡（5）
10	药物滥用	2.69	智能手机使用障碍（3）；焦虑（2）；死亡证明（1）；性别差异（1）；网瘾（1）；机器学习（1）；元分析（10）；甲基苯丙胺（1）；死亡率监测（1）；相对风险（1）；吸烟致死（1）；社交网络（1）；预后（6）；肝移植（5）；胆道闭锁（3）；并发症（3）；深部脑刺激（3）；苍白球内丝（3）

资料来源：科技大数据湖北省重点实验室

表 3-68　2020 年天津市各学科 SCI 论文发文情况

序号	ESI 学科	论文数/篇（全国排名，市内排名）	被引次数/次（全国排名，市内排名）	篇均被引/次（全国排名，市内排名）	高水平论文/篇（全国排名，市内排名）
1	农业科学	320（16，12）	722（16，12）	2.256 3（13，1）	3（13，11）
2	生物学与生物化学	740（11，6）	1 509（15，8）	2.039 2（15，2）	4（11，9）
3	化学	2 930（10，2）	9 541（8，1）	3.256 3（2，3）	49（7，1）
4	临床医学	1 684（13，4）	2 097（17，4）	1.245 2（22，4）	4（17，9）
5	计算机科学	485（16，8）	1 648（13，6）	3.397 9（6，5）	10（14，4）
6	经济与商学	177（12，16）	327（11，17）	1.847 5（11，6）	1（14，14）
7	工程科学	3 060（13，1）	7 195（13，3）	2.351 3（14，7）	30（14，3）
8	环境/生态学	676（13，7）	1 820（12，5）	2.692 3（10，8）	6（14，6）
9	地球科学	247（17，13）	446（17，14）	1.805 7（11，9）	1（21，14）
10	免疫学	103（18，19）	732（14，10）	7.106 8（8，10）	0（17，20）
11	材料科学	2 062（12，3）	8 038（11，2）	3.898 2（1，11）	39（6，2）
12	数学	405（13，10）	421（15，16）	1.039 5（16，12）	6（14，6）
13	微生物学	95（21，20）	276（20，18）	2.905 3（18，13）	1（16，14）
14	分子生物与遗传学	352（18，11）	971（16，9）	2.758 5（6，14）	3（12，11）
15	综合交叉学科	212（18，15）	675（18，13）	3.184 0（10，15）	6（15，6）
16	神经科学与行为	231（14，14）	434（14，15）	1.878 8（8，16）	1（8，14）
17	药理学与毒物学	408（16，9）	729（16，11）	1.786 8（17，17）	1（21，14）
18	物理学	961（12，5）	1 545（12，7）	1.607 7（18，18）	8（13，5）
19	植物与动物科学	147（27，18）	197（25，21）	1.340 1（17，19）	0（22，20）
20	精神病学/心理学	80（17，21）	220（17，20）	2.750 0（10，20）	3（6，11）
21	一般社会科学	154（16，17）	245（17，19）	1.590 9（17，21）	1（19，14）
22	空间科学	14（18，22）	24（18，22）	1.714 3（9，22）	0（3，20）
全市合计		16 509	40 118	2.430 1	207

资料来源：科技大数据湖北省重点实验室

注：学科排序同 ESI 学科固定排序

	机构综合排名	农业科学	生物学与生物化学	化学	临床医学	计算机科学	工程科学	环境/生态学	免疫学	材料科学	数学	微生物学	分子生物与基因	神经科学与行为	药理学与毒物学	物理学	植物与动物科学	社会科学	机构进入ESI学科数
天津大学	330	574	476	53	4416	112	24	613	—	47	—	—	—	—	776	546	—	1294	11
南开大学	348	536	449	33	2123	413	329	264	—	86	82	536	682	—	520	422	1172	1395	15
天津医科大学	847	—	601	—	501	—		—	733	869	—	—	505	484	429	—	—	—	7
天津工业大学	1953	—	—	714	—	—	722	—	—	543	250	—	—	—	—	—	—	—	4
河北工业大学	2241	—	—	896	—	—	808	—	—	533	—	—	—	—	—	—	—	—	3
天津理工大学	2259	—	—	760	—	—	995	—	—	611	—	—	—	—	—	—	—	—	3
天津科技大学	2273	241	942	925	—	—	1620	—	—	—	—	—	—	—	—	—	—	—	4
天津师范大学	2760	—	—	928	—	—		—	—	—	—	—	—	—	—	—	—	—	1
天津中医药大学	3656	—	—	—	3447	—		—	—	—	—	—	—	—	560	—	—	—	2
天津市疾病预防控制中心	4230	—	—	—	1896	—		—	—	—	—	—	—	—	—	—	—	—	1
中国科学院天津工业生物技术研究所	4517	—	977	—	—	—		—	—	—	—	—	—	—	—	—	—	—	1
中国医学科学院血液学研究所	4550	—	—	—	2786	—		—	—	—	—	—	—	—	—	—	—	—	1
天津城建大学	5064	—	—	—	—	—	1741	—	—	—	—	—	—	—	—	—	—	—	1
中国民航大学	5124	—	—	—	—	—	1542	—	—	—	—	—	—	—	—	—	—	—	1

图 3-52　2020 年天津市各机构进入 ESI 前 1%的学科及排名

资料来源：科技大数据湖北省重点实验室

表 3-69　2020 年天津市发明专利申请量十强技术领域

序号	IPC 号（技术领域）	发明专利申请量/件
1	G06F（电子数字数据处理）	1 258
2	G01N（小类中化学分析方法或化学检测方法）	683
3	A61K［医用、牙科用或梳妆用的配制品（专门适用于将药品制成特殊的物理或服用形式的装置或方法 A61J 3/00；空气除臭，消毒或灭菌，或者绷带、敷料、吸收垫或外科用品的化学方面，或材料的使用入 A61L；肥皂组合物入 C11D）］	397
4	B01D［分离（用湿法从固体中分离固体入 B03B、B03D，用风力跳汰机或摇床入 B03B，用其他干法入 B07；固体物料从固体物料或流体中的磁或静电分离，利用高压电场的分离入 B03C；离心机、涡旋装置入 B04B；涡旋装置入 B04C；用于从含液物料中挤出液体的压力机本身入 B30B 9/02）］	389
5	G06Q（专门适用于行政、商业、金融、管理、监督或预测目的的数据处理系统或方法；其他类目不包含的专门适用于行政、商业、金融、管理、监督或预测目的的处理系统或方法）	321
6	A23L［不包含在 A21D 或 A23B 至 A23J 小类中的食品、食料或非酒精饮料；它们的制备或处理，例如烹调、营养品质的改进、物理处理（不能为本小类完全包含的成型或加工入 A23P）；食品或食料的一般保存（用于烘焙的面粉或面团的保存入 A21D）］	309
7	A01G［园艺；蔬菜、花卉、稻、果树、葡萄、啤酒花或海菜的栽培；林业；浇水（水果、蔬菜、啤酒花等类植物的采摘入 A01D46/00；繁殖单细胞藻类入 C12N1/12）］	293
8	C02F［水、废水、污水或污泥的处理（通过在物质中产生化学变化使有害的化学物质无害或降低危害的方法入 A62D 3/00；分离、沉淀箱或过滤设备入 B01D；有关处理水、废水或污水生产装置的水运容器的特殊设备，例如用于制备淡水入 B63J；为防止水的腐蚀用的添加物质入 C23F；放射性废液的处理入 G21F 9/04）］	275
9	B65G［运输或贮存装置，例如装载或倾卸用输送机、车间输送机系统或气动管道输送机（包装用的入 B65B；搬运薄的或细丝状材料如纸张或细丝入 B65H；起重机入 B66C；便携式或可移动的举升或牵引器具，如升降机入 B66D；用于装载或卸载目的的升降货物的装置，如叉车，入 B66F9/00；不包括在其他类目中的瓶子、罐、罐头、木桶、桶或类似容器的排空入 B67C9/00；液体分配或转移入 B67D；将压缩的、液化的或固体化的气体灌入容器或从容器内排出入 F17C；流体用管道系统入 F17D）］	267
10	C04B［石灰；氧化镁；矿渣；水泥；其组合物，例如：砂浆、混凝土或类似的建筑材料；人造石；陶瓷（微晶玻璃陶瓷入 C03C 10/00）；耐火材料（难熔金属的合金入 C22C）；天然石的处理］	251
全市合计		16 118

资料来源：科技大数据湖北省重点实验室

表 3-70　2020 年天津市发明专利申请量优势企业和科研机构

序号	优势企业	发明专利申请量/件	序号	优势科研机构	发明专利申请量/件
1	贝壳技术有限公司	235	1	天津大学	2190
2	国网天津市电力公司	167	2	河北工业大学	509
3	中国石油集团渤海钻探工程有限公司	146	3	南开大学	454
4	海光信息技术股份有限公司	145	4	天津科技大学	389
5	国网天津市电力公司电力科学研究院	140	5	天津工业大学	270
6	中国铁路设计集团有限公司	120	6	天津理工大学	207
	中冶天工集团有限公司		7	中国民航大学	190
8	中国船舶重工集团公司第七〇七研究所	112	8	天津职业技术师范大学（中国职业培训指导教师进修中心）	142
9	五八有限公司	95	9	天津津航计算技术研究所	114
10	诺思（天津）微系统有限责任公司	74	10	天津商业大学	94
11	中汽研汽车检验中心（天津）有限公司	69	11	天津农学院	83
	天津市捷威动力工业有限公司		12	天津城建大学	82
13	天津市松正电动汽车技术股份有限公司	68	13	交通运输部天津水运工程科学研究所	63
14	中铁十八局集团有限公司	65	14	中国北方发动机研究所（天津）	55
15	天津欧菲光电有限公司	58	15	中国科学院天津工业生物技术研究所	52
16	中国汽车技术研究中心有限公司	56	16	天津师范大学	51
17	中交第一航务工程局有限公司	55	17	天津中医药大学	50
18	中国电子科技集团公司第十八研究所	54	18	天津津航技术物理研究所	49
	中海油田服务股份有限公司		19	中国医学科学院生物医学工程研究所	44
20	紫光云技术有限公司	52	20	中国地质科学院勘探技术研究所	38

资料来源：科技大数据湖北省重点实验室

表 3-71　2020 年天津市获得国家科技奖励机构清单

序号	获奖机构	获奖数量/项		
		总计	主持	参与
1	天津大学	6	4	2
2	中国铁路设计集团有限公司	3	0	3
3	天津瑞普生物技术股份有限公司	1	0	1
4	中国铁建大桥工程局集团有限公司	1	0	1
5	天津航天长征技术装备有限公司	1	0	1
6	天津中铁电气化设计研究院有限公司	1	1	0
7	天津药物研究院有限公司	1	1	0
8	天津工业大学	1	0	1
9	天津威尔朗科技有限公司	1	0	1
10	中国医学科学院血液病医院	1	1	0

资料来源：科技大数据湖北省重点实验室

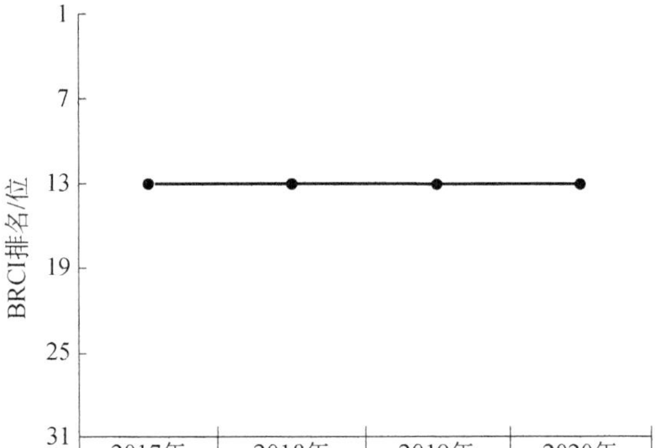

2017年	2018年	2019年	2020年
13	13	13	13

图 3-53　2017～2020 年天津市 BRCI 排名变化趋势

资料来源：科技大数据湖北省重点实验室

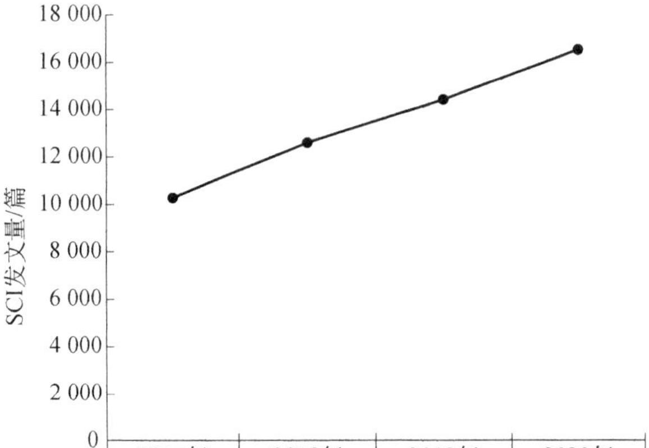

2017年	2018年	2019年	2020年
10 244	12 572	14 396	16 509

图 3-54　2017～2020 年天津市 SCI 发文趋势

资料来源：科技大数据湖北省重点实验室

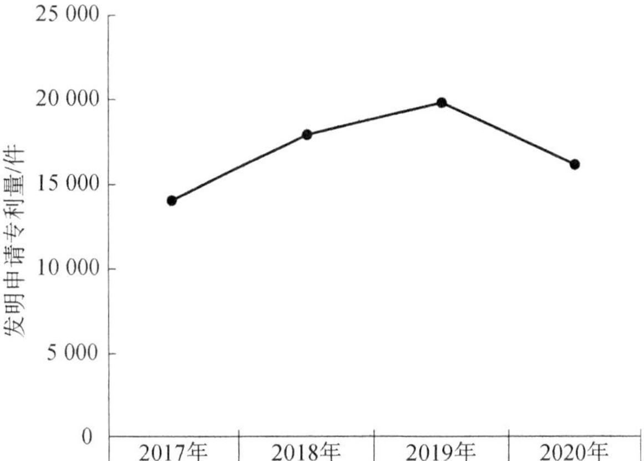

2017年	2018年	2019年	2020年
14 072	17 879	19 773	16 118

图 3-55　2017～2020 年天津市发明专利申请趋势

资料来源：科技大数据湖北省重点实验室

3.3.14 福建省

2020年，福建省的基础研究竞争力BRCI为52.3656，排名第14位。综合全省各学科论文数和篇均被引量来看，2020年福建省基础研究在全省范围内较为活跃的学科为热带医学、传染病学、寄生物学、电子与电气工程、多学科材料、环境科学、物理化学、多学科化学、纳米科学与技术、环境与职业健康等。其中，热带医学的高频词包括传染性、数学模型、特定年龄的动力学、基本再生数、房室模型等，传染病学的高频词包括COVID-19、宏基因组下一代测序、传染性、数学模型、SARS-CoV-2等，寄生物学的高频词包括传染性、数学模型、特定年龄的动力学、基本再生数、房室模型等（表3-72）。综合全省各学科在全国的发文数量和排名位次来看，2020年福建省基础研究在全国范围内较为突出的学科为晶体学、水生生物学、无机与核化学、解剖学、渔业、林业、社会学数学方法、金融学、纸质和木质材料、耳鼻喉科学等。福建省化学、工程科学、临床医学等学科领域发表高水平论文数量分别为29篇、22篇、11篇（表3-73）；共有14个机构进入相关学科的ESI全球前1%行列（图3-56）；发明专利申请量共27 244件，全国排名第11（表3-74）；主要专利权人如表3-75所示；获得国家奖励的科研机构如表3-76所示。

2017～2020年，福建省BRCI排名在第14～第15位之间波动（图3-57），SCI论文数呈上升趋势（图3-58），发明专利申请量自2018年后呈下降趋势（图3-59）。

2020年，福建省地方财政科技投入经费566亿元，全国排名第3位；获得国家科技奖励7项，全国排名第20位。截至2021年9月，福建省拥有国家重点实验室10个，省级重点实验室235个，省实验室6个；拥有院士17人，全国排名第18位。

表3-72 2020年福建省基础研究SCI活跃学科及高频词

序号	活跃学科	SCI学科活跃度	高频词（词频）
1	热带医学	10.11	传染性（3）；数学模型（2）；特定年龄的动力学（1）；基本再生数（1）；房室模型（1）；COVID-19（1）；Exorchis sp（1）；性别（1）；下一代矩阵（1）；新型冠状病毒（1）；湖北钉螺（1）；蛋白质组（1）；SARS-CoV-2（1）；日本血吸虫（1）；志贺氏菌病（1）；转录组（1）
2	传染病学	6.35	COVID-19（10）；宏基因组下一代测序（5）；传递性（4）；数学模型（4）；SARS-CoV-2（3）；假体关节感染（3）；阿比朵尔（2）；诊断（2）；志贺氏菌病（2）；流行潜力（2）；假体周围关节感染（2）；感染（2）；国际关注的突发公共卫生事件（2）；ISApl1（2）；抗生素（2）
3	寄生物学	5.86	传染性（3）；数学模型（2）；特定年龄的动力学（1）；基本再生数（1）；房室模型（1）；COVID-19（1）；Exorchis sp（1）；性别（1）；十二指肠贾第鞭毛虫（1）；硬蜱（1）；梅花山（1）；多位点基因分型（Mlgs）（1）；下一代矩阵（1）；宁夏回族自治区（1）；新型冠状病毒（1）；湖北钉螺（1）；流行率（1）；蛋白质组（1）；SARS-CoV-2（1）；日本血吸虫（1）；志贺氏菌病（1）；棕羊（1）；蜱传病原体（1）；转录组（1）；野猪（1）
4	电子与电气工程	4.93	特征提取（37）；深度学习（33）；计算建模（24）；任务分析（21）；训练（20）；机器学习（20）；数学模型（20）；优化（18）；粒子群优化（14）；云计算（14）；执照（14）；神经网络（13）；启发式算法（13）；能源消耗（12）；预测模型（11）；图像处理（11）；图像重建（11）；图像分割（11）；传感器（10）；卷积神经网络（10）
5	多学科材料	4.80	钙钛矿太阳能电池（21）；金属-有机框架（18）；光催化（17）；微观结构（15）；石墨烯（14）；稳定性（14）；机械性能（13）；锂离子电池（11）；纳米粒子（10）；钙钛矿太阳能电池（10）；氧化石墨烯（9）；第一性原理计算（8）；阳极（8）；灵活性（8）；纳米材料（8）；共价有机框架（7）；3D打印（7）；钠离子电池（7）；金属有机骨架（7）；催化（7）

续表

序号	活跃学科	SCI 学科活跃度	高频词（词频）
6	环境科学	3.85	吸附（14）；中国（12）；微生物群落（10）；重金属（10）；生物炭（10）；$PM_{2.5}$（9）；砷（9）；可持续性（9）；抗生素抗性基因（9）；微塑料（7）；降解（7）；镉（7）；氮气（7）；来源分配（7）；二氧化碳排放量（7）；可持续发展（7）；气候变化（6）；遥感（6）；沉积物（5）；空气污染（5）
7	物理化学	3.76	光催化（31）；金属-有机框架（16）；析氢反应（13）；电催化（11）；钙钛矿太阳能电池（11）；稳定性（10）；锂离子电池（10）；晶体结构（9）；氧化还原反应（8）；超级电容器（7）；钠离子电池（7）；石墨烯（7）；第一性原理计算（6）；吸附（6）；钙钛矿太阳能电池（6）；自组装（6）；制氢（6）；密度泛函理论（6）；分水器（6）；可见光（6）
8	多学科化学	3.51	光催化（17）；金属-有机框架（13）；杂环（10）；电催化（9）；密度泛函计算（7）；自组装（7）；电化学（7）；氧化还原反应（6）；稳定性（6）；催化（6）；选择性（6）；簇状化合物（5）；光声成像（5）；金属有机骨架（5）；共价有机框架（5）；氮化碳（5）；吸附（5）；黑磷（5）；适配体（5）；钙钛矿（5）
9	纳米科学与技术	2.97	金属-有机框架（15）；钙钛矿太阳能电池（11）；光催化（10）；光动力疗法（8）；稳定性（7）；金属有机骨架（7）；纳米粒子（6）；纳米材料（6）；石墨烯（6）；氧化石墨烯（6）；电催化（5）；光声成像（5）；共价有机框架（5）；钠离子电池（5）；光热疗法（5）；机械性能（5）；锂离子电池（5）；3D 打印（4）；黑磷（4）；质子电导率（4）
10	环境与职业健康	2.96	COVID-19（7）；中国（7）；SARS-CoV-2（3）；冠状病毒（3）；国际关注的突发公共卫生事件（3）；异质性（2）；非酒精性脂肪肝（2）；联轴器（2）；吸附（2）；焦虑（2）；感染（2）；颗粒物（2）；心理健康（2）；生活质量（2）；抗生素抗性基因（Args）（2）；老化（2）；抑郁症（2）；R-0（2）；流行潜力（2）

资料来源：科技大数据湖北省重点实验室

表 3-73　2020 年福建省各学科 SCI 论文发文情况

序号	ESI 学科	论文数/篇（全国排名，省内排名）	被引次数/次（全国排名，省内排名）	篇均被引/次（全国排名，省内排名）	高水平论文/篇（全国排名，省内排名）
1	农业科学	324（14，13）	829（14，9）	2.558 6（5，1）	3（13，11）
2	生物学与生物化学	475（18，8）	830（21，8）	1.747 4（22，2）	2（18，14）
3	化学	1 980（16，1）	6 517（13，1）	3.291 4（1，3）	29（12，1）
4	临床医学	1 575（15，2）	3 134（14，4）	1.989 8（10，4）	11（9，3）
5	计算机科学	439（17，9）	1 296（15，6）	2.952 2（9，5）	11（13，3）
6	经济与商学	180（11，17）	264（14，19）	1.466 7（21，6）	3（10，11）
7	工程科学	1 535（18，3）	4 011（18，3）	2.613 0（5，7）	22（18，2）
8	环境/生态学	718（11，5）	1 611（15，5）	2.243 7（19，8）	4（16，9）
9	地球科学	247（17，15）	308（21，17）	1.247 0（27，9）	1（21，17）
10	免疫学	108（17，20）	586（16，14）	5.425 9（15，10）	2（12，14）
11	材料科学	1 194（18，4）	4 191（18，2）	3.510 1（8，11）	11（18，3）
12	数学	392（14，11）	297（18，18）	0.757 7（25，12）	1（25，17）
13	微生物学	171（10，18）	325（19，16）	1.900 6（21，13）	0（20，20）
14	分子生物与遗传学	413（16，10）	682（18，12）	1.651 3（20，14）	1（17，17）
15	综合交叉学科	250（16，14）	753（17，11）	3.012 0（11，15）	7（13，8）
16	神经科学与行为	131（19，19）	167（18，21）	1.274 8（24，16）	0（17，20）
17	药理学与毒物学	353（19，12）	597（20，13）	1.691 2（18，17）	3（13，11）
18	物理学	557（18，6）	1 196（17，7）	2.147 2（3，18）	9（10，6）
19	植物与动物科学	480（13，7）	772（13，10）	1.608 3（8，19）	8（7，7）

续表

序号	ESI 学科	论文数/篇（全国排名，省内排名）	被引次数/次（全国排名，省内排名）	篇均被引/次（全国排名，省内排名）	高水平论文/篇（全国排名，省内排名）
20	精神病学/心理学	75（18，21）	262（15，20）	3.493 3（8，20）	2（7，14）
21	一般社会科学	240（11，16）	329（15，15）	1.370 8（20，21）	4（10，9）
22	空间科学	15（17，22）	21（19，22）	1.400 0（14，22）	0（3，20）
全省合计		12 504	29 265	2.340 5	158

资料来源：科技大数据湖北省重点实验室

注：学科排序同 ESI 学科固定排序

	机构综合排名	农业科学	生物学与生物化学	化学	临床医学	计算机科学	经济与商学	工程科学	环境/生态学	地球科学	免疫学	材料科学	数学	微生物学	分子生物与基因	神经科学与行为	药理学与毒物学	物理学	植物与动物科学	社会科学	机构进入ESI学科数
厦门大学	377	653	466	59	1259	170	287	204	472	536	836	98	89	376	602	937	671	659	582	660	19
福州大学	775	897	—	96	—	358	—	465	—	—	—	207	—	—	—	—	—	—	—	—	5
中国科学院福建物质结构研究所	1081	—	—	130	—	—	—	—	—	—	—	254	—	—	—	—	—	—	—	—	2
福建医科大学	1793	—	—	—	1058	—	—	—	—	—	—	—	—	—	—	—	—	—	—	—	2
福建农林大学	1914	315	—	1307	—	—	—	—	1223	—	—	—	—	—	—	—	—	—	347	—	4
福建师范大学	2070	—	—	876	—	435	—	1181	1214	—	—	884	—	—	—	—	—	—	—	—	5
华侨大学	2136	—	—	817	—	546	—	728	—	—	—	718	—	—	—	—	—	—	—	—	4
中国科学院城市环境研究所	2163	—	—	—	—	—	—	1247	312	—	—	—	—	—	—	—	—	—	—	—	2
福建中医药大学	4227	—	—	—	3283	—	—	—	—	—	—	—	—	—	—	—	—	—	—	—	1
集美大学	4337	—	—	—	—	—	—	—	—	—	—	—	—	—	—	—	—	—	1355	—	1
福建省立医院	4876	—	—	—	3489	—	—	—	—	—	—	—	—	—	—	—	—	—	—	—	1
厦门理工学院	5098	—	—	—	—	—	—	1719	—	—	—	—	—	—	—	—	—	—	—	—	1
闽江学院	5183	—	—	—	—	—	—	1403	—	—	—	—	—	—	—	—	—	—	—	1678	2
福建省农业科学院	5739	—	—	—	—	—	—	—	—	—	—	—	—	—	—	—	—	—	1224	—	1

图 3-56　2020 年福建省各机构进入 ESI 前 1%的学科及排名

资料来源：科技大数据湖北省重点实验室

表 3-74　2020 年福建省发明专利申请量十强技术领域

序号	IPC 号（技术领域）	发明专利申请量/件
1	G06F（电子数字数据处理）	1 288
2	G01N（小类中化学分析方法或化学检测方法）	692
3	A61K［医用、牙科用或梳妆用的配制品（专门适用于将药品制成特殊的物理或服用形式的装置或方法 A61J 3/00；空气除臭，消毒或灭菌，或者绷带、敷料、吸收垫或外科用品的化学方面，或材料的使用入 A61L；肥皂组合物入 C11D）］	537
4	B01D［分离（用湿法从固体中分离固体入 B03B、B03D，用风力跳汰机或摇床入 B03B，用其他干法入 B07；固体物料从固体物料或流体中的磁或静电分离，利用高压电场的分离入 B03C；离心机、涡旋装置入 B04B；涡旋装置入 B04C；用于从含液物料中挤出液体的压力机本身入 B30B 9/02）］	493
5	G06Q（专门适用于行政、商业、金融、管理、监督或预测目的的数据处理系统或方法；其他类目不包含的专门适用于行政、商业、金融、管理、监督或预测目的的处理系统或方法）	484
6	A23L［不包含在 A21D 或 A23B 至 A23J 小类中的食品、食料或非酒精饮料；它们的制备或处理，例如烹调、营养品质的改进、物理处理（不能为本小类完全包含的成型或加工入 A23P）；食品或食料的一般保存（用于烘焙的面粉或面团的保存入 A21D）］	460
7	A01G［园艺；蔬菜、花卉、稻、果树、葡萄、啤酒花或海菜的栽培；林业；浇水（水果、蔬菜、啤酒花等类植物的采摘入 A01D46/00；繁殖单细胞藻类入 C12N1/12）］	449

续表

序号	IPC 号（技术领域）	发明专利申请量/件
8	C02F［水、废水、污水或污泥的处理（通过在物质中产生化学变化使有害的化学物质无害或降低危害的方法入 A62D 3/00；分离、沉淀箱或过滤设备入 B01D；有关处理水、废水或污水生产装置的水运容器的特殊设备，例如用于制备淡水入 B63J；为防止水的腐蚀用的添加物质入 C23F；放射性废液的处理入 G21F 9/04）］	399
9	B65G［运输或贮存装置，例如装载或倾卸用输送机、车间输送机系统或气动管道输送机（包装用的入 B65B；搬运薄的或细丝状材料如纸张或细丝入 B65H；起重机入 B66C；便携式或可移动的举升或牵引器具，如升降机入 B66D；用于装载或卸载目的的升降货物的装置，如叉车，入 B66F9/00；不包括在其他类目中的瓶子、罐、罐头、木桶、桶或类似容器的排空入 B67C9/00；液体分配或转移入 B67D；将压缩的、液化的或固体化的气体灌入容器或从容器内排出入 F17C；流体用管道系统入 F17D）］	398
10	C04B［石灰；氧化镁；矿渣；水泥；其组合物，例如：砂浆、混凝土或类似的建筑材料；人造石；陶瓷（微晶玻璃陶瓷入 C03C 10/00）；耐火材料（难熔金属的合金入 C22C）；天然石的处理］	374
全省合计		27 244

资料来源：科技大数据湖北省重点实验室

表 3-75　2020 年福建省发明专利申请量优势企业和科研机构

序号	优势企业	发明专利申请量/件	序号	优势科研机构	发明专利申请量/件
1	厦门天马微电子有限公司	331	1	福州大学	1022
2	国网福建省电力有限公司	199	2	厦门大学	600
3	福建华佳彩有限公司	156	3	华侨大学	420
4	厦门快商通科技股份有限公司	131	4	厦门理工学院	287
5	科华恒盛股份有限公司	105	5	福建农林大学	204
6	厦门亿联网络技术股份有限公司	87	6	闽江学院	170
7	宁德新能源科技有限公司	84	7	福建师范大学	168
8	厦门汉印电子技术有限公司	83	8	集美大学	154
9	九牧厨卫股份有限公司	81	9	福建工程学院	133
10	厦门市美亚柏科信息股份有限公司	80	10	三明学院	82
11	锐捷网络股份有限公司	79	11	黎明职业大学	70
12	福建天泉教育科技有限公司	74	12	中国科学院城市环境研究所	69
13	福建福清核电有限公司	70	13	中国科学院福建物质结构研究所	66
14	福建省中科生物股份有限公司	63	14	宁德师范学院	50
15	福建省晋华集成电路有限公司	62	15	泉州师范学院	49
16	福耀玻璃工业集团股份有限公司	61	16	莆田学院	48
17	厦门钨业股份有限公司	59	17	福建江夏学院	47
18	福建中烟工业有限责任公司	54	18	自然资源部第三海洋研究所	45
19	厦门建霖健康家居股份有限公司	52	19	福建省农业科学院畜牧兽医研究所	39
20	福建恒安集团有限公司	47	20	龙岩学院	36

资料来源：科技大数据湖北省重点实验室

表 3-76　2020 年福建省获得国家科技奖励机构清单

序号	获奖机构	获奖数量/项		
		总计	主持	参与
1	福建农林大学	1	0	1
2	泉州佰源机械科技有限公司	1	0	1
3	福建炼油化工有限公司	1	0	1
4	福州大学	1	0	1
5	科华恒盛股份有限公司	1	0	1
6	厦门大学	1	1	0
7	福建阿石创新材料股份有限公司	1	0	1

资料来源：科技大数据湖北省重点实验室

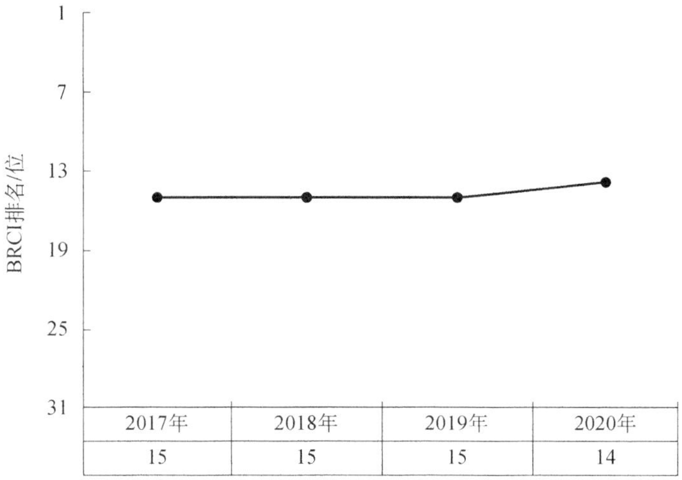

图 3-57　2017～2020 年福建省 BRCI 排名变化趋势

资料来源：科技大数据湖北省重点实验室

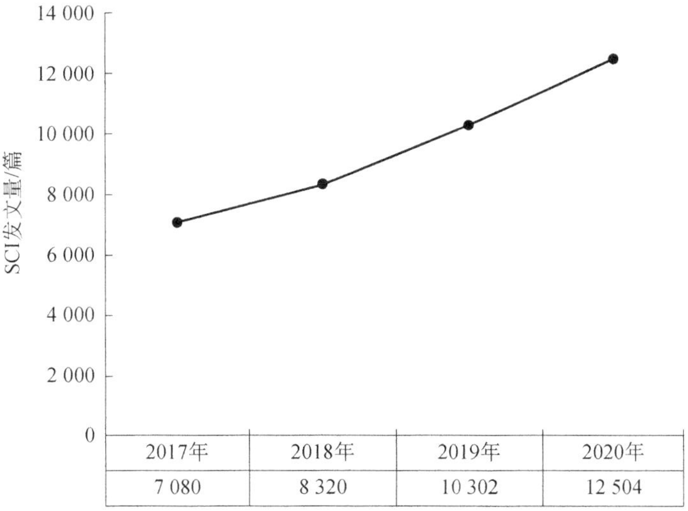

图 3-58　2017～2020 年福建省 SCI 发文趋势

资料来源：科技大数据湖北省重点实验室

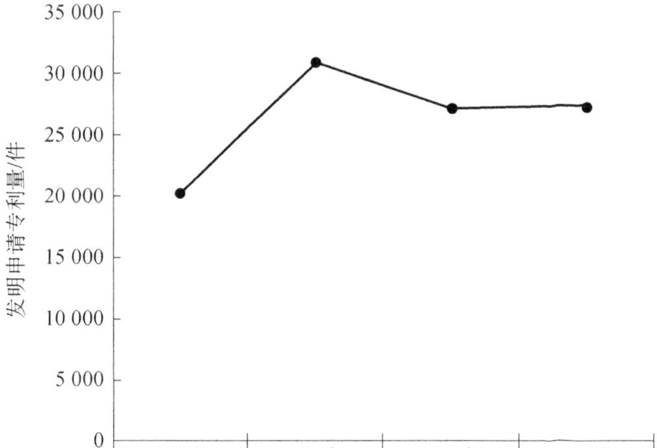

2017年	2018年	2019年	2020年
20 229	31 063	27 154	27 244

图 3-59 2017～2020 年福建省发明专利申请趋势

资料来源：科技大数据湖北省重点实验室

3.3.15 河南省

2020 年，河南省的基础研究竞争力指数为 51.7228，排名第 15 位。综合全省各学科论文数和篇均被引量来看，2020 年河南省基础研究在全省范围内较为活跃的学科为病毒学、电子与电气工程、多学科材料、物理化学、环境科学、计算机信息系统、肿瘤学、通信、多学科化学、药学与药理学等。其中，病毒学的高频词包括 PRRSV、COVID-19、传染性胃肠炎病毒（TGEV）、SARS-CoV-2 等，电子与电气工程的高频词包括特征提取、深度学习、物联网、训练、机器学习等，多学科材料的高频词包括微观结构、机械性能、超级电容器、石墨烯、钠离子电池等（表 3-77）。综合全省各学科在全国的发文数量和排名位次来看，2020 年河南省基础研究在全国范围内较为突出的学科为无机与核化学、园艺、寄生物学、有机化学、晶体学、热带医学、植物学、免疫学、毒理学、生理学等。河南省工程科学、化学、材料科学等学科领域发表高水平论文数量分别为 36 篇、22 篇、19 篇（表 3-78）；共有 15 个机构进入相关学科的 ESI 全球前 1%行列（图 3-60）；发明专利申请量共 27 166 件，全国排名第 12（表 3-79）；主要专利权人如表 3-80 所示；获得国家奖励的科研机构如表 3-81 所示。

2017～2020 年，河南省 BRCI 排名在第 14～第 15 位之间波动（图 3-61），SCI 论文数呈上升趋势（图 3-62），发明专利申请量自 2018 年后呈下降趋势（图 3-63）。

2020 年，河南省地方财政科技投入经费 28.5181 亿元，全国排名第 26 位；获得国家科技奖励 18 项，全国排名第 10 位。截至 2021 年 9 月，河南省拥有国家重点实验室 15 个，省级重点实验室 240 个，省实验室 2 个；拥有院士 18 人，全国排名第 16 位。

表 3-77　2020 年河南省基础研究 SCI 活跃学科及高频词

序号	活跃学科	SCI 学科活跃度	高频词（词频）
1	病毒学	6.82	PRRSV（4）；COVID-19（2）；传染性胃肠炎病毒（TGEV）（2）；SARS-CoV-2（2）；急性肾损伤（1）；阿德效应（1）；非洲猪瘟（ASF）（2）；抗病毒活性（1）；抗病毒活性（1）；抗病毒细胞因子（1）；抗病毒蛋白（1）；二元乙烯亚胺（1）；生物素化（1）；阻挡效果（1）；丁烯内酯（1）；cd169（1）；细胞囊泡（1）；宫颈癌（1）；宫颈上皮内瘤变（1）
2	电子与电气工程	4.89	特征提取（66）；深度学习（49）；物联网（23）；训练（23）；机器学习（22）；优化（21）；任务分析（19）；云计算（17）；卷积（17）；启发式算法（17）；卷积神经网络（15）；安全（15）；图像分割（15）；数学模型（14）；许可（14）；预测模型（13）；数据模型（13）；无线通信（13）；相关性（13）；故障诊断（13）
3	多学科材料	4.68	微观结构（65）；机械性能（41）；超级电容器（29）；石墨烯（22）；钠离子电池（18）；密度泛函理论（14）；机械性能（13）；光催化（11）；稳定性（11）；摩擦纳米发电机（10）；导热系数（10）；锂离子电池（10）；磁性（10）；氧化还原反应（9）；纳米粒子（9）；氧化石墨烯（9）；钙钛矿太阳能电池（9）；析氢反应（9）
4	物理化学	3.55	溶解度（31）；光催化（20）；微观结构（19）；吸附（19）；热力学性质（18）；石墨烯（18）；析氢反应（18）；密度泛函理论（17）；超级电容器（13）；析氧反应（13）；汉森溶解度参数（13）；反应机理（12）；氧化还原反应（12）；溶剂效应（11）；电化学性能（11）；制氢（10）；机械性能（10）；g-C_3N_4（9）；稳定性（9）
5	环境科学	3.27	中国（19）；吸附（16）；空气污染（15）；重金属（13）；可持续发展（10）；镉（9）；农村人口（9）；氧化应激（8）；土壤（8）；生物炭（8）；大数据（7）；颗粒物（7）；城市化（7）；气候变化（7）；郑州（7）；稳定（6）；小麦（6）；生态环境（6）；黄河（6）
6	计算机信息系统	3.23	特征提取（48）；深度学习（38）；物联网（23）；机器学习（22）；优化（19）；训练（17）；云计算（17）；任务分析（15）；安全（15）；执照许可相关性（11）；图像分割（11）；图像识别（10）；无线传感器网络（10）
7	肿瘤学	3.03	预后（62）；增殖（35）；乳腺癌（34）；细胞凋亡（32）；结直肠癌（32）；肝细胞癌（31）；食管鳞状细胞癌（26）；胃癌（26）；生存（25）；转移（23）；入侵（20）；宫颈癌（20）；前列腺癌（19）；立克纳（19）；生物标志物（18）；肺癌（18）；元分析（17）；迁移（17）；食道癌（16）；卵巢癌（15）
8	通信	2.94	特征提取（48）；深度学习（34）；物联网（23）；机器学习（20）；优化（19）；训练（17）；安全（15）；云计算（14）；执照（14）；启发式算法（14）；任务分析（13）；卷积（13）；无线通信（13）；数据挖掘（12）；图像分割（11）；预测模型（11）；粒子群优化（10）；数学模型（10）；数据模型（10）；边缘计算（10）
9	多学科化学	2.91	光催化（15）；石墨烯（10）；晶体结构（10）；稳定性（7）；吸附（7）；自组装（6）；碳纳米管（6）；钠离子电池（6）；催化（6）；金属-有机框架（6）；离子液体（6）；氨硼烷（5）；抗氧化剂（5）；RNA-Seq（5）；氧化（5）；超级电容器（5）；电化学（5）；纳米复合材料（5）；活性氧种类（5）；析氢反应（5）
10	药学与药理学	2.79	细胞凋亡（32）；药代动力学（23）；炎症（22）；氧化应激（19）；增殖（18）；自噬（14）；元分析（12）；代谢组学（11）；入侵（11）；胃癌（10）；转移（9）；迁移（9）；肝细胞癌（9）；食管鳞状细胞癌（8）；NF-kappa B（8）；乳腺癌（8）；大肠癌（8）；预后（8）；COVID-19（8）；肺癌（8）

资料来源：科技大数据湖北省重点实验室

表 3-78　2020 年河南省各学科 SCI 论文发文情况

序号	ESI 学科	论文数/篇（全国排名，省内排名）	被引次数/次（全国排名，省内排名）	篇均被引/次（全国排名，省内排名）	高水平论文/篇（全国排名，省内排名）
1	农业科学	499（9，13）	1 064（12，10）	2.132 3（16，1）	8（7，4）
2	生物学与生物化学	654（12，8）	1 639（12，6）	2.506 1（8，2）	4（11，11）
3	化学	2 237（13，1）	6 011（14，1）	2.687 1（16，3）	22（14，2）
4	临床医学	1 512（16，3）	5 538（10，2）	3.662 7（4，4）	5（16，10）
5	计算机科学	527（14，11）	910（18，12）	1.726 8（23，5）	6（17，9）
6	经济与商学	53（21，21）	70（22，20）	1.320 8（24，6）	1（14，17）

续表

序号	ESI 学科	论文数/篇（全国排名，省内排名）	被引次数/次（全国排名，省内排名）	篇均被引/次（全国排名，省内排名）	高水平论文/篇（全国排名，省内排名）
7	工程科学	1 818（16，2）	4 474（17，3）	2.460 9（10，7）	36（13，1）
8	环境/生态学	608（15，9）	1 178（19，9）	1.937 5（22，8）	0（26，19）
9	地球科学	230（19，15）	433（18，17）	1.882 6（9，9）	3（13，12）
10	免疫学	173（12，17）	885（13，13）	5.115 6（17，10）	3（10，12）
11	材料科学	1 409（16，4）	4 330（17，4）	3.073 1（18，11）	19（13，3）
12	数学	525（11，12）	497（13，16）	0.946 7（20，12）	8（12，4）
13	微生物学	163（11，18）	985（12，11）	6.042 9（10，13）	3（10，12）
14	分子生物与遗传学	708（11，6）	1 719（11，5）	2.428 0（11，14）	3（12，12）
15	综合交叉学科	259（12，14）	880（11，14）	3.397 7（7，15）	7（13，7）
16	神经科学与行为	195（15，16）	294（16，18）	1.507 7（18，16）	1（8，17）
17	药理学与毒物学	813（10，5）	1 179（12，8）	1.450 2（21，17）	3（13，12）
18	物理学	679（16，7）	1 320（16，7）	1.944 0（7，18）	8（13，4）
19	植物与动物科学	551（11，10）	867（12，15）	1.573 5（10，19）	7（10，7）
20	精神病学/心理学	68（19，20）	66（23，21）	0.970 6（25，20）	0（15，19）
21	一般社会科学	111（19，19）	209（18，19）	1.882 9（10，21）	0（21，19）
22	空间科学	11（20，22）	10（23，22）	0.909 1（21，22）	0（3，19）
全省合计		14 524	34 823	2.397 6	161

资料来源：科技大数据湖北省重点实验室

注：学科排序同 ESI 学科固定排序

	机构综合排名	农业科学	生物学与生物化学	化学	临床医学	工程科学	材料科学	分子生物与基因	神经科学与行为	药理学与毒物学	植物与动物科学	机构进入ESI学科数
郑州大学	559	—	600	173	640	475	175	561	753	306	—	8
河南大学	1401	—	—	516	3029	1183	498	—	—	856	1032	6
河南师范大学	1659	—	—	549	—	1228	591	—	—	—	—	3
河南科技大学	2403	739	—	—	4434	1294	956	—	—	—	1204	5
河南理工大学	2484	—	—	1285	—	673	798	—	—	—	—	3
河南工业大学	2901	555	—	1186	—	1284	—	—	—	—	—	3
河南农业大学	2950	597	—	—	—	—	—	—	—	—	626	2
新乡医学院	3106	—	—	—	2594	—	—	—	—	—	—	1
郑州轻工业学院	3194	—	—	1047	—	1414	—	—	—	—	—	2
信阳师范学院	3691	—	—	1218	—	—	—	—	—	—	—	1
洛阳师范学院	3754	—	—	1008	—	—	—	—	—	—	—	1
南阳师范学院	3964	—	—	1168	—	—	—	—	—	—	—	1
安阳师范学院	4151	—	—	1224	—	—	—	—	—	—	—	1
中国农业科学院棉花研究所	4816	—	—	—	—	—	—	—	—	—	942	1
华北水利水电大学	4960	—	—	—	—	1671	—	—	—	—	—	1

图 3-60 2020 年河南省各机构进入 ESI 前 1%的学科及排名

资料来源：科技大数据湖北省重点实验室

表 3-79　2020 年河南省发明专利申请量十强技术领域

序号	IPC 号（技术领域）	发明专利申请量/件
1	G06F（电子数字数据处理）	1 488
2	G01N（小类中化学分析方法或化学检测方法）	863
3	A61K［医用、牙科用或梳妆用的配制品（专门适用于将药品制成特殊的物理或服用形式的装置或方法 A61J 3/00；空气除臭，消毒或灭菌，或者绷带、敷料、吸收垫或外科用品的化学方面，或材料的使用入 A61L；肥皂组合物入 C11D）］	684
4	B01D［分离（用湿法从固体中分离固体入 B03B、B03D，用风力跳汰机或摇床入 B03B，用其他干法入 B07；固体物料从固体物料或流体中的磁或静电分离，利用高压电场的分离入 B03C；离心机、涡旋装置入 B04B；涡旋装置入 B04C；用于从含液物料中挤出液体的压力机本身入 B30B 9/02）］	578
5	G06Q（专门适用于行政、商业、金融、管理、监督或预测目的的数据处理系统或方法；其他类目不包含的专门适用于行政、商业、金融、管理、监督或预测目的的处理系统或方法）	576
6	A23L［不包含在 A21D 或 A23B 至 A23J 小类中的食品、食料或非酒精饮料；它们的制备或处理，例如烹调、营养品质的改进、物理处理（不能为本小类完全包含的成型或加工入 A23P）；食品或食料的一般保存（用于烘焙的面粉或面团的保存入 A21D）］	552
7	A01G［园艺；蔬菜、花卉、稻、果树、葡萄、啤酒花或海菜的栽培；林业；浇水（水果、蔬菜、啤酒花等类植物的采摘入 A01D46/00；繁殖单细胞藻类入 C12N1/12）］	538
8	C02F［水、废水、污水或污泥的处理（通过在物质中产生化学变化使有害的化学物质无害或降低危害的方法入 A62D 3/00；分离、沉淀箱或过滤设备入 B01D；有关处理水、废水或污水生产装置的水运容器的特殊设备，例如用于制备淡水入 B63J；为防止水的腐蚀用的添加物质入 C23F；放射性废液的处理入 G21F 9/04）］	530
9	B65G［运输或贮存装置，例如装载或倾卸用输送机、车间输送机系统或气动管道输送机（包装用的入 B65B；搬运薄的或细丝状材料如纸张或细丝入 B65H；起重机入 B66C；便携式或可移动的举升或牵引器具，如升降机入 B66D；用于装载或卸载目的的升降货物的装置，如叉车，入 B66F9/00；不包括在其他类目中的瓶子、罐、罐头、木桶、桶或类似容器的排空入 B67C9/00；液体分配或转移入 B67D；将压缩的、液化的或固体化的气体灌入容器或从容器内排出入 F17C；流体用管道系统入 F17D）］	519
10	C04B［石灰；氧化镁；矿渣；水泥；其组合物，例如：砂浆、混凝土或类似的建筑材料；人造石；陶瓷（微晶玻璃陶瓷入 C03C 10/00）；耐火材料（难熔金属的合金入 C22C）；天然石的处理］	482
全省合计		27 166

资料来源：科技大数据湖北省重点实验室

表 3-80　2020 年河南省发明专利申请量优势企业和科研机构

序号	优势企业	发明专利申请量/件	序号	优势科研机构	发明专利申请量/件
1	河南中烟工业有限责任公司	335	1	郑州大学	646
2	许继集团有限公司	212	2	河南理工大学	432
3	中铁工程装备集团有限公司	187	3	河南科技大学	368
4	新华三大数据技术有限公司	138	4	河南大学	311
5	郑州信大捷安信息技术股份有限公司	129	5	郑州轻工业大学	305
6	中航光电科技股份有限公司	121	6	许昌学院	261
7	中国烟草总公司郑州烟草研究院	110	7	郑州铁路职业技术学院	260
8	国网河南省电力公司电力科学研究院	100	8	华北水利水电大学	221
8	中电建十一局工程有限公司	100	9	中国人民解放军战略支援部队信息工程大学	217
10	黄河勘测规划设计研究院有限公司	98	10	河南工业大学	161

续表

序号	优势企业	发明专利申请量/件	序号	优势科研机构	发明专利申请量/件
11	中国航空工业集团公司洛阳电光设备研究所	95	11	河南城建学院	150
12	中国船舶重工集团公司第七二五研究所	78	12	河南农业大学	144
	郑州机械研究所有限公司		13	河南中医药大学	133
14	中国建筑第七工程局有限公司	72	14	郑州航空工业管理学院	126
15	瑞德（新乡）路业有限公司	60		中原工学院	
16	平高集团有限公司	59	16	河南师范大学	119
17	河南柴油机重工有限责任公司	55	17	河南科技学院	86
18	河南信大网御科技有限公司	43	18	南阳理工学院	85
19	国网河南省电力公司经济技术研究院	41	19	安阳工学院	84
20	中科花鹿农业发展有限公司	40	20	河南工业职业技术学院	83

资料来源：科技大数据湖北省重点实验室

表 3-81　2020 年河南省获得国家科技奖励机构清单

序号	获奖机构	获奖数量/项		
		总计	主持	参与
1	河南工业大学	2	0	2
2	中国航空工业集团公司洛阳电光设备研究所	2	0	2
3	河南省农业科学院粮食作物研究所	1	0	1
4	中国人民解放军战略支援部队信息工程大学	1	1	0
5	邢台鑫晖铜业特种线材有限公司	1	0	1
6	郑州大学	1	1	0
7	安阳龙腾热处理材料有限公司	1	0	1
8	河南省农业科学院植物营养与资源环境研究所	1	0	1
9	舞阳钢铁有限责任公司	1	0	1
10	洛阳轴承研究所有限公司	1	0	1
11	盾构及掘进技术国家重点实验室	1	0	1
12	中铁工程装备集团有限公司	1	0	1
13	河南大有能源股份有限公司	1	0	1
14	中铁隧道局集团有限公司	1	0	1
15	河南理工大学	1	1	0
16	中原工学院	1	0	1

资料来源：科技大数据湖北省重点实验室

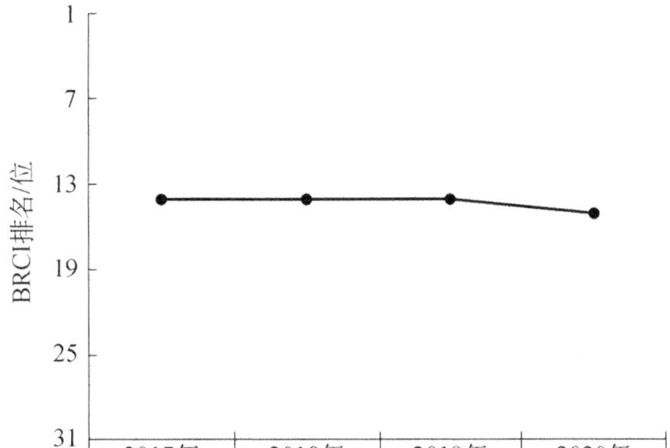

2017年	2018年	2019年	2020年
14	14	14	15

图 3-61　2017～2020 年河南省 BRCI 排名变化趋势

资料来源：科技大数据湖北省重点实验室

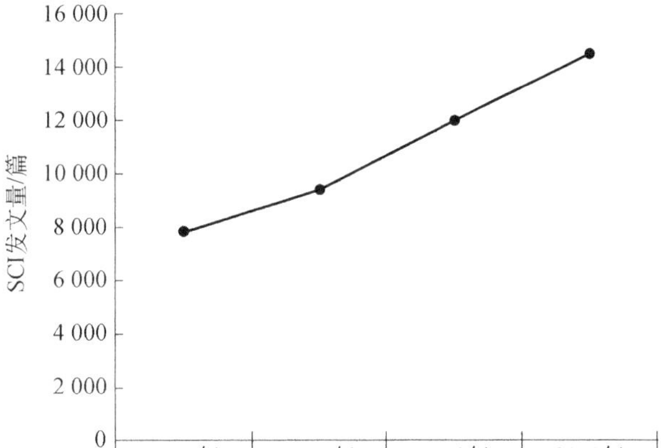

2017年	2018年	2019年	2020年
7 874	9 418	11 979	14 524

图 3-62　2017～2020 年河南省 SCI 发文趋势

资料来源：科技大数据湖北省重点实验室

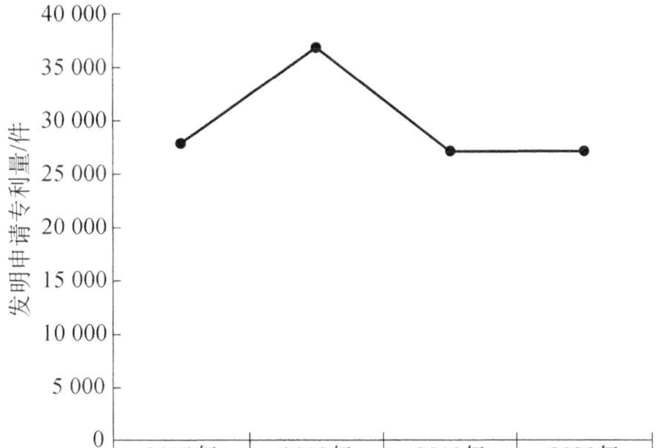

2017年	2018年	2019年	2020年
27 888	36 923	27 095	27 166

图 3-63　2017～2020 年河南省发明专利申请趋势

资料来源：科技大数据湖北省重点实验室

3.3.16 重庆市

2020 年，重庆市的基础研究竞争力指数为 49.7045，排名第 16 位。综合本市各学科论文数和篇均被引量来看，2020 年重庆市基础研究在本市范围内较为活跃的学科为电子与电气工程、病毒学、多学科材料、通信、环境科学、计算机信息系统、物理化学、能源与燃料、应用物理学、生物化学与分子生物学。其中，电子与电气工程的高频词包括特征提取、优化、数学模型、深度学习、资源管理等，病毒学的高频词包括 COVID-19、乙型肝炎病毒、临床特征、慢性乙型肝炎、烟草卷枝病毒等，多学科材料的高频词包括机械性能、微观结构、纹理、镁合金、石墨烯等（表 3-82）。综合本市各学科在全国的发文数量和排名位次来看，2020 年重庆市基础研究在全国范围内较为突出的学科为行为科学、教育心理学、社会心理学、昆虫学、多学科心理学、儿科学、语言与语言学、语言学、实验心理学、危重病医学等。重庆市工程科学、材料科学、数学等学科领域发表高水平论文数量分别为 39 篇、16 篇、15 篇（表 3-83）；共有 9 个机构进入相关学科的 ESI 全球前 1%行列（图 3-64）；发明专利申请量共 17 728 件，全国排名第 14（表 3-84）；主要专利权人如表 3-85 所示；获得国家奖励的科研机构如表 3-86 所示。

2017～2020 年，重庆市 BRCI 排名在第 16～第 17 位之间波动（图 3-65）；SCI 论文数呈上升趋势（图 3-66）；发明专利申请量呈平缓上升趋势，2020 年稍有回落（图 3-67）。

2020 年，重庆市地方财政科技投入经费 82.8 亿元，全国排名第 15 位；获得国家科技奖励 9 项，全国排名第 19 位。截至 2021 年 9 月，重庆市拥有国家重点实验室 10 个，省级重点实验室 210 个；拥有院士 9 人，全国排名第 21 位。

表 3-82　2020 年重庆市基础研究 SCI 活跃学科及高频词

序号	活跃学科	SCI 学科活跃度	高频词（词频）
1	电子与电气工程	7.27	特征提取（47）；优化（38）；数学模型（34）；深度学习（31）；资源管理（26）；任务分析（25）；无线传感器网络（20）；训练（19）；延误（19）；机器学习（18）；开关（16）；资源分配（16）；物联网（16）；可靠性（15）；卷积神经网络（15）；数据模型（15）；不确定性（15）；内核（14）；数据挖掘（14）；计算建模（14）
2	病毒学	4.86	COVID-19（7）；乙型肝炎病毒（3）；临床特征（3）；慢性乙型肝炎（2）；烟草卷枝病毒（2）；微 RNA（2）；阿德福韦（1）；血管紧张素受体阻滞剂（ARBS）（1）；血管紧张素（1）；抗体（1）；抗原传递（1）；细胞凋亡（1）；青蒿琥酯（1）；基础核心启动子（1）；小檗碱（1）；博尔纳病病毒 1（1）；闭塞性细支气管炎（1）；癌症诊断（1）；CCCSDNA（1）；宫颈癌（1）；化学发光免疫分析（1）；儿童（1）；认知（1）；转化酶抑制剂（ACEIS）（1）；柯萨奇病毒 B3（1）；重症监护（1）；CVB3 活动（1）
3	多学科材料	4.85	机械性能（76）；微观结构（49）；纹理（33）；镁合金（22）；石墨烯（14）；双晶形成（11）；光催化（10）；密度泛函理论（9）；镁合金（9）；接口（8）；超级电容器（8）；晶体结构（8）；DFT（8）；导热系数（8）；电子结构（8）；挤压（7）；选择性激光熔化（7）；延展性（7）；搅拌摩擦焊（7）
4	通信	3.32	特征提取（31）；优化（27）；资源管理（24）；任务分析（20）；数学模型（20）；深度学习（19）；物联网（17）；延迟（16）；机器学习（15）；服务器（12）；数据挖掘（12）；无线传感器网络（12）；移动边缘计算（12）；数据模型（11）；能源消耗（11）；无线通信（11）；传感器（10）；训练（10）；云计算（9）；计算建模（9）
5	环境科学	3.31	中国（18）；三峡水库（11）；可持续发展（9）；吸附（7）；反硝化（7）；废水（7）；斑马鱼（6）；风险评估（6）；数值模拟（6）；重金属（6）；生物炭（6）；城市化（6）；微生物群落（6）；重金属（5）；碳排放（5）；重庆（5）；气候变化（5）；中国西南（5）；二氧化碳排放量（5）；温度（5）

续表

序号	活跃学科	SCI 学科活跃度	高频词（词频）
6	计算机信息系统	3.24	特征提取（31）；优化（25）；资源管理（21）；深度学习（21）；任务分析（19）；物联网（16）；机器学习（15）；数学模型（15）；数据挖掘（12）；延迟（12）；无线传感器网络（12）；服务器（11）；数据模型（11）；传感器（10）；资源分配（10）；卷积（9）；不确定性（9）；云计算（9）；能源消耗（9）；无线通信（9）
7	物理化学	3.01	密度泛函理论（16）；吸附（15）；光催化（15）；干货（13）；机械性能（12）；析氢反应（10）；显微结构（10）；分子动力学（9）；铜（8）；分水器（7）；氧化还原反应（7）；超级电容器（7）；石墨氮化碳（5）；DFT 计算（5）；扩散（5）；锂离子电池（5）；缓蚀剂（5）；第一性原理计算（5）；g-C_3N_4（5）；硬度（5）
8	能源与燃料	2.94	孔隙结构（8）；渗透性（8）；煤层气（8）；水力压裂（8）；数值模拟（6）；多目标优化（6）；中国（6）；电动汽车（6）；锂离子电池（6）；氧化还原反应（5）；DFT（5）；页岩气（5）；能源效率（5）；传热（5）；微生物群落（5）；太阳能（4）；模拟（4）；生物质（4）；气体水合物（4）；能源消耗（4）
9	应用物理学	2.84	显微结构（11）；吸附（10）；石墨烯（9）；机械性能（7）；传感器（6）；自组装（6）；光催化（6）；DFT（6）；第一原则（5）；第一性原理理论（5）；半导体（5）；摩擦纳米发电机（5）；超级电容器（5）；电子财产（5）；纳米复合材料（5）；耐磨性（5）；分子动力学（4）；空间电荷（4）；能量储存与转换（4）；故障诊断（4）
10	生物化学与分子生物学	2.79	自噬（16）；细胞凋亡（15）；蚕（13）；氧化应激（10）；炎症（10）；增殖（9）；生物标志物（8）；家蚕（8）；NF-kappa B（7）；RNA-Seq（6）；阿克特（6）；肝细胞癌（6）；罗斯（6）；Nrf2（5）；SARS-CoV-2（5）；预后（5）；转移（5）；米尔纳（5）；入侵（5）；脂质代谢（4）

资料来源：科技大数据湖北省重点实验室

表 3-83　2020 年重庆市各学科 SCI 论文发文情况

序号	ESI 学科	论文数/篇（全国排名，市内排名）	被引次数/次（全国排名，市内排名）	篇均被引/次（全国排名，市内排名）	高水平论文/篇（全国排名，市内排名）
1	农业科学	285（18，14）	589（17，15）	2.066 7（18，1）	3（13，11）
2	生物学与生物化学	566（14，5）	1 138（18，9）	2.010 6（16，2）	1（20，19）
3	化学	1 420（18，3）	3 698（18，4）	2.604 2（19，3）	12（21，4）
4	临床医学	1 658（14，2）	3 335（12，5）	2.011 5（9，4）	11（9，5）
5	计算机科学	506（15，6）	1 193（16，8）	2.357 7（14，5）	8（15，7）
6	经济与商学	91（16，21）	138（18，21）	1.516 5（19，6）	2（12，16）
7	工程科学	2 370（15，1）	6 077（14，1）	2.564 1（7，7）	39（12，1）
8	环境/生态学	497（18，8）	1 242（18，6）	2.499 0（15，8）	4（16，9）
9	地球科学	210（20，17）	857（10，12）	4.081 0（1，9）	11（7，5）
10	免疫学	175（11，19）	1 209（10，7）	6.908 6（10，10）	2（12，16）
11	材料科学	1 323（17，4）	4 374（16，3）	3.306 1（14，11）	16（15，2）
12	数学	392（14，11）	543（12，16）	1.385 2（10，12）	15（6，3）
13	微生物学	109（18，20）	1 001（11，10）	9.183 5（4，13）	3（10，11）
14	分子生物与遗传学	495（13，9）	4 537（6，2）	9.165 7（1，14）	4（10，9）
15	综合交叉学科	216（17，16）	460（19，17）	2.129 6（15，15）	5（18，8）
16	神经科学与行为	316（11，12）	770（8，13）	2.436 7（4，16）	3（6，11）
17	药理学与毒物学	397（17，10）	626（18，14）	1.576 8（20，17）	2（18，16）
18	物理学	503（19，7）	889（19，11）	1.767 4（14，18）	3（20，11）
19	植物与动物科学	300（18，13）	421（17，18）	1.403 3（16，19）	1（19，19）

续表

序号	ESI 学科	论文数/篇（全国排名，市内排名）	被引次数/次（全国排名，市内排名）	篇均被引/次（全国排名，市内排名）	高水平论文/篇（全国排名，市内排名）
20	精神病学/心理学	176（10，18）	246（16，20）	1.397 7（18，20）	0（15，21）
21	一般社会科学	222（13，15）	276（16，19）	1.243 2（23，21）	3（14，11）
22	空间科学	6（26，22）	12（22，22）	2.000 0（7，22）	0（3，21）
全市合计		12 956	33 870	2.614 2	163

资料来源：科技大数据湖北省重点实验室

注：学科排序同 ESI 学科固定排序

	机构综合排名	农业科学	生物学与生物化学	化学	临床医学	计算机科学	工程科学	环境/生态学	地球科学	免疫学	材料科学	数学	分子生物与基因	神经科学与行为	药理学与毒物学	物理学	植物与动物科学	精神病学/心理学	社会科学	机构进入ESI学科数
重庆大学	545	—	855	274	4258	175	44	677	782	—	85	203	—	—	—	701	1178	—	1526	12
西南大学	801	237	799	228	4814	268	547	943	—	—	366	244	—	807	698	—	433	707	1744	14
中国人民解放军第三军医大学	909	—	587	1296	635	—	—	—	—	538	989	—	481	462	371	—	—	—	—	8
重庆医科大学	1038	—	791	—	611	—	—	—	—	681	—	—	750	546	400	—	—	—	—	6
重庆邮电大学	3207	—	—	—	—	310	839	—	—	—	—	—	—	—	—	—	—	—	—	2
重庆工商大学	3278	—	—	1203	—	—	1286	—	—	—	—	—	—	—	—	—	—	—	—	2
重庆师范大学	3726	—	—	—	—	—	1584	—	—	—	—	—	—	—	—	—	—	—	—	1
重庆理工大学	4166	—	—	—	—	—	1514	—	—	—	—	—	—	—	—	—	—	—	—	1
重庆交通大学	4774	—	—	—	—	—	1259	—	—	—	—	—	—	—	—	—	—	—	—	1

图 3-64　2020 年重庆市各机构进入 ESI 前 1%的学科及排名

资料来源：科技大数据湖北省重点实验室

表 3-84　2020 年重庆市发明专利申请量十强技术领域

序号	IPC 号（技术领域）	发明专利申请量/件
1	G06F（电子数字数据处理）	1 179
2	G01N（小类中化学分析方法或化学检测方法）	680
3	A61K［医用、牙科用或梳妆用的配制品（专门适用于将药品制成特殊的物理或服用形式的装置或方法 A61J 3/00；空气除臭，消毒或灭菌，或者绷带、敷料、吸收垫或外科用品的化学方面，或材料的使用入 A61L；肥皂组合物入 C11D)］	510
4	B01D［分离（用湿法从固体中分离固体入 B03B、B03D，用风力跳汰机或摇床入 B03B，用其他干法入 B07；固体物料从固体物料或流体中的磁或静电分离，利用高压电场的分离入 B03C；离心机、涡旋装置入 B04B；涡旋装置入 B04C；用于从含液物料中挤出液体的压力机本身入 B30B 9/02)］	435
5	G06Q（专门适用于行政、商业、金融、管理、监督或预测目的的数据处理系统或方法；其他类目不包含的专门适用于行政、商业、金融、管理、监督或预测目的的处理系统或方法）	392
6	A23L［不包含在 A21D 或 A23B 至 A23J 小类中的食品、食料或非酒精饮料；它们的制备或处理，例如烹调、营养品质的改进、物理处理（不能为本小类完全包含的成型或加工入 A23P)；食品或食料的一般保存（用于烘焙的面粉或面团的保存入 A21D)］	346
7	A01G［园艺；蔬菜、花卉、稻、果树、葡萄、啤酒花或海菜的栽培；林业；浇水（水果、蔬菜、啤酒花等类植物的采摘入 A01D46/00；繁殖单细胞藻类入 C12N1/12)］	320
8	C02F［水、废水、污水或污泥的处理（通过在物质中产生化学变化使有害的化学物质无害或降低危害的方法入 A62D 3/00；分离、沉淀箱或过滤设备入 B01D；有关处理水、废水或污水生产装置的水运容器的特殊设备，例如用于制备淡水入 B63J；为防止水的腐蚀用的添加物质入 C23F；放射性废液的处理入 G21F 9/04)］	308

续表

序号	IPC号（技术领域）	发明专利申请量/件
9	B65G［运输或贮存装置，例如装载或倾卸用输送机、车间输送机系统或气动管道输送机（包装用的入B65B；搬运薄的或细丝状材料如纸张或细丝入B65H；起重机入B66C；便携式或可移动的举升或牵引器具，如升降机入B66D；用于装载或卸载目的的升降货物的装置，如叉车，入B66F9/00；不包括在其他类目中的瓶子、罐、罐头、木桶、桶或类似容器的排空入B67C9/00；液体分配或转移入B67D；将压缩的、液化的或固体化的气体灌入容器或从容器内排出入F17C；流体用管道系统入F17D）］	285
10	C04B［石灰；氧化镁；矿渣；水泥；其组合物，例如：砂浆、混凝土或类似的建筑材料；人造石；陶瓷（微晶玻璃陶瓷入C03C 10/00）；耐火材料（难熔金属的合金入C22C）；天然石的处理］	269
全市合计		17 728

资料来源：科技大数据湖北省重点实验室

表3-85 2020年重庆市发明专利申请量优势企业和科研机构

序号	优势企业	发明专利申请量/件	序号	优势科研机构	发明专利申请量/件
1	OPPO（重庆）智能科技有限公司	505	1	重庆大学	1199
2	重庆长安汽车股份有限公司	288	2	重庆邮电大学	830
3	中煤科工集团重庆研究院有限公司	215	3	西南大学	391
4	中冶赛迪工程技术股份有限公司	139	4	重庆工程职业技术学院	290
5	重庆中烟工业有限责任公司	117	5	重庆电子工程职业学院	250
6	重庆紫光华山智安科技有限公司	102	6	重庆文理学院	249
	中冶建工集团有限公司		7	重庆科技学院	237
8	重庆特斯联智慧科技股份有限公司	101	8	重庆交通大学	220
9	OPPO（重庆）智能科技有限公司	94	9	重庆工商大学	202
10	中冶赛迪技术研究中心有限公司	84	10	重庆理工大学	164
	中冶赛迪重庆信息技术有限公司		11	中国科学院重庆绿色智能技术研究院	123
12	国网重庆市电力公司电力科学研究院	72	12	重庆工业职业技术学院	93
13	重庆长安新能源汽车科技有限公司	71	13	重庆医科大学	81
14	联合微电子中心有限责任公司	68	14	重庆医药高等专科学校	77
15	重庆信易源智能科技有限公司	65	15	重庆三峡学院	72
	东风小康汽车有限公司重庆分公司		16	重庆广播电视大学重庆工商职业学院	71
17	招商局重庆交通科研设计院有限公司	62	17	长江师范学院	69
18	重庆橙壹科技有限公司	61	18	重庆市中药研究院	61
19	中国汽车工程研究院股份有限公司	60	19	北京理工大学重庆创新中心	58
20	RealMe重庆移动通信有限公司	59	20	重庆市农业科学院	51

资料来源：科技大数据湖北省重点实验室

表3-86 2020年重庆市获得国家科技奖励机构清单

序号	获奖机构	获奖数量/项		
		总计	主持	参与
1	重庆大学	2	1	1
2	重庆邮电大学	1	0	1

续表

序号	获奖机构	获奖数量/项		
		总计	主持	参与
3	中国人民解放军陆军军医大学第二附属医院	1	1	0
4	重庆市农业科学院	1	0	1
5	重庆药友制药有限责任公司	1	0	1
6	中国人民解放军陆军军医大学第一附属医院	1	1	0
7	招商局重庆交通科研设计院有限公司	1	0	1
8	重庆植恩药业有限公司	1	0	1

资料来源：科技大数据湖北省重点实验室

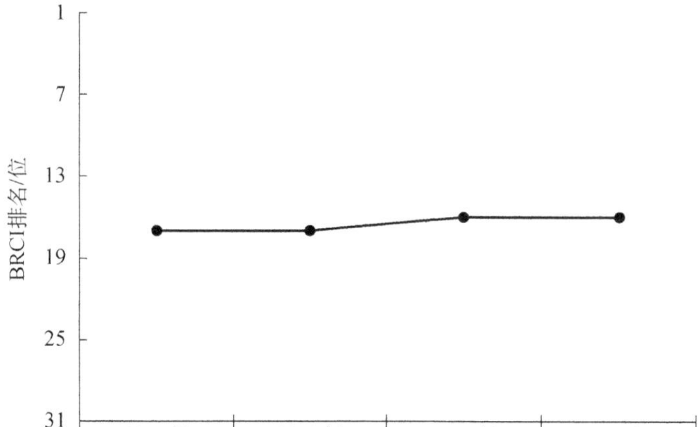

2017年	2018年	2019年	2020年
17	17	16	16

图 3-65　2017～2020 年重庆市 BRCI 排名变化趋势

资料来源：科技大数据湖北省重点实验室

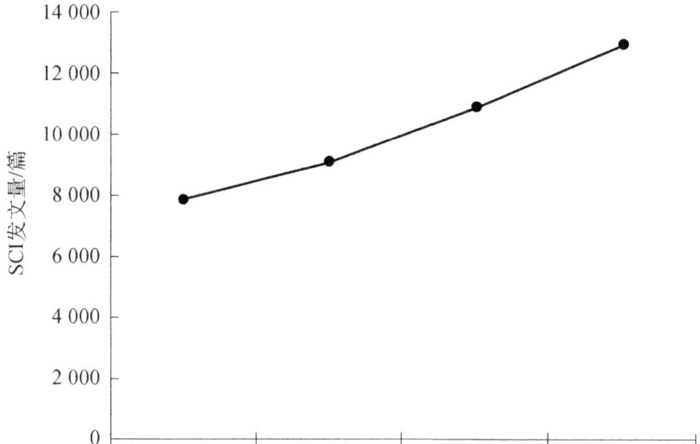

2017年	2018年	2019年	2020年
7 948	9 150	10 960	12 956

图 3-66　2017～2020 年重庆市 SCI 发文趋势

资料来源：科技大数据湖北省重点实验室

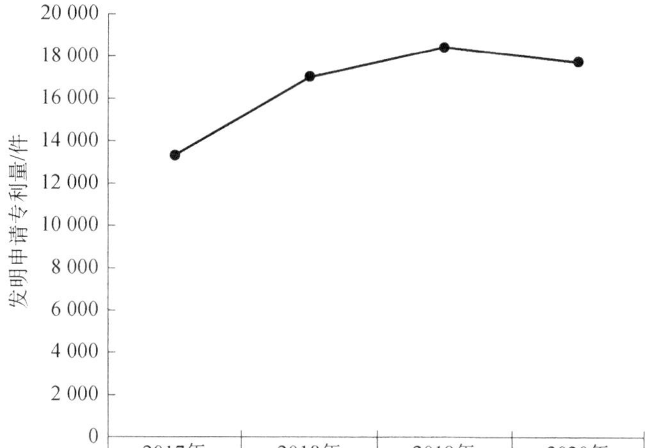

2017年	2018年	2019年	2020年
13 294	16 975	18 403	17 728

图 3-67　2017～2020 年重庆市发明专利申请趋势

资料来源：科技大数据湖北省重点实验室

3.3.17　黑龙江省

2020 年，黑龙江省的基础研究竞争力指数为 49.2880，排名第 17 位。综合全省各学科论文数和篇均被引量来看，2020 年黑龙江省基础研究在全省范围内较为活跃的学科为电子与电气工程、多学科材料、控制论、物理化学、环境科学、通信、应用物理学、能源与燃料、环境工程、计算机信息系统。其中，电子与电气工程的高频词包括特征提取、数学模型、估计、深度学习、优化等，多学科材料的高频词包括微观结构、机械性能、石墨烯、微观结构演化、拉伸性能等，控制论的高频词包括非线性系统、移动机器人、自适应系统、延迟、容错系统等（表 3-87）。综合全省各学科在全国的发文数量和排名位次来看，2020 年黑龙江省基础研究在全国范围内较为突出的学科为林业、海事工程、航空航天工程、兽医学、海洋工程、纸质和木质材料、复合材料、乳品与动物学、声学、海洋学等。黑龙江省工程科学、材料科学、化学等学科领域发表高水平论文数量分别为 29 篇、19 篇、14 篇（表 3-88）；共有 11 个机构进入相关学科的 ESI 全球前 1%行列（图 3-68）；发明专利申请量共 10 610 件，全国排名第 20（表 3-89）；主要专利权人如表 3-90 所示；获得国家奖励的科研机构如表 3-91 所示。

2017～2020 年，黑龙江省 BRCI 排名在第 16～第 17 位之间波动（图 3-69）；SCI 论文数呈上升趋势（图 3-70）；发明专利申请量呈上升趋势，2020 年稍有回落（图 3-71）。

2020 年，黑龙江省地方财政科技投入经费 42.9831 亿元，全国排名第 20 位；获得国家科技奖励 11 项，全国排名第 15 位。截至 2021 年 9 月，黑龙江省拥有国家重点实验室 6 个，省级重点实验室 269 个；拥有院士 35 人，全国排名第 12 位。

表 3-87　2020 年黑龙江省基础研究 SCI 活跃学科及高频词

序号	活跃学科	SCI 学科活跃度	高频词（词频）
1	电子与电气工程	6.37	特征提取（62）；数学模型（42）；估计（34）；深度学习（33）；优化（32）；机器学习（25）；电容器（25）；任务分析（25）；训练（24）；神经网络（23）；开关（23）；物体检测（21）；计算建模（20）；相关性（20）；观察员（20）；延迟（19）；转子（19）；可靠性（19）；协方差矩阵（19）；电感器（19）
2	多学科材料	5.40	微观结构（119）；机械性能（111）；石墨烯（25）；微观结构演化（23）；拉伸性能（16）；微观结构（14）；分子动力学（13）；动态再结晶（13）；光催化（12）；热处理（12）；超级电容器（12）；耐腐蚀性（11）；数值模拟（11）；接口（11）；选择性激光熔化（10）；锂离子电池（10）；镁合金（10）；马氏体相变（10）；密度泛函理论（9）
3	控制论	3.79	非线性系统（5）；移动机器人（4）；自适应系统（4）；延迟（4）；容错系统（4）；执行器（3）；时间延迟（3）；神经网络（NN）（3）；延迟效果（3）；人工神经网络（3）；计算机科学（2）；社交互动（2）；自适应跟踪控制（2）；运动学（2）；社交网络（在线）（2）；自适应控制（2）
4	物理化学	3.37	光催化（31）；显微结构（23）；超级电容器（21）；机械性能（17）；石墨烯（11）；异质结（11）；电催化（10）；析氢反应（10）；协同效应（9）；分水器（9）；吸附（8）；电催化剂（8）；锂离子电池（7）；密度泛函理论（7）；还原氧化石墨烯（6）；析氧反应（6）；MXene（6）；g-C_3N_4（6）；氧化还原反应（6）
5	环境科学	3.03	细胞凋亡（21）；吸附（20）；重金属（19）；生物炭（16）；氧化应激（15）；镉（14）；微生物群落（13）；光催化（12）；中国（11）；氨（10）；可持续发展（9）；膜污染（9）；阿特拉津（9）；重金属（9）；可持续性（8）；堆肥（7）；来源分配（7）；坏死性凋亡（7）；过硫酸盐（7）；数值模拟（7）
6	通信	2.94	特征提取（33）；优化（24）；数学模型（22）；估算（20）；深度学习（17）；机器学习（17）；卷积神经网络（15）；任务分析（15）；训练（15）；物联网（14）；轨迹（12）；无线传感器网络（12）；物体检测（12）；技术创新（11）；资源管理（11）；相关性（11）；神经网络（11）；启发式算法（10）；不确定性（10）；滑模控制（10）
7	应用物理学	2.86	显微结构（28）；机械性能（20）；数值模拟（9）；石墨烯（9）；光催化（8）；光纤传感器（7）；耐腐蚀性（6）；传感器（6）；干扰（6）；霍尔推进器（5）；氧化石墨烯（5）；焊接（5）；降解（5）；灵敏度（5）；机械性能（5）；温度（5）；g-C_3N_4（5）；碳材料（5）；微波吸收（5）；光纤（4）
8	能源与燃料	2.67	堆肥（13）；氢气（10）；数值模拟（10）；太阳能（9）；厌氧消化（8）；生物炭（7）；严寒地区（7）；空气源热泵（6）；微生物燃料电池（6）；钙钛矿太阳能电池（6）；析氢反应（6）；柴油机（6）；热能储存（6）；气化（6）；锂离子电池（6）；微生物群落（5）；导热系数（5）；相变材料（5）；计算流体动力学（5）；热性能（5）
9	环境工程	2.64	吸附（18）；光催化（15）；生物炭（13）；过硫酸盐（8）；膜污染（7）；过硫酸盐（6）；硫酸根（6）；光动力疗法（5）；水处理（5）；回收（5）；严寒地区（5）；氧空位（4）；超级电容器（4）；重金属（4）；腐殖酸（4）；废水处理（4）；氧空位（4）；微生物群落（4）；层次结构（3）；高级氧化工艺（3）
10	计算机信息系统	2.58	特征提取（35）；数学模型（22）；任务分析（19）；卷积神经网络（18）；优化（18）；机器学习（18）；深度学习（16）；训练（16）；神经网络（13）；估算（13）；技术创新（11）；相关性（11）；数据挖掘（11）；计算建模（11）；物联网（11）；许可（10）；轨迹（10）；滑模控制（9）；预测模型（9）；启发式算法（9）

资料来源：科技大数据湖北省重点实验室

表 3-88　2020 年黑龙江省各学科 SCI 论文发文情况

序号	ESI 学科	论文数/篇（全国排名，省内排名）	被引次数/次（全国排名，省内排名）	篇均被引/次（全国排名，省内排名）	高水平论文/篇（全国排名，省内排名）
1	农业科学	483（11，10）	1 169（9，9）	2.420 3（9，1）	10（6，5）
2	生物学与生物化学	537（16，9）	1 635（13，6）	3.044 7（5，2）	6（9，7）
3	化学	1 666（17，3）	4 747（17，3）	2.849 3（11，3）	14（19，3）
4	临床医学	793（21，5）	1 096（22，10）	1.382 1（20，4）	0（24，17）

续表

序号	ESI 学科	论文数/篇（全国排名，省内排名）	被引次数/次（全国排名，省内排名）	篇均被引/次（全国排名，省内排名）	高水平论文/篇（全国排名，省内排名）
5	计算机科学	618（13，7）	1 677（12，5）	2.713 6（11，5）	13（11，4）
6	经济与商学	63（20，20）	104（20，20）	1.650 8（15，6）	1（14，16）
7	工程科学	3 640（12，1）	7 579（12，1）	2.082 1（22，7）	29（15，1）
8	环境/生态学	649（14，6）	1 778（13，4）	2.739 6（8，8）	3（19，11）
9	地球科学	254（16，14）	356（20，16）	1.401 6（22，9）	2（16，14）
10	免疫学	86（19，17）	148（25，17）	1.720 9（24，10）	0（17，17）
11	材料科学	1 966（13，2）	5 882（13，2）	2.991 9（20，11）	19（13，2）
12	数学	302（18，13）	430（14，15）	1.423 8（7，12）	9（11，6）
13	微生物学	188（9，16）	511（17，14）	2.718 1（19，13）	0（20，17）
14	分子生物与遗传学	470（14，11）	1 235（15，8）	2.627 7（7，14）	2（14，14）
15	综合交叉学科	201（19，15）	890（9，13）	4.427 9（6，15）	5（18，8）
16	神经科学与行为	84（21，18）	123（23，19）	1.464 3（19，16）	0（17，17）
17	药理学与毒物学	420（15，12）	910（14，12）	2.166 7（7，17）	3（13，11）
18	物理学	853（14，4）	1 400（14，7）	1.641 3（17，18）	5（17，8）
19	植物与动物科学	578（10，8）	929（10，11）	1.607 3（9，19）	5（11，8）
20	精神病学/心理学	45（21，21）	82（21，21）	1.822 2（14，20）	0（15，17）
21	一般社会科学	84（20，18）	148（19，17）	1.761 9（14，21）	3（14，11）
22	空间科学	34（11，22）	33（12，22）	0.970 6（20，22）	0（3，17）
全省合计		14 727	33 048	2.244 0	139

资料来源：科技大数据湖北省重点实验室

注：学科排序同 ESI 学科固定排序

	机构综合排名	农业科学	生物学与生物化学	化学	临床医学	计算机科学	工程科学	环境/生态学	地球科学	材料科学	数学	微生物学	分子生物与基因	神经科学与行为	药理学与毒物学	物理学	植物与动物科学	社会科学	机构进入ESI学科数
哈尔滨工业大学	271	633	380	117	4133	35	7	214	741	25	51	—	—	—	—	375	—	836	12
哈尔滨医科大学	934	—	483	—	569	—	—	—	—	—	—	—	466	769	370	—	—	—	5
哈尔滨工程大学	1183	—	—	596	—	367	215	—	—	206	—	—	—	—	—	—	—	—	4
东北林业大学	1871	466	—	811	—	—	1379	—	—	681	—	—	—	—	—	—	596	—	5
东北农业大学	2009	211	896	—	—	—	—	899	—	—	—	—	—	—	—	—	589	—	4
黑龙江大学	2019	—	—	554	—	—	1366	—	—	559	—	—	—	—	—	—	—	—	3
哈尔滨师范大学	3206	—	—	1142	—	—	—	—	—	748	—	—	—	—	—	—	—	—	2
哈尔滨理工大学	3309	—	—	—	—	—	1137	—	—	831	—	—	—	—	—	—	—	—	2
黑龙江中医药大学	4280	—	—	—	4879	—	—	—	—	—	—	—	—	—	—	—	—	—	1
中国农业科学院哈尔滨兽医研究所	4328	—	—	—	—	—	—	—	—	—	—	391	—	—	—	—	1437	—	2
东北石油大学	4359	—	—	—	—	—	1113	—	—	—	—	—	—	—	—	—	—	—	1

图 3-68　2020 年黑龙江省各机构进入 ESI 前 1%的学科及排名

资料来源：科技大数据湖北省重点实验室

表 3-89　2020 年黑龙江省发明专利申请量十强技术领域

序号	IPC 号（技术领域）	发明专利申请量/件
1	G06F（电子数字数据处理）	431
2	G01N（小类中化学分析方法或化学检测方法）	353
3	A61K［医用、牙科用或梳妆用的配制品（专门适用于将药品制成特殊的物理或服用形式的装置或方法 A61J 3/00；空气除臭，消毒或灭菌，或者绷带、敷料、吸收垫或外科用品的化学方面，或材料的使用入 A61L；肥皂组合物入 C11D）］	295
4	B01D［分离（用湿法从固体中分离固体入 B03B、B03D，用风力跳汰机或摇床入 B03B，用其他干法入 B07；固体物料从固体物料或流体中的磁或静电分离，利用高压电场的分离入 B03C；离心机、涡旋装置入 B04B；涡旋装置入 B04C；用于从含液物料中挤出液体的压力机本身入 B30B 9/02）］	254
5	G06Q（专门适用于行政、商业、金融、管理、监督或预测目的的数据处理系统或方法；其他类目不包含的专门适用于行政、商业、金融、管理、监督或预测目的的处理系统或方法）	250
6	A23L［不包含在 A21D 或 A23B 至 A23J 小类中的食品、食料或非酒精饮料；它们的制备或处理，例如烹调、营养品质的改进、物理处理（不能为本小类完全包含的成型或加工入 A23P）；食品或食料的一般保存（用于烘焙的面粉或面团的保存入 A21D）］	206
7	A01G［园艺；蔬菜、花卉、稻、果树、葡萄、啤酒花或海菜的栽培；林业；浇水（水果、蔬菜、啤酒花等类植物的采摘入 A01D46/00；繁殖单细胞藻类入 C12N1/12）］	150
8	C02F［水、废水、污水或污泥的处理（通过在物质中产生化学变化使有害的化学物质无害或降低危害的方法入 A62D 3/00；分离、沉淀箱或过滤设备入 B01D；有关处理水、废水或污水生产装置的水运容器的特殊设备，例如用于制备淡水入 B63J；为防止水的腐蚀用的添加物质入 C23F；放射性废液的处理入 G21F 9/04）］	146
9	B65G［运输或贮存装置，例如装载或倾卸用输送机、车间输送机系统或气动管道输送机（包装用的入 B65B；搬运薄的或细丝状材料如纸张或细丝入 B65H；起重机入 B66C；便携式或可移动的举升或牵引器具，如升降机入 B66D；用于装载或卸载目的的升降货物的装置，如叉车，入 B66F9/00；不包括在其他类目中的瓶子、罐、罐头、木桶、桶或类似容器的排空入 B67C9/00；液体分配或转移入 B67D；将压缩的、液化的或固体化的气体灌入容器或从容器内排出入 F17C；流体用管道系统入 F17D）］	142
10	C04B［石灰；氧化镁；矿渣；水泥；其组合物，例如：砂浆、混凝土或类似的建筑材料；人造石；陶瓷（微晶玻璃陶瓷入 C03C 10/00）；耐火材料（难熔金属的合金入 C22C）；天然石的处理］	141
全省合计		10 610

资料来源：科技大数据湖北省重点实验室

表 3-90　2020 年黑龙江省发明专利申请量优势企业和科研机构

序号	优势企业	发明专利申请量/件	序号	优势科研机构	发明专利申请量/件
1	哈尔滨市科佳通用机电股份有限公司	140	1	哈尔滨工业大学	1644
2	哈尔滨锅炉厂有限责任公司	136	2	哈尔滨工程大学	934
3	中国船舶重工集团公司第七〇三研究所	89	3	哈尔滨理工大学	631
4	中国航发哈尔滨东安发动机有限公司	81	4	东北农业大学	306
5	中车齐齐哈尔车辆有限公司	78	5	东北石油大学	216
6	大庆油田有限责任公司	49	6	东北林业大学	208
6	哈尔滨汽轮机厂有限责任公司	49	7	齐齐哈尔大学	102
8	哈尔滨科友半导体产业装备与技术研究院有限公司	42	8	哈尔滨学院	99
9	哈尔滨电机厂有限责任公司	41	9	黑龙江大学	98
10	国网黑龙江省电力有限公司电力科学研究院	40	10	黑龙江八一农垦大学	94

续表

序号	优势企业	发明专利申请量/件
11	哈尔滨电气动力装备有限公司	37
12	哈尔滨鼎智瑞光科技有限公司	30
	佳木斯电机股份有限公司	
14	建龙北满特殊钢有限责任公司	23
15	中国航发哈尔滨轴承有限公司	22
16	大庆石油管理局有限公司	21
17	中国航空工业集团公司哈尔滨空气动力研究所	19
	哈尔滨焊接研究院有限公司	
19	哈尔滨飞机工业集团有限责任公司	18
	哈尔滨海能达科技有限公司	

序号	优势科研机构	发明专利申请量/件
11	佳木斯大学	87
12	黑龙江中医药大学	69
13	黑龙江工业学院	66
	哈尔滨医科大学	
15	黑龙江科技大学	60
16	哈尔滨商业大学	58
17	牡丹江医学院	54
18	黑龙江建筑职业技术学院	44
19	中国地震局工程力学研究所	37
20	中国水产科学研究院黑龙江水产研究所	33

资料来源：科技大数据湖北省重点实验室

表 3-91　2020 年黑龙江省获得国家科技奖励机构清单

序号	获奖机构	获奖数量/项		
		总计	主持	参与
1	哈尔滨工业大学	5	4	1
2	中国石油天然气股份有限公司大庆石化分公司	1	0	1
3	哈尔滨大电机研究所	1	0	1
4	黑龙江省农业科学院绥化分院	1	0	1
5	黑龙江省农业科学院玉米研究所	1	0	1
6	东北石油大学	1	1	0
7	中国农业科学院哈尔滨兽医研究所	1	0	1

资料来源：科技大数据湖北省重点实验室

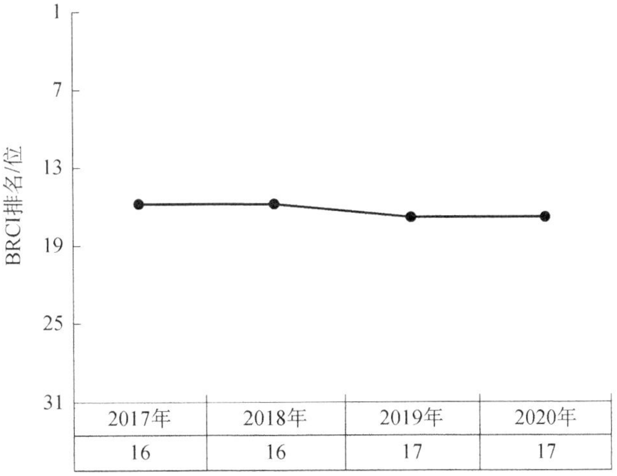

图 3-69　2017～2020 年黑龙江省 BRCI 排名变化趋势

资料来源：科技大数据湖北省重点实验室

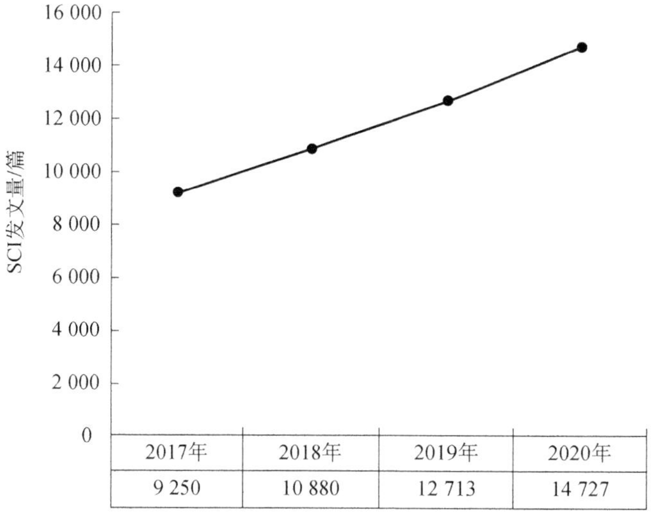

图 3-70　2017～2020 年黑龙江省 SCI 发文趋势

资料来源：科技大数据湖北省重点实验室

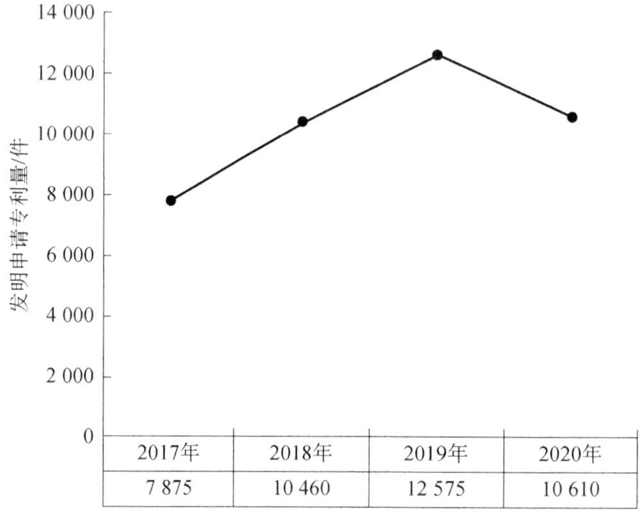

图 3-71　2017～2020 年黑龙江省发明专利申请趋势

资料来源：科技大数据湖北省重点实验室

3.3.18　吉林省

2020 年，吉林省的基础研究竞争力指数为 47.7421，排名第 18 位。综合全省各学科论文数和篇均被引量来看，2020 年吉林省基础研究在全省范围内较为活跃的学科为病毒学、多学科材料、电子与电气工程、多学科化学、物理化学、应用物理学、纳米科学与技术、环境科学、精神病学、药学与药理学。其中，病毒学的高频词包括 COVID-19、神经系统、冠状病毒、抗病毒活性、传播等，多学科材料的高频词包括显微结构、机械性能、钙钛矿太阳能电池、纳米粒子、光催化等，电子与电气工程的高频词包括深度学习、特征提取、优化、数学模型、机器学习等（表 3-92）。综合全省各学科在全国的发文数量和排名位次来看，2020 年吉林省基础研究在全国范围内较为突出的学科为真菌学、地质学、数理心理学、寄生物学、农业经济与政策、内科学、地球化学与地球物理学、皮肤病学、解剖学、鸟类学等。吉林省材料科学、化学、工程科学等学科领域发表高水平论文数量分别为15篇、15篇、11篇（表3-93）；共有10个机构进入相关学科的ESI全球前1%行列（图3-72）；发明专利申请量共8746件，全国排名第21（表3-94）；主要专利权人如表3-95所示；获得国家奖励的科研机构如表3-96所示。

2017～2020年，吉林省BRCI排名始终位列第18位（图3-73）；SCI论文数呈上升趋势（图3-74）；发明专利申请量呈上升趋势，2020年稍有回落（图3-75）。

2020年，吉林省地方财政科技投入经费39.9亿元，全国排名第22位；获得国家科技奖励3项，全国排名第25位。截至2021年9月，吉林省拥有国家重点实验室11个，省级重点实验室102个；拥有院士21人，全国排名第15位。

表3-92　2020年吉林省基础研究SCI活跃学科及高频词

序号	活跃学科	SCI学科活跃度	高频词（词频）
1	病毒学	7.60	COVID-19（4）；神经系统（4）；冠状病毒（4）；抗病毒活性（2）；传播（2）；抗病毒（2）；细胞敏感性（2）；乙型肝炎病毒（2）；NF-kappa B（2）；蝙蝠（2）；药代动力学（2）；安全（2）
2	多学科材料	6.24	显微结构（40）；机械性能（39）；钙钛矿太阳能电池（17）；纳米粒子（16）；光催化（15）；超级电容器（13）；电催化（12）；稳定性（12）；石墨烯（12）；发光（12）；耐磨性（12）；镁合金（11）；氧化还原反应（11）；高压（10）；析氢反应（10）；光热疗法（10）；阳极（10）；析氧反应（10）；金属有机框架（10）；锂离子电池（10）
3	电子与电气工程	4.72	深度学习（32）；特征提取（29）；优化（26）；数学模型（22）；机器学习（21）；遥感（16）；预测模型（14）；图像处理（14）；训练（13）；传感器（12）；任务分析（12）；数据模型（11）；启发式算法（11）；降噪（11）；强化学习（10）；特征选择（10）；神经网络（10）；无线传感器网络（10）；模型预测控制（9）；卷积神经网络（9）
4	多学科化学	4.23	电化学（13）；光催化（13）；自组装（11）；碳点（11）；电催化（11）；多相催化（11）；氧化还原反应（9）；多孔材料（9）；纳米粒子（9）；锂离子电池（9）；药物输送（8）；析氧反应（8）；纳米材料（8）；催化（7）；吸附（7）；沸石（7）；光热疗法（6）；氧化应激（6）；静电纺丝（6）；石墨烯（6）
5	物理化学	4.19	光催化（20）；析氢反应（17）；密度泛函理论（17）；氧化还原反应（15）；析氧反应（13）；电催化（12）；钙钛矿太阳能电池（12）；DFT（10）；稳定性（10）；金属有机骨架（10）；碳点（9）；电催化剂（9）；分水器（8）；阳极材料（8）；石墨烯（8）；锂离子电池（8）；静电纺丝（7）；超级电容器（7）；阳极（7）；储氢（6）
6	应用物理学	3.61	光催化（11）；钙钛矿太阳能电池（8）；纳米粒子（8）；发光（7）；水热法（7）；传感器（6）；电催化（6）；纳米材料（6）；第一性原理计算（6）；超级电容器（6）；氧化石墨烯（6）；机械性能（6）；碳点（5）；储能（5）；能量转换（5）；超疏水（5）；氧化还原反应（5）；分子动力学（5）；多孔材料（5）；石墨烯（5）；稳定性（5）
7	纳米科学与技术	3.52	机械性能（11）；纳米粒子（11）；光催化（10）；钙钛矿太阳能电池（10）；超级电容器（9）；金属-有机框架（9）；光热疗法（8）；电催化（8）；碳点（8）；锂离子电池（8）；析氧反应（7）；稳定性（6）；免疫疗法（6）；阳极（6）；显微结构（6）；纳米材料（6）；光动力疗法（5）；钠离子电池（5）；多孔材料（5）；能量转换（5）
8	环境科学	3.16	气候变化（17）；吸附（12）；中国（12）；遥感（10）；东北（9）；氧化应激（7）；地下水（7）；风险评估（6）；人类活动（6）；生物炭（6）；土壤有机碳（6）；重金属（6）；吉林省（5）；人工湿地（5）；土地利用（5）；城市化（5）；降解（5）；动力学（5）；回收（4）；元分析（4）
9	精神病学	2.84	抑郁症（6）；元分析（4）；自闭症谱系障碍（3）；流行率（2）；网络元分析（2）；并发症（2）；脑血流动力学（2）；中风后抑郁症（2）；回顾（2）；COVID-19（2）；家庭功能（2）；癫痫（2）

续表

序号	活跃学科	SCI 学科活跃度	高频词（词频）
10	药学与药理学	2.65	细胞凋亡（32）；氧化应激（24）；药代动力学（18）；增殖（16）；炎症（13）；NF-kappa B（12）；自噬（9）；NLRP3（8）；大肠癌（8）；Nrf2（8）；血管生成（8）；元分析（8）；动脉粥样硬化（7）；顺铂（7）；非小细胞肺癌（7）；药物输送（7）；活性氧种类（7）；纳米粒子（6）；预后（6）；安培（6）

资料来源：科技大数据湖北省重点实验室

表 3-93　2020 年吉林省各学科 SCI 论文发文情况

序号	ESI 学科	论文数/篇（全国排名，省内排名）	被引次数/次（全国排名，省内排名）	篇均被引/次（全国排名，省内排名）	高水平论文/篇（全国排名，省内排名）
1	农业科学	322（15，12）	506（20，13）	1.571 4（26，1）	3（13，8）
2	生物学与生物化学	539（15，7）	1 156（17，7）	2.144 7（14，2）	3（16，8）
3	化学	2 351（12，1）	5 855（15，1）	2.490 4（20，3）	15（18，1）
4	临床医学	1 348（17，4）	2 200（16，4）	1.632 0（16，4）	4（17，6）
5	计算机科学	275（19，13）	332（25，16）	1.207 3（27，5）	0（23，18）
6	经济与商学	68（18，21）	193（17，20）	2.838 2（3，6）	1（14，13）
7	工程科学	1 479（19，3）	2 942（19，3）	1.989 2（23，7）	11（20，3）
8	环境/生态学	501（17，8）	822（20，11）	1.640 7（27，8）	1（21，13）
9	地球科学	418（13，9）	614（16，12）	1.468 9（21，9）	2（16，10）
10	免疫学	114（16，19）	195（23，19）	1.710 5（25，10）	0（17，18）
11	材料科学	1 507（14，2）	5 240（14，2）	3.477 1（9，11）	15（16，1）
12	数学	264（19，14）	281（19，17）	1.064 4（15，12）	4（16，6）
13	微生物学	118（16，18）	1 257（9，6）	10.652 5（2，13）	1（16，13）
14	分子生物与遗传学	417（15，10）	958（17，8）	2.297 4（12，14）	2（14，10）
15	综合交叉学科	256（14，15）	855（12，10）	3.339 8（8，15）	9（9，4）
16	神经科学与行为	151（17，16）	248（17，18）	1.642 4（14，16）	0（17，18）
17	药理学与毒物学	563（12，6）	909（15，9）	1.614 6（19，17）	0（27，18）
18	物理学	855（13，5）	1 527（13，5）	1.786 0（12，18）	5（17，5）
19	植物与动物科学	341（16，11）	381（18，14）	1.117 3（22，19）	1（19，13）
20	精神病学/心理学	83（16，20）	339（12，15）	4.084 3（7，20）	2（7，10）
21	一般社会科学	127（18，17）	107（22，21）	0.842 5（24，21）	1（19，13）
22	空间科学	11（20，22）	9（25，22）	0.818 2（24，22）	0（3，18）
全省合计		12 741	27 153	2.131 2	91

资料来源：科技大数据湖北省重点实验室

注：学科排序同 ESI 学科固定排序

机构	机构综合排名	农业科学	生物学与生物化学	化学	临床医学	计算机科学	工程科学	环境/生态学	地球科学	免疫学	材料科学	数学	微生物学	分子生物学与基因	神经科学与行为	药理学与毒物学	物理学	植物与动物科学	社会科学	机构进入ESI学科数
吉林大学	255	322	309	28	685	405	237	889	291	550	39	192	420	548	750	157	383	1024	1624	18
中国科学院长春应用化学研究所	515	—	1069	40	—	—	1560	—	—	—	60	—	—	—	—	973	761	—	—	6
东北师范大学	1074	—	—	205	—	—	1009	861	—	—	388	249	—	—	—	—	—	1017	—	6
中国科学院长春光学精密机械与物理研究所	2350	—	—	1022	—	—	—	—	—	—	539	—	—	—	—	—	—	—	—	2
长春理工大学	3137	—	—	1141	—	—	—	—	—	—	808	—	—	—	—	—	—	—	—	2
中国科学院东北地理与农业生态研究所	3436	387	—	—	—	—	—	837	—	—	—	—	—	—	—	—	—	1097	—	3
延边大学	3470	—	—	—	3369	—	—	—	—	—	—	—	—	—	—	—	—	—	—	1
吉林农业大学	3489	812	—	—	—	—	—	—	—	—	—	—	—	—	—	—	—	1047	—	2
吉林师范大学	4124	—	—	1442	—	—	—	—	—	—	—	—	—	—	—	—	—	—	—	1
东北电力大学	5438	—	—	—	—	—	1245	—	—	—	—	—	—	—	—	—	—	—	—	1

图 3-72 2020 年吉林省各机构进入 ESI 前 1%的学科及排名

资料来源：科技大数据湖北省重点实验室

表 3-94 2020 年吉林省发明专利申请量十强技术领域

序号	IPC 号（技术领域）	发明专利申请量/件
1	G06F（电子数字数据处理）	408
2	G06F（电子数字数据处理）	351
3	A61K［医用、牙科用或梳妆用的配制品（专门适用于将药品制成特殊的物理或服用形式的装置或方法 A61J 3/00；空气除臭，消毒或灭菌，或者绷带、敷料、吸收垫或外科用品的化学方面，或材料的使用入 A61L；肥皂组合物入 C11D）］	266
4	B01D［分离（用湿法从固体中分离固体入 B03B、B03D，用风力跳汰机或摇床入 B03B，用其他干法入 B07；固体物料从固体物料或流体中的磁或静电分离，利用高压电场的分离入 B03C；离心机、涡旋装置入 B04B；涡旋装置入 B04C；用于从含液物料中挤出液体的压力机本身入 B30B 9/02）］	216
5	G06Q（专门适用于行政、商业、金融、管理、监督或预测目的的数据处理系统或方法；其他类目不包含的专门适用于行政、商业、金融、管理、监督或预测目的的处理系统或方法）	152
6	A23L［不包含在 A21D 或 A23B 至 A23J 小类中的食品、食料或非酒精饮料；它们的制备或处理，例如烹调、营养品质的改进、物理处理（不能为本小类完全包含的成型或加工入 A23P）；食品或食料的一般保存（用于烘焙的面粉或面团的保存入 A21D）］	150
7	A01G［园艺；蔬菜、花卉、稻、果树、葡萄、啤酒花或海菜的栽培；林业；浇水（水果、蔬菜、啤酒花等类植物的采摘入 A01D46/00；繁殖单细胞藻类入 C12N1/12）］	142
8	C02F［水、废水、污水或污泥的处理（通过在物质中产生化学变化使有害的化学物质无害或降低危害的方法入 A62D 3/00；分离、沉淀箱或过滤设备入 B01D；有关处理水、废水或污水生产装置的水运容器的特殊设备，例如用于制备淡水入 B63J；为防止水的腐蚀用的添加物质入 C23F；放射性废液的处理入 G21F 9/04）］	141
9	B65G［运输或贮存装置，例如装载或倾卸用输送机、车间输送机系统或气动管道输送机（包装用的入 B65B；搬运薄的或细丝状材料如纸张或细丝入 B65H；起重机入 B66C；便携式或可移动的举升或牵引器具，如升降机入 B66D；用于装载或卸载目的的升降货物的装置，如叉车，入 B66F9/00；不包括在其他类目中的瓶子、罐、罐头、木桶、桶或类似容器的排空入 B67C9/00；液体分配或转移入 B67D；将压缩的、液化的或固体化的气体灌入容器或从容器内排出入 F17C；流体用管道系统入 F17D）］	133
10	C04B［石灰；氧化镁；矿渣；水泥；其组合物，例如：砂浆、混凝土或类似的建筑材料；人造石；陶瓷（微晶玻璃陶瓷入 C03C 10/00）；耐火材料（难熔金属的合金入 C22C）；天然石的处理］	122
全省合计		8746

资料来源：科技大数据湖北省重点实验室

表 3-95 2020 年吉林省发明专利申请量优势企业和科研机构

序号	优势企业	发明专利申请量/件	序号	优势科研机构	发明专利申请量/件
1	中国第一汽车股份有限公司	832	1	吉林大学	1812
2	中车长春轨道客车股份有限公司	254	2	中国科学院长春光学精密机械与物理研究所	406
3	一汽解放汽车有限公司	185	3	中国科学院长春应用化学研究所	235
4	一汽奔腾轿车有限公司	150	4	长春工业大学	228
5	吉林奥来德光电材料股份有限公司	80	5	长春理工大学	215
6	长光卫星技术有限公司	42	6	东北电力大学	184
7	长春富维安道拓汽车饰件系统有限公司	41	7	吉林农业大学	113
8	大唐东北电力试验研究院有限公司	32	8	吉林建筑大学	95
9	长春黄金研究院有限公司	29	9	北华大学	93
9	国网吉林省电力有限公司电力科学研究院	29	9	吉林工程技术师范学院	93
11	迪瑞医疗科技股份有限公司	28	11	吉林省农业科学院	86
11	吉林中粮生化有限公司	28	12	东北师范大学	69
13	长春海谱润斯科技有限公司	26	12	中国科学院东北地理与农业生态研究所	69
14	国网吉林省电力有限公司	23	12	吉林师范大学	69
15	吉林华微电子股份有限公司	18	15	长春工程学院	59
16	吉林烟草工业有限责任公司	16	16	吉林化工学院	50
16	吉林亿联银行股份有限公司	16	17	吉林农业科技学院	45
18	中国电建集团长春发电设备有限公司	15	18	长春大学	43
18	一汽-大众汽车有限公司	15	19	延边大学	40
18	国网吉林省电力有限公司长春供电公司	15	20	长春中医药大学	35

资料来源：科技大数据湖北省重点实验室

表 3-96 2020 年吉林省获得国家科技奖励机构清单

序号	获奖机构	获奖数量/项		
		总计	主持	参与
1	吉林大学	1	1	0
2	长春博超汽车零部件股份有限公司	1	1	0
3	吉林省农业科学院	1	0	1

资料来源：科技大数据湖北省重点实验室

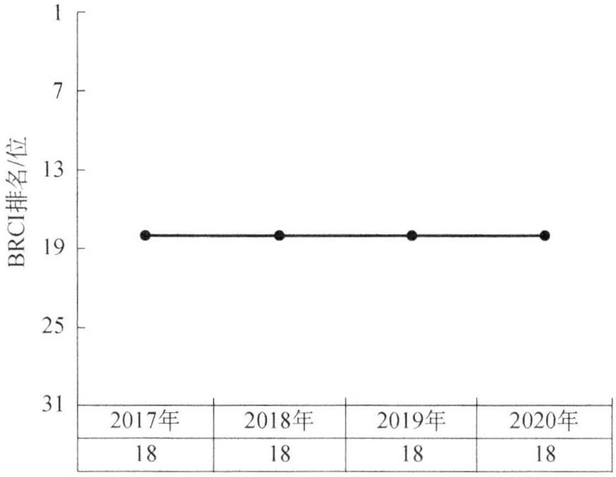

图 3-73　2017～2020 年吉林省 BRCI 排名变化趋势

资料来源：科技大数据湖北省重点实验室

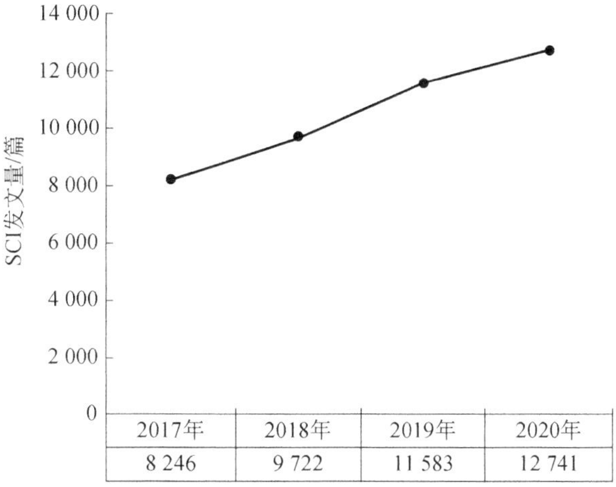

图 3-74　2017～2020 年吉林省 SCI 发文趋势

资料来源：科技大数据湖北省重点实验室

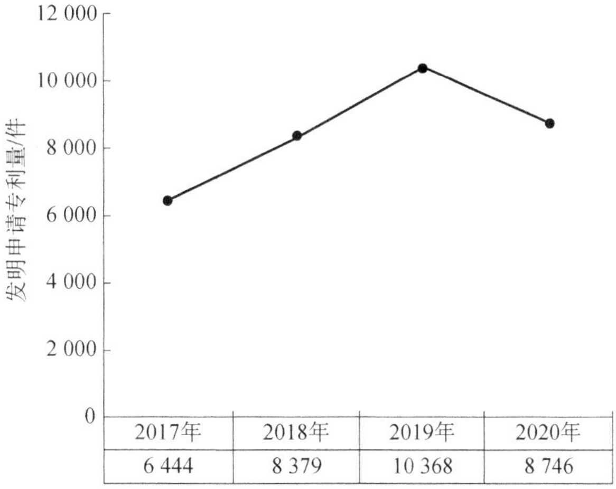

图 3-75　2017～2020 年吉林省发明专利申请趋势

资料来源：科技大数据湖北省重点实验室

3.3.19 江西省

2020年，江西省的基础研究竞争力指数为44.0394，排名第19位。综合全省各学科论文数和篇均被引量来看，2020年江西省基础研究在全省范围内较为活跃的学科为多学科材料、放射医学与医学影像、电子与电气工程、物理化学、环境科学、环境工程、食品科学、应用化学、应用物理学、化学工程。其中，多学科材料的高频词包括显微结构、机械性能、石墨烯、碳纳米管、锂离子电池等，放射医学与医学影像的高频词包括冠状病毒、断层扫描、肺炎、大脑、COVID-19、磁共振成像等，电子与电气工程的高频词包括特征提取、深度学习、优化、物体检测、卷积神经网络等（表3-97）。综合全省各学科在全国的发文数量和排名位次来看，2020年江西省基础研究在全国范围内较为突出的学科为初级卫生保健、数理心理学、矿物加工、矿物学、食品科学、有机化学、公共管理、营养与饮食、应用化学、无机与核化学等。江西省工程科学、化学、材料科学等学科领域发表高水平论文数量分别为15篇、11篇、10篇（表3-98）；共有10个机构进入相关学科的ESI全球前1%行列（图3-76）；发明专利申请量共16 272件，全国排名第16（表3-99）；主要专利权人如表3-100所示；获得国家奖励的科研机构如表3-101所示。

2017～2020年，江西省BRCI排名始终位列第19位（图3-77），SCI论文数呈上升趋势（图3-78），发明专利申请量呈曲折上升趋势（图3-79）。

2020年，江西省地方财政科技投入经费18.5274亿元，全国排名第29位；获得国家科技奖励3项，全国排名第25位。截至2021年9月，江西省拥有国家重点实验室5个，省级重点实验室213个；拥有院士5人，全国排名第24位。

表3-97　2020年江西省基础研究SCI活跃学科及高频词

序号	活跃学科	SCI学科活跃度	高频词（词频）
1	多学科材料	4.60	显微结构（48）；机械性能（41）；石墨烯（14）；碳纳米管（9）；锂离子电池（8）；耐腐蚀性（7）；超级电容器（7）；微观结构演化（7）；光致发光（6）；定向凝固（6）；吸附（6）；有机太阳能电池（6）；热稳定性（5）；剪切强度（5）；还原氧化石墨烯（5）；第一性原理计算（5）；太阳能电池（5）；钙钛矿太阳能电池（5）；能量转移（5）
2	放射医学与医学影像	3.72	冠状病毒（3）；断层扫描（3）；肺炎（3）；大脑（2）；COVID-19（2）；磁共振成像（2）；初级视觉皮层（2）；学位中心性（2）；近端梯度下降（2）；一氧化碳中毒后的迟发性脑病（2）；X射线计算（2）；功能性磁共振成像（2）；高度近视（2）
3	电子与电气工程	3.55	特征提取（21）；深度学习（15）；优化（12）；物体检测（9）；卷积神经网络（8）；相关性（7）；稳健性（7）；任务分析（7）；卷积（7）；索引（7）；许可（6）；数学模型（6）；机器学习（6）；图像分割（6）；遥感（6）；训练（6）；测量（6）；社会学（5）；图像处理（5）；应变（5）
4	物理化学	3.36	密度泛函理论（15）；吸附（13）；显微结构（10）；石墨烯（10）；光催化（8）；光致发光（8）；锂离子电池（8）；析氢反应（7）；碳纳米管（7）；氧化还原反应（6）；电催化（6）；氢进化（6）；机械性能（6）；二芳基乙烯（5）；制氢（5）；荧光探针（5）；耐腐蚀性（5）；贻贝启发化学（4）；离子液体（4）；钙钛矿太阳能电池（4）
5	环境科学	3.09	吸附（17）；氧化应激（15）；中国（11）；斑马鱼（10）；细胞凋亡（9）；$PM_{2.5}$（9）；重金属（7）；生物炭（6）；鄱阳湖（5）；镉（5）；自噬（5）；铀（5）；来源分配（4）；心脏毒性（4）；土壤（4）；硝酸盐（4）；重金属（4）；毒性（4）；可持续发展（4）；鄱阳湖流域（3）
6	环境工程	2.74	吸附（13）；光催化（6）；贻贝启发的化学（4）；表面改性（4）；亚甲蓝（4）；分离（3）；环境吸附（3）；中国（3）；NH3-SCR（3）；铀（3）；显微结构（2）；光催化活性（2）；纳米金刚石（2）；降解机制（2）；二氧化碳排放量（2）；经济分析（2）；贻贝启发的化学（2）；电化学中和能（2）；碳纳米管（2）；芳基重氮化学（2）

续表

序号	活跃学科	SCI 学科活跃度	高频词（词频）
7	食品科学	2.52	多糖（11）；抗氧化活性（9）；抗氧化剂（8）；结构（8）；氧化应激（8）；肠道微生物群（7）；肥胖症（6）；凝胶（6）；互动（6）；免疫层析分析（5）；化学成分（5）；沙门氏菌（5）；致敏性（5）；理化性质（5）；糖化（5）；机制（5）；脂肪酸（4）；β-乳球蛋白（4）；分子动力学模拟（4）；橘霉素（4）
8	应用化学	2.44	多糖（19）；结构（7）；凝胶（7）；抗氧化剂（6）；大米淀粉（6）；稀土（6）；聚集诱导排放（6）；机制（6）；莨菪多糖（6）；壳聚糖（5）；互动（5）；显微结构（4）；肠道微生物群（4）；脂肪酸（4）；β-乳球蛋白（4）；炎症（4）；化学成分（4）；粘贴（4）；铜（4）；抑制（4）
9	应用物理学	2.41	微观结构（14）；机械性能（11）；石墨烯（9）；吸附（8）；析氢反应（6）；密度泛函理论（6）；太阳能电池（5）；碳纳米管（5）；等离子体（4）；锂离子电池（4）；有机太阳能电池（4）；定向凝固（4）；第一性原理计算（4）；光催化（3）；纳米复合材料（3）；晶体生长（3）；兴奋剂（3）；差错（3）；接口（3）；光热转换（3）
10	化学工程	2.30	吸附（16）；分离（7）；聚集诱导排放（5）；光催化（4）；贻贝启发的化学（4）；亚甲蓝（4）；方解石（4）；表面改性（4）；水炭（3）；g-C_3N_4（3）；稀土（3）；降解（3）；双子座表面活性剂（3）；环境吸附（3）；析氢反应（3）；萃取（3）；稳定性（3）；生物质（3）；纳米金刚石（2）；离子液体（2）

资料来源：科技大数据湖北省重点实验室

表 3-98　2020 年江西省各学科 SCI 论文发文情况

序号	ESI 学科	论文数/篇（全国排名，省内排名）	被引次数/次（全国排名，省内排名）	篇均被引/次（全国排名，省内排名）	高水平论文/篇（全国排名，省内排名）
1	农业科学	350（13，6）	1 068（11，5）	3.051 4（1，1）	5（10，5）
2	生物学与生物化学	306（19，8）	598（22，8）	1.954 2（18，2）	1（20，12）
3	化学	1 247（19，1）	3 072（20，1）	2.463 5（21，3）	11（22，2）
4	临床医学	852（20，2）	1 657（19，4）	1.944 8（11，4）	6（14，4）
5	计算机科学	199（22，14）	431（20，11）	2.165 8（18，5）	2（21，9）
6	经济与商学	90（17，17）	282（12，14）	3.133 3（2，6）	1（14，12）
7	工程科学	761（22，4）	2 062（20，3）	2.709 6（4，7）	15（19，1）
8	环境/生态学	290（22，9）	559（23，9）	1.927 6（23，8）	1（21，12）
9	地球科学	210（20，12）	429（19，12）	2.042 9（5，9）	3（13，7）
10	免疫学	64（21，19）	554（17，10）	8.656 3（5，10）	0（17，16）
11	材料科学	830（20，3）	2 286（22，2）	2.754 2（21，11）	10（19，3）
12	数学	237（20，11）	172（24，17）	0.725 7（26，12）	2（23，9）
13	微生物学	60（24，20）	89（25，20）	1.483 3（25，13）	0（20，16）
14	分子生物与遗传学	257（21，10）	380（22，13）	1.478 6（22，14）	0（20，16）
15	综合交叉学科	119（23，15）	223（22，15）	1.873 9（19，15）	2（23，9）
16	神经科学与行为	111（20，16）	129（21，19）	1.162 2（26，16）	0（17，16）
17	药理学与毒物学	313（21，7）	691（17，6）	2.207 7（4，17）	3（13，7）
18	物理学	428（21，5）	669（22，7）	1.563 1（21，18）	4（19，6）
19	植物与动物科学	202（24，13）	201（24，16）	0.995 0（27，19）	0（22，16）
20	精神病学/心理学	55（20，21）	73（22，21）	1.327 3（19，20）	0（15，16）
21	一般社会科学	70（21，18）	133（20，18）	1.900 0（9，21）	1（19，12）
22	空间科学	10（23，22）	10（23，22）	1.000 0（19，22）	0（3，16）
全省合计		7 442	15 868	2.132 2	81

资料来源：科技大数据湖北省重点实验室

注：学科排序同 ESI 学科固定排序

	机构综合排名	农业科学	生物学与生物化学	化学	临床医学	工程科学	材料科学	分子生物与基因	药理学与毒物学	植物与动物科学	机构进入ESI学科数
南昌大学	913	111	702	477	1280	660	428	913	578	—	8
江西师范大学	2042	—	—	528	—	—	854	—	—	—	2
南昌航空大学	2852	—	—	1114	—	1053	645	—	—	—	3
东华理工大学	3716	—	—	1215	—	—	—	—	—	—	1
江西理工大学	3769	—	—	—	—	—	1019	—	—	—	1
江西农业大学	3902	713	—	—	—	—	—	—	—	—	2
江西科技师范大学	4107	—	—	1178	—	—	—	—	—	—	1
华东交通大学	4459	—	—	—	—	1180	—	—	—	—	1
江西财经大学	4479	—	—	—	—	1124	—	—	—	—	1
江西中医药大学	4982	—	—	—	—	—	—	—	—	—	1

图 3-76　2020 年江西省各机构进入 ESI 前 1%的学科及排名

资料来源：科技大数据湖北省重点实验室

表 3-99　2020 年江西省发明专利申请量十强技术领域

序号	IPC 号（技术领域）	发明专利申请量/件
1	G06F（电子数字数据处理）	465
2	G01N（小类中化学分析方法或化学检测方法）	407
3	A61K［医用、牙科用或梳妆用的配制品（专门适用于将药品制成特殊的物理或服用形式的装置或方法 A61J 3/00；空气除臭，消毒或灭菌，或者绷带、敷料、吸收垫或外科用品的化学方面，或材料的使用入 A61L；肥皂组合物入 C11D）］	303
4	B01D［分离（用湿法从固体中分离固体入 B03B、B03D，用风力跳汰机或摇床入 B03B，用其他干法入 B07；固体物料从固体物料或流体中的磁或静电分离，利用高压电场的分离入 B03C；离心机、涡旋装置入 B04B；涡旋装置入 B04C；用于从含液物料中挤出液体的压力机本身入 B30B 9/02）］	280
5	G06Q（专门适用于行政、商业、金融、管理、监督或预测目的的数据处理系统或方法；其他类目不包含的专门适用于行政、商业、金融、管理、监督或预测目的的处理系统或方法）	251
6	A23L［不包含在 A21D 或 A23B 至 A23J 小类中的食品、食料或非酒精饮料；它们的制备或处理，例如烹调、营养品质的改进、物理处理（不能为本小类完全包含的成型或加工入 A23P）；食品或食料的一般保存（用于烘焙的面粉或面团的保存入 A21D）］	227
7	A01G［园艺；蔬菜、花卉、稻、果树、葡萄、啤酒花或海菜的栽培；林业；浇水（水果、蔬菜、啤酒花等类植物的采摘入 A01D46/00；繁殖单细胞藻类入 C12N1/12）］	220
8	C02F［水、废水、污水或污泥的处理（通过在物质中产生化学变化使有害的化学物质无害或降低危害的方法入 A62D 3/00；分离、沉淀箱或过滤设备入 B01D；有关处理水、废水或污水生产装置的水运容器的特殊设备，例如用于制备淡水入 B63J；为防止水的腐蚀用的添加物质入 C23F；放射性废液的处理入 G21F 9/04）］	218
9	B65G［运输或贮存装置，例如装载或倾卸用输送机、车间输送机系统或气动管道输送机（包装用的入 B65B；搬运薄的或细丝状材料如纸张或细丝入 B65H；起重机入 B66C；便携式或可移动的举升或牵引器具，如升降机入 B66D；用于装载或卸载目的的升降货物的装置，如叉车，入 B66F9/00；不包括在其他类目中的瓶子、罐、罐头、木桶、桶或类似容器的排空入 B67C9/00；液体分配或转移入 B67D；将压缩的、液化的或固体化的气体灌入容器或从容器内排出入 F17C；流体用管道系统入 F17D）］	215
10	C04B［石灰；氧化镁；矿渣；水泥；其组合物，例如：砂浆、混凝土或类似的建筑材料；人造石；陶瓷（微晶玻璃陶瓷入 C03C 10/00）；耐火材料（难熔金属的合金入 C22C）；天然石的处理］	213
全省合计		16 272

资料来源：科技大数据湖北省重点实验室

表 3-100　2020 年江西省发明专利申请量优势企业和科研机构

序号	优势企业	发明专利申请量/件	序号	优势科研机构	发明专利申请量/件
1	汉腾汽车有限公司	149	1	南昌大学	479
2	国网江西省电力有限公司电力科学研究院	136	2	南昌航空大学	428
3	江铃汽车股份有限公司	116	3	江西理工大学	283
4	欧菲微电子技术有限公司	83	4	华东交通大学	254
5	南昌欧菲精密光学制品有限公司	70	5	中国直升机设计研究所	197
6	南昌欧菲显示科技有限公司	67	6	东华理工大学	166
7	江西洪都航空工业集团有限责任公司	56	7	江西师范大学	130
8	江西江铃集团新能源汽车有限公司	49	8	江西农业大学	122
9	汉腾新能源汽车科技有限公司	42	9	江西中医药大学	84
10	江西立讯智造有限公司	37	10	南昌工程学院	81
11	南昌升升科技有限公司	34	11	九江学院	74
12	南昌欧菲光电技术有限公司	31	12	江西科技学院	58
	江西台德智慧科技有限公司		13	景德镇陶瓷大学	51
14	江西中烟工业有限责任公司	30	14	九江精密测试技术研究所	45
	南昌冠东科技有限公司			江西服装学院	
16	新余钢铁股份有限公司	29	16	井冈山大学	36
17	江西安驰新能源科技有限公司	28	17	九江职业技术学院	35
	华能秦煤瑞金发电有限责任公司		18	赣州有色冶金研究所	32
	江西优特汽车技术有限公司		19	江西财经大学	31
20	赣州市业润自动化设备有限公司	27	20	江西省科学院应用物理研究所	29

资料来源：科技大数据湖北省重点实验室

表 3-101　2020 年江西省获得国家科技奖励机构清单

序号	获奖机构	获奖数量/项		
		总计	主持	参与
1	中国石油化工股份有限公司九江分公司	1	0	1
2	江西省红壤研究所	1	0	1
3	江西瑞林装备有限公司	1	0	1

资料来源：科技大数据湖北省重点实验室

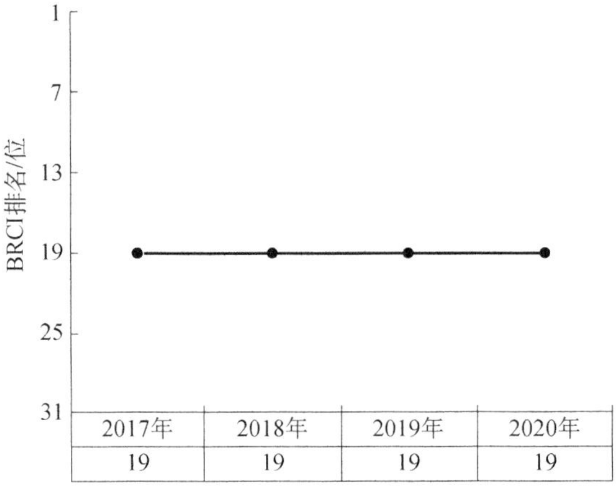

图 3-77　2017～2020 年江西省 BRCI 排名变化趋势

资料来源：科技大数据湖北省重点实验室

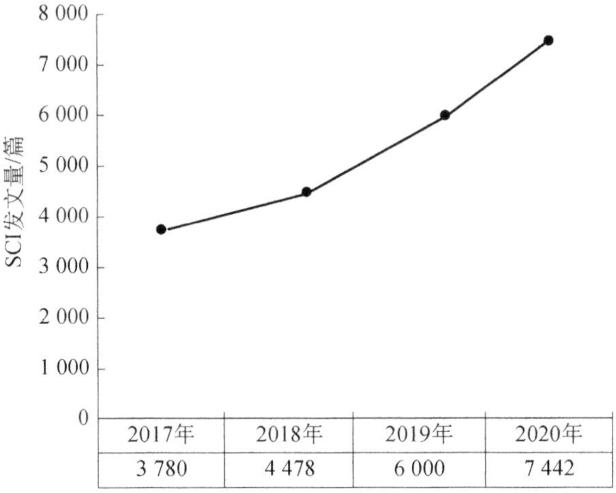

图 3-78　2017～2020 年江西省 SCI 发文趋势

资料来源：科技大数据湖北省重点实验室

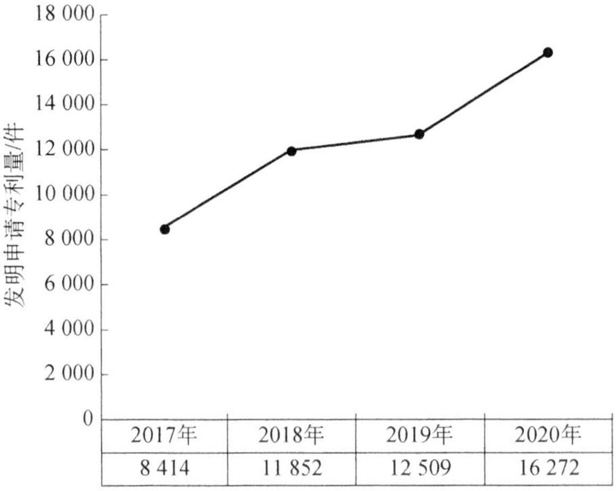

图 3-79　2017～2020 年江西省发明专利申请趋势

资料来源：科技大数据湖北省重点实验室

3.3.20 云南省

2020年，云南省的基础研究竞争力指数为43.2305，排名第20位。综合全省各学科论文数和篇均被引量来看，2020年云南省在全省范围内较为活跃的学科为电子与电气工程、多学科材料、计算机信息系统、物理化学、通信、应用物理学、环境科学、传染病学、化学工程、冶金等。其中，电子与电气工程的高频词包括特征提取、任务分析、深度学习、训练、数学模型等；多学科材料的高频词包括微观结构、机械性能、动态再结晶、耐腐蚀性、腐蚀等；计算机信息系统的高频词包括深度学习、物联网、任务分析、特征提取、云计算等（表3-102）。综合全省各学科在全国的发文数量和排名位次来看，2020年云南省基础研究在全国范围内较为突出的学科为真菌学、天文学与天体物理、生物多样性保护、进化生物学、生态学、古生物学、植物学、林业、遗传学、矿物加工、药物化学、病毒学。云南省植物与动物科学、化学、工程科学、综合交叉学科等学科领域发表高水平论文数量分别为9篇、6篇、6篇、6篇（表3-103）；共有9个机构进入相关学科的ESI全球前1%行列（图3-80）；发明专利申请量共7796件，全国排名第23（表3-104）；主要专利权人如表3-105所示；获得国家奖励的科研机构如表3-106所示。

2017～2020年，云南省BRCI排名始终位于20名（图3-81）；SCI论文数呈上升趋势（图3-82）；发明专利申请量呈上升趋势，2020年有所下降（图3-83）。

2020年，云南省地方财政科技投入经费64.9亿元，全国排名第18位；获得国家科技奖励4项，全国排名第22位。截至2021年9月，云南省拥有国家重点实验室7个，省级重点实验室75个；拥有院士10人，全国排名第20位。

表3-102 2020年云南省基础研究SCI活跃学科及高频词

序号	活跃学科	SCI学科活跃度	高频词（词频）
1	电子与电气工程	7.29	特征提取（72）；任务分析（67）；深度学习（63）；训练（47）；数学模型（46）；优化（41）；物联网（41）；计算建模（35）；机器学习（31）；云计算（30）；语义（27）；可靠性（27）；传感器（26）；延迟（25）；索引（24）；稳健性（24）；预测模型（24）；合成孔径雷达（24）；数据模型（24）；能源消耗（23）
2	多学科材料	6.49	微观结构（133）；机械性能（148）；动态再结晶（23）；耐腐蚀性（23）；腐蚀（22）；锂离子电池（21）；降水（19）；导热系数（19）；石墨烯（18）；相变（18）；强度（17）；钠离子电池（17）；热稳定性（17）；选择性激光熔化（17）；微观结构（17）；晶粒细化（16）；老化（15）；微观结构演化（15）；沥青混合料（14）
3	计算机信息系统	3.83	深度学习（47）；物联网（43）；任务分析（42）；特征提取（41）；云计算（37）；训练（27）；数学模型（25）；语义（25）；计算建模（22）；能源消耗（21）；优化（21）；许可（21）；机器学习（21）；预测模型（19）；延迟（18）；卷积神经网络（18）；启发式算法（18）；资源管理（17）；物联网（IoT）（17）；可靠性（16）
4	物理化学	3.74	显微结构（31）；光催化（27）；吸附（26）；锂离子电池（24）；机械性能（23）；密度泛函理论（16）；析氢反应（15）；电催化（14）；浮选（14）；阳极（13）；析氧反应（12）；氧化还原反应（12）；超级电容器（12）；氧化石墨烯（12）；分水器（12）；锂硫电池（11）；钠离子电池（11）；电催化剂（11）；相图（10）；石墨烯（10）
5	通信	3.68	任务分析（47）；物联网（44）；特征提取（36）；深度学习（31）；优化（28）；数学模型（26）；云计算（25）；训练（25）；计算建模（25）；能源消耗（24）；语义（22）；执照（21）；延迟（21）；机器学习（20）；启发式算法（19）；资源管理（19）；预测模型（19）；物联网（IoT）（18）；数据模型（17）；服务器（16）
6	应用物理学	3.42	微观结构（27）；机械性能（21）；石墨烯（14）；传感器（12）；锂离子电池（11）；光催化（9）；析氢反应（9）；深度学习（8）；残余应力（8）；数值模拟（7）；二维材料（7）；耐磨性（7）；光纤激光器（7）；纳米粒子（7）；光电探测器（7）；化学气相沉积（7）；异质结构（7）；涂层（7）；耐腐蚀性（6）；断裂韧性（6）

续表

序号	活跃学科	SCI 学科活跃度	高频词（词频）
7	环境科学	3.26	吸附（51）；镉（32）；生物炭（24）；中国（22）；重金属（19）；重金属（15）；废水处理（15）；植物修复（13）；大米（10）；铝土矿渣（10）；生物降解（10）；铀（10）；降解（10）；吸附机理（9）；砷（9）；氧化应激（9）；土壤（9）；废水（8）；空气污染（8）；$PM_{2.5}$（7）
8	传染病学	3.16	COVID-19（23）；SARS-CoV-2（10）；临床特征（4）；元分析（4）；冠状病毒（4）；肺炎（3）；治疗（3）；脑脊液（3）；儿童（3）；非典冠状病毒（3）；非典（2）；预后（2）；衣原体（2）；脑膜脑炎（2）；风险因素（2）；梅尔斯（2）；中国（2）；隐球菌脑膜炎（2）
9	化学工程	2.96	吸附（29）；光催化（16）；浮选（15）；二氧化碳捕集（14）；硫铁矿（9）；机制（8）；分水器（8）；黄铜矿（7）；生物炭（7）；DFT（7）；过硫酸盐（6）；分子氧活化（6）；方解石（6）；光催化降解（6）；g-C_3N_4（6）；锂离子电池（6）；动力学（6）；表面改性（5）；过硫酸盐（5）；燃烧（5）
10	冶金	2.84	微观结构（88）；机械性能（84）；机械性能（23）；动态再结晶（21）；耐腐蚀性（20）；降水（17）；微观结构演化（15）；腐蚀（15）；相图（14）；选择性激光熔化（14）；相变（14）；纹理（14）；晶粒细化（13）；强度（13）；粉末冶金（12）；数值模拟（11）；生物浸出（11）；铝合金（11）；孪生（11）；镁（11）

资料来源：科技大数据湖北省重点实验室

表 3-103　2020 年云南省各学科 SCI 论文发文情况

序号	ESI 学科	论文数/篇（全国排名，省内排名）	被引次数/次（全国排名，省内排名）	篇均被引/次（全国排名，省内排名）	高水平论文/篇（全国排名，省内排名）
1	农业科学	203（21，11）	359（21，10）	1.768 5（24，1）	0（24，12）
2	生物学与生物化学	232（23，9）	962（20，5）	4.146 6（1，2）	1（20，11）
3	化学	747（23，1）	1 720（24，1）	2.302 5（24，3）	6（23，2）
4	临床医学	477（25，5）	451（25，7）	0.945 5（26，4）	2（19，9）
5	计算机科学	122（24，17）	342（24，13）	2.803 3（10，5）	4（18，5）
6	经济与商学	15（23，22）	17（24，22）	1.133 3（25，6）	0（20，12）
7	工程科学	494（25，4）	1 225（25，3）	2.479 8（8，7）	6（23，2）
8	环境/生态学	332（21，7）	579（22，6）	1.744 0（26，8）	0（26，12）
9	地球科学	169（22，13）	275（23，16）	1.627 2（20，9）	2（16，9）
10	免疫学	72（20，18）	418（19，8）	5.805 6（13，10）	0（17，12）
11	材料科学	532（25，3）	1 432（24，2）	2.691 7（22，11）	4（24，5）
12	数学	179（23，12）	279（20，15）	1.558 7（4，12）	4（16，5）
13	微生物学	137（12，14）	187（22，18）	1.365 0（27，13）	0（20，12）
14	分子生物与遗传学	336（19，6）	355（23，11）	1.056 5（28，14）	0（20，12）
15	综合交叉学科	137（21，14）	291（20，14）	2.124 1（16，15）	6（15，2）
16	神经科学与行为	69（23，19）	87（25，19）	1.260 9（25，16）	0（17，12）
17	药理学与毒物学	324（20，8）	348（23，12）	1.074 1（28，17）	0（27，12）
18	物理学	206（25，10）	386（24，9）	1.873 8（9，18）	3（20，8）
19	植物与动物科学	540（12，2）	1 078（9，4）	1.996 3（1，19）	9（6，1）
20	精神病学/心理学	30（25，21）	30（26，21）	1.000 0（23，20）	0（15，12）
21	一般社会科学	57（23，20）	45（25，20）	0.789 5（25，21）	0（21，12）
22	空间科学	130（3，16）	212（4，17）	1.630 8（11，22）	0（3，12）
全省合计		5 893	11 214	1.902 9	55

资料来源：科技大数据湖北省重点实验室

注：学科排序同 ESI 学科固定排序

	机构综合排名	化学	临床医学	工程科学	环境/生态学	材料科学	分子生物与基因	药理学与毒物学	植物与动物科学	机构进入ESI学科数
昆明理工大学	1530	846	—	538	1113	415	—	—	1373	5
云南大学	1800	845	—	—	1257	1000	—	—	989	4
中国科学院昆明植物研究所	1970	1156	—	—	1027	—	—	475	213	4
中国科学院昆明动物研究所	2654	—	—	—	1224	—	852	—	1087	3
昆明医科大学	2654	—	1824	—	—	—	—	—	—	1
中国科学院西双版纳热带植物园	3037	—	—	—	667	—	—	—	493	2
云南师范大学	3350	1421	—	—	—	—	—	—	—	1
云南农业大学	4154	—	—	—	—	—	—	—	917	1
云南省农业科学院	5303	—	—	—	—	—	—	—	1198	1

图 3-80 2020 年云南省各机构进入 ESI 前 1%的学科及排名

资料来源：科技大数据湖北省重点实验室

表 3-104 2020 年云南省发明专利申请量十强技术领域

序号	IPC 号（技术领域）	发明专利申请量/件
1	A61K［医用、牙科用或梳妆用的配制品（专门适用于将药品制成特殊的物理或服用形式的装置或方法 A61J 3/00；空气除臭，消毒或灭菌，或者绷带、敷料、吸收垫或外科用品的化学方面，或材料的使用入 A61L；肥皂组合物入 C11D）］	402
2	G01N（小类中化学分析方法或化学检测方法）	328
3	G06F（电子数字数据处理）	317
4	A01G［园艺；蔬菜、花卉、稻、果树、葡萄、啤酒花或海菜的栽培；林业；浇水（水果、蔬菜、啤酒花等类植物的采摘入 A01D46/00；繁殖单细胞藻类入 C12N1/12）］	265
5	G06Q（专门适用于行政、商业、金融、管理、监督或预测目的的数据处理系统或方法；其他类目不包含的专门适用于行政、商业、金融、管理、监督或预测目的的处理系统或方法）	264
6	G01R（G01T 物理测定方法；其设备）	257
7	C12N［微生物或酶；其组合物（杀生剂、害虫驱避剂或引诱剂，或含有微生物、病毒、微生物真菌、酶、发酵物的植物生长调节剂，或从微生物或动物材料产生或提取制得的物质入 A01N63/00；药品入 A61K；肥料入 C05F）；繁殖、保藏或维持微生物；变异或遗传工程；培养基（微生物学的试验介质入 C12Q1/00）］	162
8	C22B［金属的生产或精炼（金属粉末或其悬浮物的制取入 B22F 9/00；电解法或电泳法生产金属入 C25）；原材料的预处理］	153
9	C02F［水、废水、污水或污泥的处理（通过在物质中产生化学变化使有害的化学物质无害或降低危害的方法入 A62D 3/00；分离、沉淀箱或过滤设备入 B01D；有关处理水、废水或污水生产装置的水运容器的特殊设备，例如用于制备淡水入 B63J；为防止水的腐蚀用的添加物质入 C23F；放射性废液的处理入 G21F 9/04）］	142
10	A24B（吸烟或嚼烟的制造或制备；烟草；鼻烟）	132
全省合计		7796

资料来源：科技大数据湖北省重点实验室

表 3-105 2020 年云南省发明专利申请量优势企业和科研机构

序号	优势企业	发明专利申请量/件	序号	优势科研机构	发明专利申请量/件
1	云南电网有限责任公司电力科学研究院	452	1	昆明理工大学	989
2	云南中烟工业有限责任公司	269	2	云南农业大学	129
3	红云红河烟草（集团）有限责任公司	133	3	云南大学	110
4	云南电网有限责任公司	91	4	西南林业大学	84
5	北方夜视技术股份有限公司	70	5	中国科学院昆明植物研究所	60
6	云南电网有限责任公司昆明供电局	63		云南师范大学	
7	中国铁建高新装备股份有限公司	55	7	大理大学	55

续表

序号	优势企业	发明专利申请量/件	序号	优势科研机构	发明专利申请量/件
8	云南电网有限责任公司信息中心	42	8	云南省烟草农业科学研究院	50
9	中国南方电网有限责任公司超高压输电公司	37	9	中国科学院昆明动物研究所	48
	云南绿新生物药业有限公司		10	昆明医科大学	46
	华能澜沧江水电股份有限公司		11	云南中医药大学	45
12	武钢集团昆明钢铁股份有限公司	36	12	云南民族大学	32
13	中国电建集团昆明勘测设计研究院有限公司	35		昆明学院	
14	云南锡业股份有限公司锡业分公司	30	14	中国医学科学院医学生物学研究所	19
15	云南电网有限责任公司楚雄供电局	28	15	北京航空航天大学云南创新研究院	18
	昆明冶金研究院有限公司			昆明物理研究所	
17	红塔烟草（集团）有限责任公司	26	17	云南财经大学	17
18	中国南方电网有限责任公司超高压输电公司大理局	25		曲靖师范学院	
	云南电网有限责任公司临沧供电局		19	云南省林业和草原科学院	16
20	云南电网有限责任公司曲靖供电局	24	20	中国林业科学研究院资源昆虫研究所	14
				云南省农业科学院花卉研究所	

资料来源：科技大数据湖北省重点实验室

表 3-106　2020 年云南省获得国家科技奖励机构清单

序号	获奖机构	获奖数量/项		
		总计	主持	参与
1	西南林业大学	1	1	0
2	昆明理工大学	1	1	0

资料来源：科技大数据湖北省重点实验室

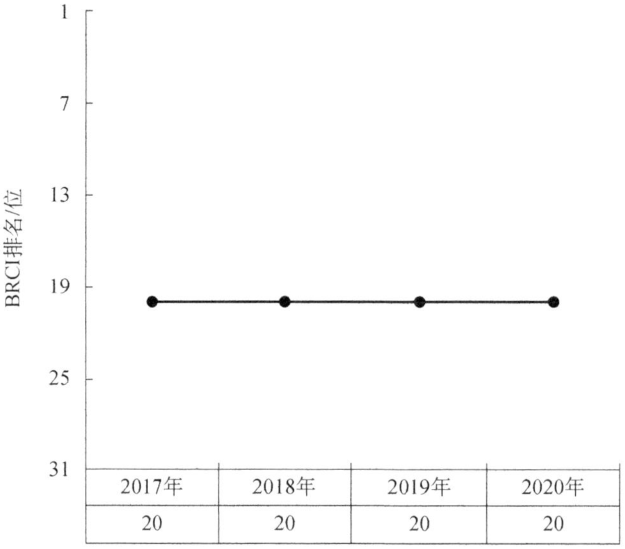

图 3-81　2017～2020 年云南省 BRCI 排名变化趋势

资料来源：科技大数据湖北省重点实验室

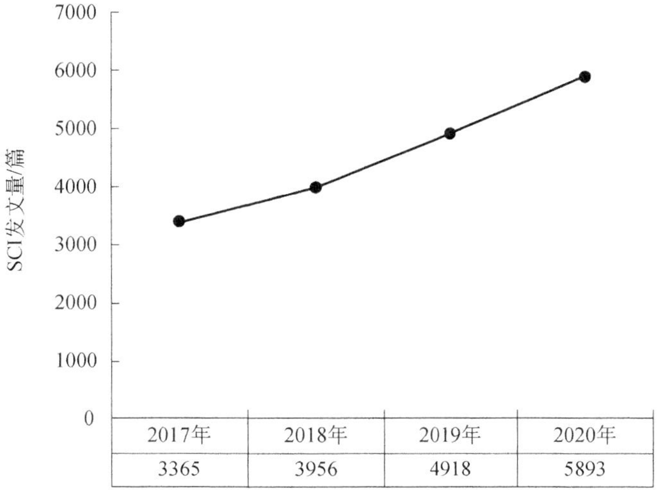

图 3-82 2017～2020 年云南省 SCI 发文趋势

资料来源：科技大数据湖北省重点实验室

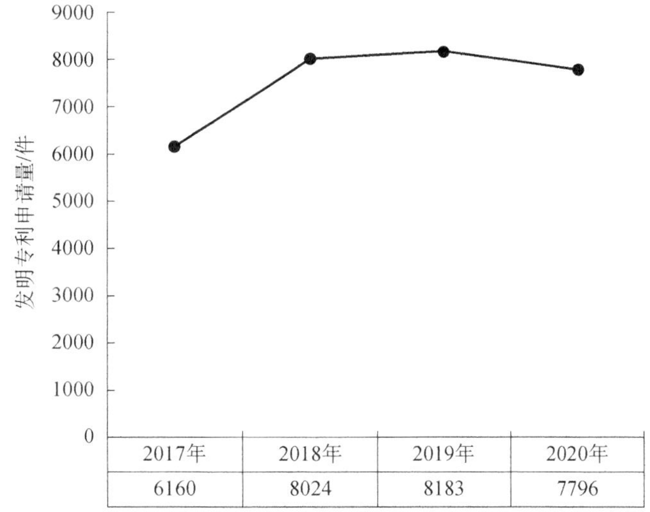

图 3-83 2017～2020 年云南省发明专利申请趋势

资料来源：科技大数据湖北省重点实验室

3.3.21 甘肃省

2020 年，甘肃省的基础研究竞争力指数为 42.9936，排名第 21 位。综合全省各学科论文数和篇均被引量来看，2020 年甘肃省基础研究在全省范围内较为活跃的学科为传染病学、病毒学、精神病学、多学科材料、环境科学、物理化学、应用物理学、电子与电气工程、多学科化学、多学科地球科学。其中，传染病学的高频词包括 COVID-19、巴基斯坦、SARS-CoV-2、流行率、流行病等，病毒学的高频词包括口蹄疫病毒、FMDV、干扰素、COVID-19、致病性等，精神病学的高频词包括抑郁症、元分析、焦虑、COVID-19、酒精使用障碍等（表 3-107）。综合全省各学科在全国的发文数量和排名位次来看，2020 年甘肃省基础研究在全国范围内较为突出的学科为粒子与场物理、核物理学、土壤学、寄生物学、鸟类学、气象与大气科学、古生物学、热带医学、乳品与动物学、自然地理学等。甘肃省化学、数学、材料科学等学科领域发表高水平论文数量分别为20篇、12篇、11篇（表3-108）；共有9个机构进入相关学科的ESI全球前1%行列（图3-84）；发明专利申请量共4442件，全国排名第25（表3-109）；主要专利权人如表3-110所示；获得国家奖励的科研机构如表3-111所示。

2017～2020年，甘肃省BRCI排名始终位列第21位（图3-85）；SCI论文数呈上升趋势（图3-86）；发明专利申请量呈上升趋势，2020年稍有回落（图3-87）。

2020年，甘肃省地方财政科技投入经费32.0654亿元，全国排名第25位；获得国家科技奖励10项，全国排名第17位。截至2021年9月，甘肃省拥有国家重点实验室11个，省级重点实验室118个；拥有院士18人，全国排名第16位。

表3-107　2020年甘肃省基础研究SCI活跃学科及高频词

序号	活跃学科	SCI学科活跃度	高频词（词频）
1	传染病学	8.30	COVID-19（5）；巴基斯坦（3）；SARS-CoV-2（3）；流行率（2）；流行病学（2）；基因组（2）；肺炎克雷伯菌（2）；棘头动物（1）；非洲（1）；抗生素耐药性（1）；抗生素抗性基因（1）；生物信息学分析（1）；牛泰勒虫病（1）；布鲁氏菌病（1）；C. 产气荚膜（1）；山羊科布病毒（1）；碳青霉烯类抗性（1）；病死率（1）；案例报告（1）；豚科（1）；宫颈结核（1）；挑战（1）；化学发光免疫分析（1）；伊比迪斯衣原体（1）；鹦鹉热衣原体（1）
2	病毒学	5.78	口蹄疫病毒（5）；FMDV（4）；干扰素（2）；COVID-19（2）；致病性（2）；猪（2）；猪流行性腹泻病毒（2）；自噬（2）；3a（2）；2019-新型冠状病毒（1）；3a蛋白质（1）；3c蛋白酶（1）；高山麝（1）；替代细胞受体（1）；AMSTAR-2（1）；拮抗机制（1）；抗病毒机制（1）；抗菌肽（1）；抗病毒作用（1）；心尖外翻（1）；β-丙氨酸（1）；生物活动（1）；$BMRF_2$（1）；BVDV C蛋白（1）；山羊副流感病毒（1）；表征（1）；中国（1）；胆固醇（1）；临床特征（1）；免疫共沉淀（1）
3	精神病学	5.32	抑郁症（4）；元分析（3）；焦虑（3）；COVID-19（3）；酒精使用障碍（1）；癌症（1）；尊严疗法（1）；经济水平（1）；经济欠发达（1）；流行病（1）；癫痫（1）；偏头痛（1）；风险因素（1）；农村（1）；精神分裂症（1）；严重的精神疾病（1）；自杀意念（1）；自杀未遂（1）
4	多学科材料	4.78	机械性能（27）；显微结构（22）；超级电容器（18）；静电纺丝（9）；光致发光（8）；太阳能蒸汽发电（8）；氧化石墨烯（8）；石墨烯（7）；磁性（7）；机械性能（7）；吸附（6）；稳定性（6）；坡缕石（6）；金属-有机框架（6）；热稳定性（6）；复合材料（6）；电化学性能（5）；光热材料（5）；协同效应（5）
5	环境科学	4.40	青藏高原（36）；中国（22）；气候变化（18）；温度（16）；降水（14）；土壤水分（10）；遥感（9）；蒸腾作用（9）；黑炭（9）；土壤有机碳（9）；永久冻土（9）；吸附（8）；高山草甸（7）；重金属（7）；辐射强迫（7）；莫迪斯（7）；兰州（7）；荒漠化（6）；空气污染（6）
6	物理化学	3.30	超级电容器（19）；电化学性能（10）；氧化还原反应（7）；光催化（6）；稳定性（6）；机械性能（6）；金属-有机框架（5）；太阳能蒸汽发电（5）；坡缕石（5）；晶体结构（5）；锂离子电池（5）；电催化剂（5）；析氧反应（5）；石墨烯（5）；氧化石墨烯（5）；自组装（5）；氧空位（4）；密度泛函理论（4）；吸附（4）
7	应用物理学	2.81	微观结构（13）；磁性（9）；铜（6）；石墨烯（6）；超级电容器（5）；传感器（5）；腐蚀（5）；结构（5）；耐腐蚀性（5）；摩擦（5）；吸附（5）；压力（4）；热稳定性（4）；润湿性（4）；摩擦学特性（4）；溶胶-凝胶自燃（4）；光催化（4）；静电纺丝（4）；半导体（4）；超级润滑（4）
8	电子与电气工程	2.71	图像处理（22）；特征提取（16）；区块链（7）；数学模型（7）；遥感（6）；深度学习（6）；卷积神经网络（6）；图像融合（6）；矩阵分解（5）；机器视觉（5）；加密语音检索（5）；计算建模（5）；云计算（5）；稳健性（5）；图像分割（5）；认证（4）；加密（4）；优化（4）；无线传感器网络（4）；机器学习（4）
9	多学科化学	2.43	超级电容器（7）；合成方法（7）；光催化（6）；合成（5）；吸附（5）；光致发光（5）；交叉耦合（4）；有机催化（4）；多相催化（4）；烯烃（4）；不对称催化（4）；晶体结构（4）；石墨烯（4）；氧化石墨烯（4）；电化学（3）；荧光（3）；纳米材料（3）；静电纺丝（3）；锂离子电池（3）

续表

序号	活跃学科	SCI 学科活跃度	高频词（词频）
10	多学科地球科学	2.29	青藏高原（34）；气候变化（16）；永久冻土（12）；遥感（8）；全新世（8）；莫迪斯（7）；中国（6）；随机森林（5）；土壤水分（5）；高山草甸（4）；降水（4）；温度（4）；兰州（4）；东亚夏季风（4）；霜升（4）；黄土（4）；鄂尔多斯盆地（3）；稳定同位素（3）

资料来源：科技大数据湖北省重点实验室

表 3-108　2020 年甘肃省各学科 SCI 论文发文情况

序号	ESI 学科	论文数/篇（全国排名，省内排名）	被引次数/次（全国排名，省内排名）	篇均被引/次（全国排名，省内排名）	高水平论文/篇（全国排名，省内排名）
1	农业科学	283（19，10）	530（19，10）	1.872 8（20，1）	1（19，13）
2	生物学与生物化学	218（24，12）	337（25，12）	1.545 9（25，2）	0（23，17）
3	化学	1 169（21，1）	3 275（19，1）	2.801 5（12，3）	20（15，1）
4	临床医学	587（23，4）	1 250（20，5）	2.129 5（8，4）	2（19，9）
5	计算机科学	122（24，16）	219（26，17）	1.795 1（22，5）	0（23，17）
6	经济与商学	9（27，21）	8（26，21）	0.888 9（27，6）	0（20，17）
7	工程科学	722（23，3）	1 542（23，3）	2.135 7（21，7）	8（22，4）
8	环境/生态学	488（19，6）	1 258（17，4）	2.577 9（13，8）	7（13，6）
9	地球科学	462（11，7）	830（11，8）	1.796 5（13，9）	4（12，7）
10	免疫学	51（24，18）	942（12，7）	18.470 6（2，10）	1（14，13）
11	材料科学	733（22，2）	2 291（21，2）	3.125 5（17，11）	11（17，3）
12	数学	342（17，8）	414（16，11）	1.210 5（11，12）	12（10，2）
13	微生物学	132（14，15）	733（15，9）	5.553 0（12，13）	1（16，13）
14	分子生物与遗传学	161（25，13）	304（24，15）	1.888 2（18，14）	1（17，13）
15	综合交叉学科	151（20，14）	252（21，16）	1.668 9（21，15）	3（22，8）
16	神经科学与行为	58（26，17）	104（24，20）	1.793 1（10，16）	0（17，17）
17	药理学与毒物学	232（23，11）	334（24，13）	1.439 7（22，17）	2（18，9）
18	物理学	574（17，5）	1 011（18，6）	1.761 3（15，18）	8（13，4）
19	植物与动物科学	299（19，9）	309（20，14）	1.033 4（24，19）	0（22，17）
20	精神病学/心理学	34（24，20）	194（19，18）	5.705 9（3，20）	2（7，9）
21	一般社会科学	50（24，19）	120（21，19）	2.400 0（3，21）	2（17，9）
22	空间科学	6（26，22）	5（28，22）	0.833 3（23，22）	0（3，17）
全省合计		7 377	16 405	2.223 8	91

资料来源：科技大数据湖北省重点实验室

注：学科排序同 ESI 学科固定排序

	机构综合排名	农业科学	生物学与生物化学	化学	临床医学	工程科学	环境/生态学	地球科学	材料科学	数学	微生物学	药理学与毒物学	物理学	植物与动物科学	社会科学	机构进入ESI的学科数
兰州大学	468	302	821	84	1616	434	434	187	186	109	—	543	500	469	1452	13
中国科学院兰州化学物理研究所	1174	—	—	192	—	650	—	—	245	—	—	—	—	—	—	3
西北师范大学	2187	—	—	659	—	1686	—	—	761	—	—	—	—	—	—	3
中国科学院寒区旱区环境与工程研究所	2326	734	—	—	—	1185	606	288	—	—	—	—	—	—	—	4
兰州理工大学	2567	—	—	1279	—	909	—	—	572	—	—	—	—	—	—	3
中国科学院近代物理研究所	2859	—	—	—	—	—	—	—	—	—	—	—	693	—	—	1
兰州交通大学	3545	—	—	1101	—	1407	—	—	—	—	—	—	—	—	—	2
中国农业科学院兰州兽医研究所	4341	—	—	—	—	—	—	—	—	—	434	—	—	—	—	1
甘肃农业大学	4829	656	—	—	—	—	—	—	—	—	—	—	—	1328	—	2

图 3-84 2020 年甘肃省各机构进入 ESI 前 1%的学科及排名

资料来源：科技大数据湖北省重点实验室

表 3-109 2020 年甘肃省发明专利申请量十强技术领域

序号	IPC 号（技术领域）	发明专利申请量/件
1	G06F（电子数字数据处理）	226
2	A01G［园艺；蔬菜、花卉、稻、果树、葡萄、啤酒花或海菜的栽培；林业；浇水（水果、蔬菜、啤酒花等类植物的采摘入 A01D46/00；繁殖单细胞藻类入 C12N1/12）］	149
3	A61K［医用、牙科用或梳妆用的配制品（专门适用于将药品制成特殊的物理或服用形式的装置或方法 A61J 3/00；空气除臭，消毒或灭菌，或者绷带、敷料、吸收垫或外科用品的化学方面，或材料的使用入 A61L；肥皂组合物入 C11D）］	142
4	B01D［分离（用湿法从固体中分离固体入 B03B、B03D，用风力跳汰机或摇床入 B03B，用其他干法入 B07；固体物料从固体物料或流体中的磁或静电分离，利用高压电场的分离入 B03C；离心机、涡旋装置入 B04B；涡旋装置入 B04C；用于从含液物料中挤出液体的压力机本身入 B30B 9/02）］	128
5	G06Q（专门适用于行政、商业、金融、管理、监督或预测目的的数据处理系统或方法；其他类目不包含的专门适用于行政、商业、金融、管理、监督或预测目的的处理系统或方法）	94
6	A23L［不包含在 A21D 或 A23B 至 A23J 小类中的食品、食料或非酒精饮料；它们的制备或处理，例如烹调、营养品质的改进、物理处理（不能为本小类完全包含的成型或加工入 A23P）；食品或食料的一般保存（用于烘焙的面粉或面团的保存入 A21D）］	78
7	A01G［园艺；蔬菜、花卉、稻、果树、葡萄、啤酒花或海菜的栽培；林业；浇水（水果、蔬菜、啤酒花等类植物的采摘入 A01D46/00；繁殖单细胞藻类入 C12N1/12）］	70
8	C02F［水、废水、污水或污泥的处理（通过在物质中产生化学变化使有害的化学物质无害或降低危害的方法入 A62D 3/00；分离、沉淀箱或过滤设备入 B01D；有关处理水、废水或污水生产装置的水运容器的特殊设备，例如用于制备淡水入 B63J；为防止水的腐蚀用的添加物质入 C23F；放射性废液的处理入 G21F 9/04）］	70
9	B65G［运输或贮存装置，例如装载或倾卸用输送机、车间输送机系统或气动管道输送机（包装用的入 B65B；搬运薄的或细丝状材料如纸张或细丝入 B65H；起重机入 B66C；便携式或可移动的举升或牵引器具，如升降机入 B66D；用于装载或卸载目的的升降货物的装置，如叉车，入 B66F9/00；不包括在其他类目中的瓶子、罐、罐头、木桶、桶或类似容器的排空入 B67C9/00；液体分配或转移入 B67D；将压缩的、液化的或固体化的气体灌入容器或从容器内排出入 F17C；流体用管道系统入 F17D）］	65
10	C04B［石灰；氧化镁；矿渣；水泥；其组合物，例如：砂浆、混凝土或类似的建筑材料；人造石；陶瓷（微晶玻璃陶瓷入 C03C 10/00）；耐火材料（难熔金属的合金入 C22C）；天然石的处理］	62
全省合计		4442

资料来源：科技大数据湖北省重点实验室

表3-110　2020年甘肃省发明专利申请量优势企业和科研机构

序号	优势企业	发明专利申请量/件	序号	优势科研机构	发明专利申请量/件
1	金川集团股份有限公司	97	1	兰州理工大学	337
2	甘肃酒钢集团宏兴钢铁股份有限公司	91	2	兰州大学	284
3	国网甘肃省电力公司电力科学研究院	64	3	中国科学院兰州化学物理研究所	258
4	酒泉钢铁（集团）有限责任公司	30	4	兰州交通大学	121
5	中电万维信息技术有限责任公司	25	5	西北师范大学	110
6	兰州万里航空机电有限责任公司	24	6	中国农业科学院兰州兽医研究所	89
	天华化工机械及自动化研究设计院有限公司		7	中国科学院西北生态环境资源研究院	80
8	中铁西北科学研究院有限公司	20	8	甘肃农业大学	66
9	国网甘肃省电力公司信息通信公司	18	9	西北矿冶研究院	63
10	甘肃省交通规划勘察设计院股份有限公司	17	10	中国科学院近代物理研究所	62
	甘肃路桥建设集团有限公司		11	西北民族大学	55
12	兰州百源基因技术有限公司	16	12	陇东学院	40
13	兰州弘展信息科技有限公司	15	13	兰州空间技术物理研究所	30
14	甘肃烟草工业有限责任公司	12	14	天水师范学院	28
15	天水华洋电子科技股份有限公司	11	15	甘肃省科学院生物研究所	25
	白银有色集团股份有限公司		16	河西学院	24
	华亭煤业集团有限责任公司		17	中国农业科学院兰州畜牧与兽药研究所	20
18	国网甘肃省电力公司	10	18	兰州石化职业技术学院	19
	国网甘肃省电力公司经济技术研究院			甘肃省地震局（中国地震局兰州地震研究所）	
	张掖市筑梦达建材有限责任公司		20	兰州资源环境职业技术学院	16

资料来源：科技大数据湖北省重点实验室

表3-111　2020年甘肃省获得国家科技奖励机构清单

序号	获奖机构	获奖数量/项		
		总计	主持	参与
1	白银有色集团股份有限公司	1	0	1
2	甘肃蓝科石化高新装备股份有限公司	1	0	1
3	兰州交通大学	1	0	1
4	兰州空间技术物理研究所	1	1	0
5	中国市政工程西北设计研究院有限公司	1	0	1
6	天华化工机械及自动化研究设计院有限公司	1	0	1
7	甘肃省农业科学院	1	0	1
8	中国科学院寒区旱区环境与工程研究所	1	0	1
9	兰州大学	1	0	1
10	中铁西北科学研究院有限公司	1	0	1

资料来源：科技大数据湖北省重点实验室

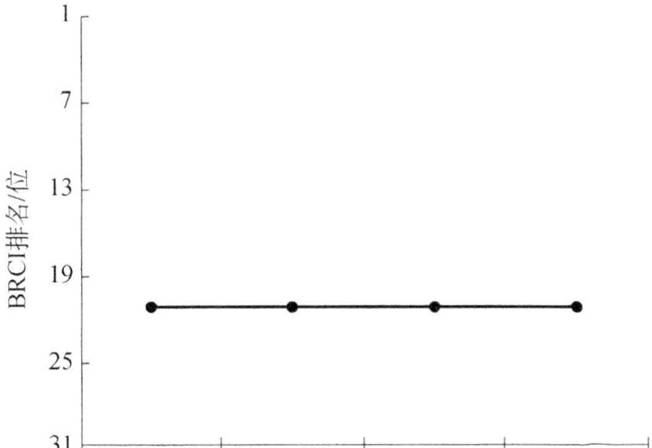

2017年	2018年	2019年	2020年
21	21	21	21

图 3-85　2017～2020 年甘肃省 BRCI 排名变化趋势

资料来源：科技大数据湖北省重点实验室

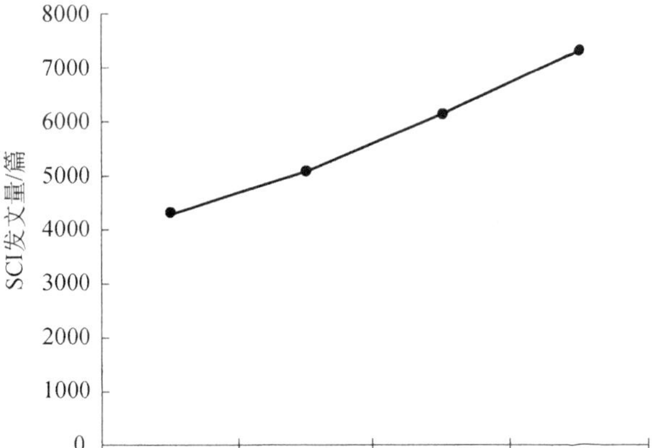

2017年	2018年	2019年	2020年
4312	5095	6151	7377

图 3-86　2017～2020 年甘肃省 SCI 发文趋势

资料来源：科技大数据湖北省重点实验室

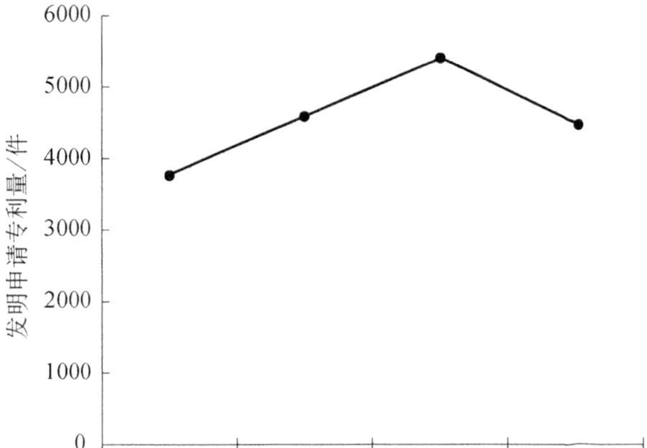

2017年	2018年	2019年	2020年
3767	4541	5427	4442

图 3-87　2017～2020 年甘肃省发明专利申请趋势

资料来源：科技大数据湖北省重点实验室

3.3.22 河北省

2020年，河北省的基础研究竞争力指数为42.7357，排名第22位。综合全省各学科论文数和篇均被引量来看，2020年河北省在全省范围内较为活跃的学科为电子与电气工程、多学科材料、物理化学、通信、计算机信息系统、药学与药理学、应用物理学、实验医学、传染病学、环境科学。其中，电子与电气工程的高频词包括特征提取、优化、深度学习、物联网、数学模型、预测模型、机器学习、能源效率、云计算、卷积神经网络、相关、边缘计算、延迟、鲁棒性等，多学科材料的高频词包括微观结构、机械性能、光催化作用、纳米复合材料、采用基于、磁性、动态再结晶、电子结构、锂离子电池、光学性质、氧化还原反应等，物理化学的高频词包括微观结构、氧化还原反应、能量储存、析氢反应、氧发生反应、钒氧化还原流电池等（表3-112）。综合全省各学科在全国的发文数量和排名位次来看，2020年河北省基础研究在全国范围内较为突出的学科为古生物学、骨科学、内科学、医学检验技术、显微学、动物学、病理学、康复学、急诊医学。河北省化学、工程科学学科领域发表高水平论文数量分别为20篇、10篇（表3-113）；河北省共有8个机构进入相关学科的ESI全球前1%行列（图3-88）；发明专利申请量共17 172件，全国排名第15（表3-114）；主要专利权人如表3-115所示，河北省获得国家奖励的科研机构如表3-116所示。

2017～2020年，河北省BRCI排名在第22～第23位之间波动（图3-89）；SCI论文数呈上升趋势（图3-90）；发明专利申请量呈上升趋势，2020年有所下降（图3-91）。

2020年，河北省地方财政科技投入经费98.5191亿元，全国排名第14位；获得国家科技奖励14项，全国排名第13位。截至2021年9月，河北省拥有国家重点实验室11个，省级重点实验室251个；拥有院士12人，全国排名第19位。

表3-112 2020年河北省基础研究SCI活跃学科及高频词

序号	活跃学科	SCI学科活跃度	高频词（词频）
1	电子与电气工程	4.95	特征提取（25）；优化（16）；深度学习（15）；物联网（15）；数学模型（13）；预测模型（13）；机器学习（11）；能源效率（10）；云计算（9）；卷积神经网络（9）；相关（9）；边缘计算（9）；延迟（8）；鲁棒性（8）；聚类算法（7）；卷积神经网络（7）；数据挖掘（7）；估计（7）；图像分割（7）；索引（7）；功率控制（7）；稳定性分析（7）
2	多学科材料	4.55	微观结构（45）；机械性能（24）；光催化作用（10）；纳米复合材料（10）；采用基于（7）；磁性（7）；动态再结晶（6）；电子结构（6）；锂离子电池（6）；光学性质（6）；氧化还原反应（6）；贝氏体钢（5）；陶瓷（5）；本构模型（5）；腐蚀（5）；能量储存（5）；高压扭转（HPT）（5）；镁合金（5）；建设监理（5）
3	物理化学	3.30	微观结构（9）；氧化还原反应（9）；能量储存（8）；析氢反应（8）；氧发生反应（8）；钒氧化还原流电池（8）；吸附（7）；晶体结构（7）；电催化剂（7）；锂离子电池（7）；机械性能（7）；光催化作用（7）；黏度（6）；阳极（5）；生物质（5）；配位聚合物（5）；电催化作用（5）；采用基于计算（5）；石墨烯（5）；稳定（5）；超级电容器（5）
4	通信	2.83	特征提取（19）；物联网（15）；优化（15）；预测模型（12）；机器学习（11）；卷积神经网络（9）；云计算（8）；数据挖掘（8）；边缘计算（8）；能源效率（8）；数学模型（8）；聚类算法（7）；相关（7）；深度学习（7）；鲁棒性（7）；卷积神经网络（6）；索引（6）；神经网络（6）；功率控制（6）；预测算法（6）
5	计算机信息系统	2.78	特征提取（19）；物联网（14）；云计算（11）；优化（11）；预测模型（11）；机器学习（10）；深度学习（9）；卷积神经网络（8）；数学模型（8）；相关（7）；数据挖掘（7）；边缘计算（7）；聚类算法（6）；卷积神经网络（6）；预测算法（6）；计算模型（5）；能源效率（5）；索引（5）；逻辑门（5）；神经网络（5）

续表

序号	活跃学科	SCI 学科活跃度	高频词（词频）
6	药学与药理学	2.72	氧化应激（16）；细胞凋亡（15）；炎症（10）；自噬（9）；预后（8）；扩散（8）；动脉粥样硬化（6）；荟萃分析（6）；阿尔茨海默病（5）；乳腺癌（5）；胃癌（5）；Nrf2（5）；脓毒症（5）；三氧化二砷（4）；生物标志物（4）；结肠直肠癌（4）；藏红花素（4）；高血压（4）；利拉鲁肽（4）；心肌纤维化（4）；药物动力学（4）
7	应用物理学	2.72	微观结构（13）；光催化作用（7）；镁合金（5）；机械性能（5）；纳米晶体材料（5）；4H碳化硅（4）；退化（4）；高压扭转（HPT）（4）；纳米复合材料（4）；纳米复合材料（4）；吸附（3）；核壳结构（3）；腐蚀（3）；接口（3）；有机框架（3）；显微硬度（3）；建设监理（3）；光学性质（3）；氧发生反应（3）；氧化还原反应（3）；光子晶体光纤（3）；降水（3）；超级电容器（3）；表面等离子体共振（3）；
8	实验医学	2.66	细胞凋亡（27）；预后（19）；扩散（15）；氧化应激（14）；炎症（12）；自噬（8）；生活质量（6）；乳腺癌（5）；诊断（5）；功效（5）；肝细胞癌（5）；脓毒症（5）；阿尔茨海默病（4）；动脉粥样硬化（4）；生物标记物（4）；生物标志物（4）；细胞凋亡（4）；细胞周期（4）；结肠直肠癌（4）；右美托咪定（4）
9	传染病学	2.49	2019-nCoV（2）；两性霉素 B 胶体分散体（2）；甲型流感病毒（2）；患病率（2）
10	环境科学	2.48	重金属（7）；吸附（5）；重金属（5）；氧化应激（5）；镉（4）；健康风险评估（4）；臭氧（4）；源解析（4）；细胞凋亡（3）；沿海城市（6）；地下水质量（3）；海洋渔业（3）；硝酸浸出（3）；华北平原（3）；数值模拟（3）；有机污染物（3）；$PM_{2.5}$（3）；风险评估（3）；可持续发展（3）；废水处理（3）

资料来源：科技大数据湖北省重点实验室

表 3-113　2020 年河北省各学科 SCI 论文发文情况

序号	ESI 学科	论文数/篇（全国排名，省内排名）	被引次数/次（全国排名，省内排名）	篇均被引/次（全国排名，省内排名）	高水平论文/篇（全国排名，省内排名）
1	农业科学	159（23，12）	296（24，12）	1.861 6（21，1）	0（24，11）
2	生物学与生物化学	296（20，7）	404（24，8）	1.364 9（27，2）	1（20，7）
3	化学	764（22，3）	2 344（23，1）	3.068 1（7，3）	20（15，1）
4	临床医学	1 121（19，1）	1 116（21，4）	0.995 5（25，4）	0（24，11）
5	计算机科学	237（20，10）	371（23，10）	1.565 4（26，5）	0（23，11）
6	经济与商学	9（27，21）	8（26，21）	0.888 9（26，6）	0（20，11）
7	工程科学	1 025（20，2）	1 876（21，2）	1.830 2（27，7）	10（21，2）
8	环境/生态学	228（25，11）	478（26，6）	2.096 5（20，8）	4（16，4）
9	地球科学	138（25，14）	146（27，14）	1.058 0（28，9）	1（21，7）
10	免疫学	53（23，18）	293（21，13）	5.528 3（14，10）	1（14，7）
11	材料科学	694（23，4）	1 767（23，3）	2.546 1（25，11）	8（21，3）
12	数学	137（26，15）	124（27，17）	0.905 1（22，12）	2（23，5）
13	微生物学	67（23，17）	118（24，18）	1.761 2（23，13）	0（20，11）
14	分子生物与遗传学	250（22，8）	394（21，9）	1.576 0（21，14）	0（20，11）
15	综合交叉学科	126（22，16）	125（23，16）	0.992 1（24，15）	2（23，5）
16	神经科学与行为	148（18，13）	141（20，15）	0.952 7（27，16）	0（17，11）
17	药理学与毒物学	367（18，6）	423（22，7）	1.152 6（27，17）	1（21，7）
18	物理学	382（22，5）	512（23，5）	1.340 3（23，18）	0（22，11）
19	植物与动物科学	239（22，9）	320（19，11）	1.338 9（18，19）	0（22，11）

续表

序号	ESI 学科	论文数/篇（全国排名，省内排名）	被引次数/次（全国排名，省内排名）	篇均被引/次（全国排名，省内排名）	高水平论文/篇（全国排名，省内排名）
20	精神病学/心理学	24（26，20）	11（27，20）	0.458 3（28，20）	0（15，11）
21	一般社会科学	31（26，19）	22（28，19）	0.709 7（26，21）	0（21，11）
22	空间科学	4（28，22）	6（27，22）	1.500 0（12，22）	0（3，11）
全省合计		7 009	11 442	1.632 5	57

资料来源：科技大数据湖北省重点实验室

注：学科排序同 ESI 学科固定排序

	机构综合排名	农业科学	生物学与生物化学	化学	临床医学	计算机科学	工程科学	材料科学	神经科学与行为	药理学与毒物学	植物与动物科学	机构进入ESI学科数
燕山大学	1588	—	—	855	—	487	427	300	—	—	—	4
河北医科大学	1853	—	—	—	1235	—	—	—	780	670	—	3
河北大学	2231	—	—	839	—	—	—	713	—	—	—	2
华北理工大学	2467	—	1052	1235	4119	—	—	—	—	—	—	3
河北师范大学	2853	—	—	1206	—	—	—	—	—	—	1298	2
河北农业大学	3546	773	—	—	—	—	—	—	—	—	1052	2
河北科技大学	3968	—	—	—	—	—	1495	—	—	—	—	1
石家庄铁道大学	5464	—	—	—	—	—	1629	—	—	—	—	1

图 3-88　2020 年河北省各机构进入 ESI 前 1%的学科及排名

资料来源：科技大数据湖北省重点实验室

表 3-114　2020 年河北省发明专利申请量十强技术领域

序号	IPC 号（技术领域）	发明专利申请量/件
1	G01N（小类中化学分析方法或化学检测方法）	625
2	G06F（电子数字数据处理）	490
3	A61K［医用、牙科用或梳妆用的配制品（专门适用于将药品制成特殊的物理或服用形式的装置或方法 A61J 3/00；空气除臭，消毒或灭菌，或者绷带、敷料、吸收垫或外科用品的化学方面，或材料的使用入 A61L；肥皂组合物入 C11D）］	389
4	G06Q（专门适用于行政、商业、金融、管理、监督或预测目的的数据处理系统或方法；其他类目不包含的专门适用于行政、商业、金融、管理、监督或预测目的的处理系统或方法）	361
5	B01D［分离（用湿法从固体中分离固体入 B03B、B03D，用风力跳汰机或摇床入 B03B，用其他干法入 B07；固体物料从固体物料或流体中的磁或静电分离，利用高压电场的分离入 B03C；离心机、涡旋装置入 B04B；涡旋装置入 B04C；用于从含液物料中挤出液体的压力机本身入 B30B 9/02）］	276
6	A01G［园艺；蔬菜、花卉、稻、果树、葡萄、啤酒花或海菜的栽培；林业；浇水（水果、蔬菜、啤酒花等类植物的采摘入 A01D46/00；繁殖单细胞藻类入 C12N1/12）］	263
7	C02F［水、废水、污水或污泥的处理（通过在物质中产生化学变化使有害的化学物质无害或降低危害的方法入 A62D 3/00；分离、沉淀箱或过滤设备入 B01D；有关处理水、废水或污水生产装置的水运容器的特殊设备，例如用于制备淡水入 B63J；为防止水的腐蚀用的添加物质入 C23F；放射性废液的处理入 G21F 9/04）］	246
8	C04B［石灰；氧化镁；矿渣；水泥；其组合物，例如：砂浆、混凝土或类似的建筑材料；人造石；陶瓷（微晶玻璃陶瓷入 C03C 10/00）；耐火材料（难熔金属的合金入 C22C）；天然石的处理］	225

续表

序号	IPC 号（技术领域）	发明专利申请量/件
9	B65G［运输或贮存装置，例如装载或倾卸用输送机、车间输送机系统或气动管道输送机（包装用的入 B65B；搬运薄的或细丝状材料如纸张或细丝入 B65H；起重机入 B66C；便携式或可移动的举升或牵引器具，如升降机入 B66D；用于装载或卸载目的的升降货物的装置，如叉车，入 B66F9/00；不包括在其他类目中的瓶子、罐、罐头、木桶、桶或类似容器的排空入 B67C9/00；液体分配或转移入 B67D；将压缩的、液化的或固体化的气体灌入容器或从容器内排出入 F17C；流体用管道系统入 F17D）］	214
10	G01R（G01T 物理测定方法；其设备）	202
全省合计		17 172

资料来源：科技大数据湖北省重点实验室

表 3-115　2020 年河北省发明专利申请量优势企业和科研机构

序号	优势企业	发明专利申请量/件	序号	优势科研机构	发明专利申请量/件
1	中国电子科技集团公司第五十四研究所	282	1	燕山大学	797
2	中国二十二冶集团有限公司	188	2	华北电力大学（保定）	171
3	云谷（固安）科技有限公司	184	3	河北科技大学	145
4	国网河北省电力有限公司电力科学研究院	151	4	河北工程大学	139
5	首钢京唐钢铁联合有限责任公司	141	5	石家庄铁道大学	128
6	中国电子科技集团公司第十三研究所	126	6	河北农业大学	113
7	长城汽车股份有限公司	117	7	华北理工大学	110
8	新兴铸管股份有限公司	109	8	河北大学	90
9	中车唐山机车车辆有限公司	106	9	东北大学秦皇岛分校	71
	邯郸钢铁集团有限责任公司		10	华北科技学院	69
11	敬业钢铁有限公司	74	11	北华航天工业学院	61
12	唐山钢铁集团有限责任公司	71		邢台职业技术学院	
13	中铁隧道集团二处有限公司	62	13	承德石油高等专科学校	56
	国网河北省电力有限公司沧州供电分公司		14	唐山师范学院	53
15	国网河北省电力有限公司	54	15	唐山学院	43
16	河钢股份有限公司承德分公司	53	16	河北地质大学	40
17	唐山哈船科技有限公司	51	17	中国人民解放军陆军工程大学	39
18	河北汉光重工有限责任公司	49	18	河北建筑工程学院	38
19	保定天威保变电气股份有限公司	45	19	河北师范大学	29
	河北建设集团股份有限公司		20	河北科技师范学院	28

资料来源：科技大数据湖北省重点实验室

表 3-116　2020 年河北省获得国家科技奖励机构清单

序号	获奖机构	获奖数量/项		
		总计	主持	参与
1	河北农业大学	2	1	1
2	石家庄铁道大学	1	0	1
3	河北以岭医药研究院有限公司	1	1	0
4	河北钢铁集团滦县司家营铁矿有限公司	1	0	1
5	河北精致科技有限公司	1	0	1
6	华北制药股份有限公司	1	0	1

续表

序号	获奖机构	获奖数量/项		
		总计	主持	参与
7	河北立德电子有限公司	1	0	1
8	中钢集团邢台机械轧辊有限公司	1	0	1
9	中信戴卡股份有限公司	1	0	1
10	河北地质大学	1	0	1
11	河北省农林科学院农业资源环境研究所	1	0	1

资料来源：科技大数据湖北省重点实验室

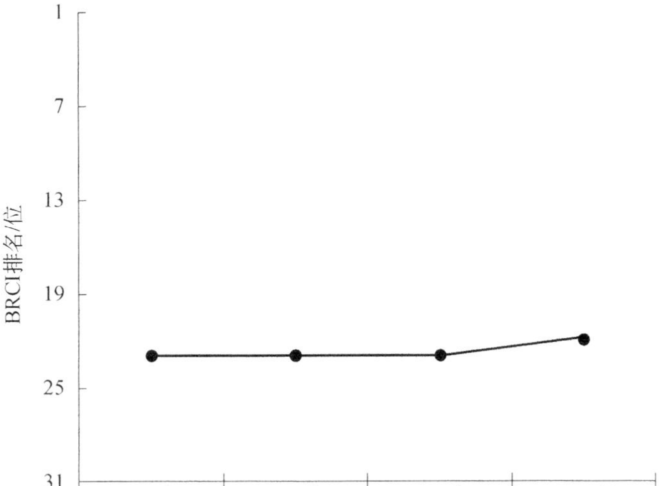

2017年	2018年	2019年	2020年
23	23	23	22

图 3-89　2017～2020 年河北省 BRCI 排名变化趋势

资料来源：科技大数据湖北省重点实验室

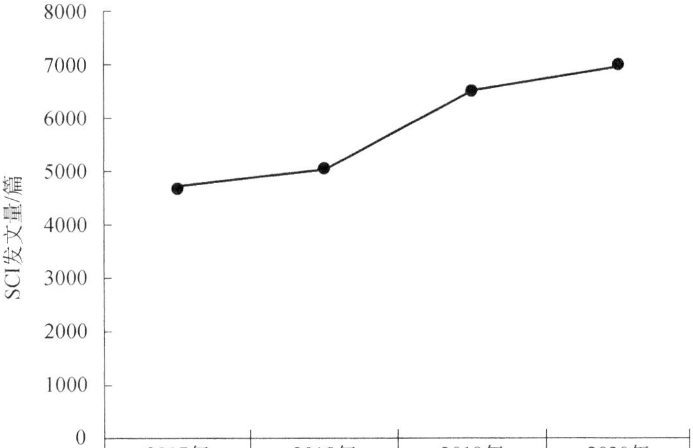

2017年	2018年	2019年	2020年
4676	5072	6562	7009

图 3-90　2017～2020 年河北省 SCI 发文趋势

资料来源：科技大数据湖北省重点实验室

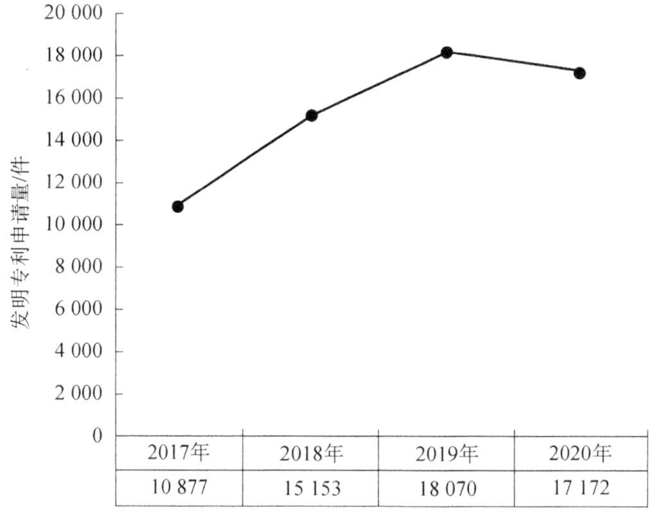

图 3-91　2017～2020 年河北省发明专利申请趋势

资料来源：科技大数据湖北省重点实验室

3.3.23　贵州省

2020 年，贵州省的基础研究竞争力指数为 41.9309，排名第 23 位。综合全省各学科论文数和篇均被引量来看，2020 年贵州省在全省范围内较为活跃的学科为环境科学、传染病学、多学科材料、药学与药理学、多学科化学、电子与电气工程、生物化学与分子生物学、物理化学、细胞生物学、实验医学。其中，环境科学的高频词包括重金属、汞、砷、岩溶、喀斯特地区等，传染病学的高频词包括新型冠状病毒肺炎、非典病毒等，多学科材料的高频词包括微观结构、机械性能、激光熔覆、涂层、石墨烯、分子动力学模拟、相变等（表 3-117）。综合全省各学科在全国的发文数量和排名位次来看，2020 年贵州省基础研究在全国范围内较为突出的学科为矿物学、昆虫学、古生物学、动物学、地质学、真菌学、鸟类学、地球化学与地球物理学、矿物加工、教育心理学。贵州省化学、工程科学学科领域发表高水平论文数量分别为 5 篇、3 篇（表 3-118）；共有 5 个机构进入相关学科的 ESI 全球前 1%行列（图 3-92）；发明专利申请量共 8319 件，全国排名第 22（表 3-119）；主要专利权人如表 3-120 所示；获得国家奖励的科研机构如表 3-121 所示。

2017～2020 年，贵州省 BRCI 排名在第 23～第 25 位之间波动（图 3-93）；SCI 论文数呈上升趋势（图 3-94）；2018～2020 年的发明专利申请量呈下降趋势（图 3-95）。

2020 年，贵州省地方财政科技投入经费 112.7001 亿元，全国排名第 13 位；获得国家科技奖励 2 项，全国排名第 28 位。截至 2021 年 9 月，贵州省拥有国家重点实验室 6 个，省级重点实验室 67 个；拥有院士 4 人，全国排名第 25 位。

表 3-117 2020 年贵州省基础研究 SCI 活跃学科及高频词

序号	活跃学科	SCI 学科活跃度	高频词（词频）
1	环境科学	3.20	重金属（14）；汞（10）；砷（9）；岩溶（8）；喀斯特地区（7）；重金属（6）；甲基汞（6）；健康风险（5）；吸附（4）；健康风险评估（4）；细胞凋亡（3）；生物体内积累（3）；生物炭（3）；镉（3）；气候变化（3）；贵州（3）；壬基酚（3）；氧化应激（3）；磷（3）；大米（3）
2	传染病学	3.00	新型冠状病毒肺炎（3）；非典病毒（3）
3	多学科材料	2.79	微观结构（16）；机械性能（11）；激光熔覆（6）；涂层（5）；石墨烯（4）；分子动力学模拟（4）；相变（4）；吸附（3）；耐蚀性（3）；退化（3）；DFT（3）；兴奋剂（3）；导电性（3）；电子结构（3）；第一原则（6）；残余应力（3）；尺寸（3）；固体溶液（3）；TEM（3）；耐磨性（3）
4	药学与药理学	2.76	细胞凋亡（13）；炎症（8）；荟萃分析（5）；分子对接（5）；药物动力学（5）；阿尔茨海默病（4）；自噬（4）；Icariside-Ⅱ（4）；帕金森病（4）；预后（4）；抗炎（3）；抗菌（3）；抗癌（3）；右美托咪定（3）；分化（3）；肝细胞癌（3）；传染病（3）；肝纤维化（3）；间充质干细胞（3）；核因子 κB（3）
5	多学科化学	2.30	合成（8）；抗菌活性（7）；生物柴油（5）；抗癌（3）；抗真菌活性（3）；细胞凋亡（3）；密度泛函理论（3）；酯化（3）；高效液相色谱法（3）；杀虫活性（3）；结构与活性关系（3）；可持续的化学（3）；作用机理（2）；碱性条件下（2）；生物质（2）；生物质能转化（2）；生物炼制（2）；查耳酮（2）；二氧化碳转换（2）；晶体结构（2）
6	电子与电气工程	2.27	深度学习（12）；特征提取（9）；图像处理（6）；优化（6）；神经网络（6）；机器学习（5）；任务分析（5）；收敛（4）；卷积神经网络（4）；图像分割（4）；云计算（3）；卷积（3）；卷积神经网络（3）；数据模型（3）；特征融合（3）；信息提取（3）；许可证（3）；媒体（3）；资源管理（3）；语义（3）；无线传感器网络（3）；
7	生物化学与分子生物学	2.26	合成（7）；炎症（5）；氧化应激（5）；抗菌活性（4）；细胞凋亡（4）；查耳酮（4）；分子对接（4）；燃煤氟中毒（3）；迁移（3）；Nrf2（3）；成骨细胞激活（3）；多糖（3）；脊髓损伤（3）；一种蛋白激酶（2）；抗癌（2）；抗菌活性（2）；抗氧化能力（2）；抗病毒活性（2）；竹笋（2）；生化分类（2）
8	物理化学	2.20	腐蚀抑制剂（4）；DFT（4）；朗缪尔吸附（4）；机械性能（4）；Q235 钢（4）；密度泛函理论（3）；电化学性能（3）；石墨烯（3）；Kamlet-Jacobs 方程（3）；微观结构（3）；C 复合材料（2）；二氧化碳加氢（2）；涂层（2）；核壳结构（2）；耐蚀性（2）；缺陷工程（2）；EIS（2）；燃料电池（2）；甘油（2）；高能量密度化合物（2）
9	细胞生物学	1.84	氧化应激（7）；细胞凋亡（6）；自噬（4）；肝细胞癌（3）；炎症（3）；帕金森病（3）；扩散（3）；α7 烟碱型乙酰胆碱受体（2）；阿尔茨海默病（2）；细胞增殖（2）；结肠直肠癌（2）；胃癌（2）；间充质干细胞（2）；Nrf2（2）；预后特征（2）；进展（2）；细胞焦亡（2）；哺乳动物细胞 SIRT1（2）
10	实验医学	1.80	细胞凋亡（9）；扩散（5）；帕金森病（4）；PI3K（4）；预后（4）；血管生成（3）；乳腺癌（3）；病例报告（3）；人羊膜间充质干细胞（3）；炎症（3）；入侵（3）；氧化应激（3）；怀孕（3）；活性氧（3）；急性肝损伤（2）；一种蛋白激酶信号通路（2）；一种蛋白激酶/物信号通路（2）；阿尔茨海默病（2）；自噬（2）；细胞周期（2）

资料来源：科技大数据湖北省重点实验室

表 3-118 2020 年贵州省各学科 SCI 论文发文情况

序号	ESI 学科	论文数/篇（全国排名，省内排名）	被引次数/次（全国排名，省内排名）	篇均被引/次（全国排名，省内排名）	高水平论文/篇（全国排名，省内排名）
1	农业科学	139（25，12）	188（26，10）	1.3525（28，1）	0（24，7）
2	生物学与生物化学	149（26，11）	207（28，9）	1.3893（26，2）	0（23，7）
3	化学	559（26，1）	1164（26，1）	2.0823（27，3）	5（24，1）
4	临床医学	418（26，2）	478（24，4）	1.1435（23，4）	0（24，7）
5	计算机科学	72（27，14）	82（29，16）	1.1389（28，5）	0（23，7）
6	经济与商学	12（25，22）	34（23，20）	2.8333（4，6）	0（20，7）

续表

序号	ESI 学科	论文数/篇（全国排名，省内排名）	被引次数/次（全国排名，省内排名）	篇均被引/次（全国排名，省内排名）	高水平论文/篇（全国排名，省内排名）
7	工程科学	252（27，4）	552（26，2）	2.1905（19，7）	3（27，2）
8	环境/生态学	207（27，7）	479（25，3）	2.3140（17，8）	0（26，7）
9	地球科学	164（23，9）	221（24，8）	1.3476（25，9）	0（25，7）
10	免疫学	40（25，18）	172（24，11）	4.3000（18，10）	1（14，3）
11	材料科学	263（27，3）	323（29，5）	1.2281（30，11）	1（27，3）
12	数学	154（25，10）	127（26，15）	0.8247（23，12）	0（26，7）
13	微生物学	42（28，17）	59（28，18）	1.4048（26，13）	0（20，7）
14	分子生物与遗传学	189（24，8）	262（25，7）	1.3862（23，14）	0（20，7）
15	综合交叉学科	56（29，16）	50（27，19）	0.8929（26，15）	0（26，7）
16	神经科学与行为	61（24，15）	147（19，14）	2.4098（5，16）	1（8，3）
17	药理学与毒物学	232（23，5）	314（26，6）	1.3534（24，17）	1（21，3）
18	物理学	136（27，13）	165（26，13）	1.2132（25，18）	0（22，7）
19	植物与动物科学	232（23，5）	171（26，12）	0.7371（29，19）	0（22，7）
20	精神病学/心理学	35（23，19）	60（24，17）	1.7143（17，20）	0（15，7）
21	一般社会科学	25（27，20）	32（26，21）	1.2800（22，21）	0（21，7）
22	空间科学	24（14，21）	30（14，22）	1.2500（16，22）	0（3，7）
全省合计		3683	5469	1.4849	16

资料来源：科技大数据湖北省重点实验室

注：学科排序同 ESI 学科固定排序

	机构综合排名	化学	临床医学	工程科学	环境/生态学	地球科学	药理学与毒物学	植物与动物科学	机构进入ESI学科数
贵州大学	2304	841	—	1547	—	—	—	690	3
中国科学院地球科学研究院（筹）贵阳分部	2840	—	—	—	682	344	—	—	2
贵州医科大学	3921	—	3002	—	—	—	1012	—	2
遵义医科大学	4086	—	3435	—	—	—	—	—	1
贵州省农业科学院	5964	—	—	—	—	—	—	926	1

图 3-92　2020 年贵州省各机构进入 ESI 前 1%的学科及排名

资料来源：科技大数据湖北省重点实验室

表 3-119　2020 年贵州省发明专利申请量十强技术领域

序号	IPC 号（技术领域）	发明专利申请量/件
1	A01G［园艺；蔬菜、花卉、稻、果树、葡萄、啤酒花或海菜的栽培；林业；浇水（水果、蔬菜、啤酒花等类植物的采摘入 A01D46/00；繁殖单细胞藻类入 C12N1/12）］	304
2	A61K［医用、牙科用或梳妆用的配制品（专门适用于将药品制成特殊的物理或服用形式的装置或方法 A61J 3/00；空气除臭，消毒或灭菌，或者绷带、敷料、吸收垫或外科用品的化学方面，或材料的使用入 A61L；肥皂组合物入 C11D）］	300

续表

序号	IPC 号（技术领域）	发明专利申请量/件
3	G06Q（专门适用于行政、商业、金融、管理、监督或预测目的的数据处理系统或方法；其他类目不包含的专门适用于行政、商业、金融、管理、监督或预测目的的处理系统或方法）	274
4	G06F（电子数字数据处理）	262
5	G01N（小类中化学分析方法或化学检测方法）	248
6	C04B［石灰；氧化镁；矿渣；水泥；其组合物，例如：砂浆、混凝土或类似的建筑材料；人造石；陶瓷（微晶玻璃陶瓷入 C03C 10/00）；耐火材料（难熔金属的合金入 C22C）；天然石的处理］	170
7	A23F（咖啡；茶；其代用品；它们的制造、配制或泡制）	167
8	A23L［不包含在 A21D 或 A23B 至 A23J 小类中的食品、食料或非酒精饮料；它们的制备或处理，例如烹调、营养品质的改进、物理处理（不能为本小类完全包含的成型或加工入 A23P）；食品或食料的一般保存（用于烘焙的面粉或面团的保存入 A21D）］	166
9	G01R（G01T 物理测定方法；其设备）	136
10	B01D［分离（用湿法从固体中分离固体入 B03B、B03D，用风力跳汰机或摇床入 B03B，用其他干法入 B07；固体物料从固体物料或流体中的磁或静电分离，利用高压电场的分离入 B03C；离心机、涡旋装置入 B04B；涡旋装置入 B04C；用于从含液物料中挤出液体的压力机本身入 B30B 9/02）］	120
全省合计		8319

资料来源：科技大数据湖北省重点实验室

表 3-120　2020 年贵州省发明专利申请量优势企业和科研机构

序号	优势企业	发明专利申请量/件	序号	优势科研机构	发明专利申请量/件
1	贵州电网有限责任公司	794	1	贵州大学	360
2	中国电建集团贵阳勘测设计研究院有限公司	130	2	贵州工程应用技术学院	88
3	中国航发贵州黎阳航空动力有限公司	81	3	贵州理工学院	83
4	贵州中烟工业有限责任公司	71	4	遵义医科大学	79
5	中铁五局集团有限公司	61	5	茅台学院	72
6	贵州梅岭电源有限公司	57	6	贵州民族大学	70
7	贵州盘江精煤股份有限公司	41	7	贵州医科大学	62
8	贵州航天天马机电科技有限公司	39	8	铜仁学院	60
9	中国南方电网有限责任公司超高压输电公司天生桥局	34	9	贵州师范大学	53
	贵州建工集团第一建筑工程有限责任公司		10	遵义师范学院	40
11	贵州航天林泉电机有限公司	31	11	中国科学院地球化学研究所	36
12	中国电建集团贵州电力设计研究院有限公司	30	12	中国航发贵阳发动机设计研究所	35
	中国航发贵州红林航空动力控制科技有限公司		13	贵州中医药大学	33
14	遵义钛业股份有限公司	29	14	贵阳学院	32
15	中铁二局第一工程有限公司	28	15	贵州师范学院	29
	贵州路桥集团有限公司			贵州省烟草科学研究院	

续表

序号	优势企业	发明专利申请量/件	序号	优势科研机构	发明专利申请量/件
17	中国南方电网有限责任公司超高压输电公司贵阳局	27	17	中国科学院天然产物化学重点实验室（贵州医科大学天然产物化学重点实验室）	28
	贵阳铝镁设计研究院有限公司			六盘水师范学院	
19	贵州新安航空机械有限责任公司	26	19	贵州省草业研究所	25
20	中国水利水电第九工程局有限公司	25	20	贵州省材料产业技术研究院	20
	贵州开磷磷石膏综合利用有限公司				

资料来源：科技大数据湖北省重点实验室

表 3-121　2020 年贵州省获得国家科技奖励机构清单

序号	获奖机构	获奖数量/项		
		总计	主持	参与
1	遵义医科大学	1	0	1
2	瓮福（集团）有限责任公司	1	1	0
3	贵州大学	1	1	0
4	贵州航天林泉电机有限公司	1	0	1

资料来源：科技大数据湖北省重点实验室

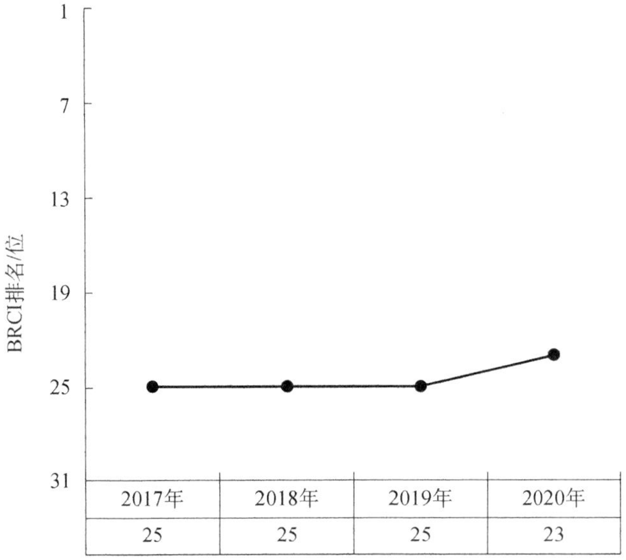

图 3-93　2017～2020 年贵州省 BRCI 排名变化趋势

资料来源：科技大数据湖北省重点实验室

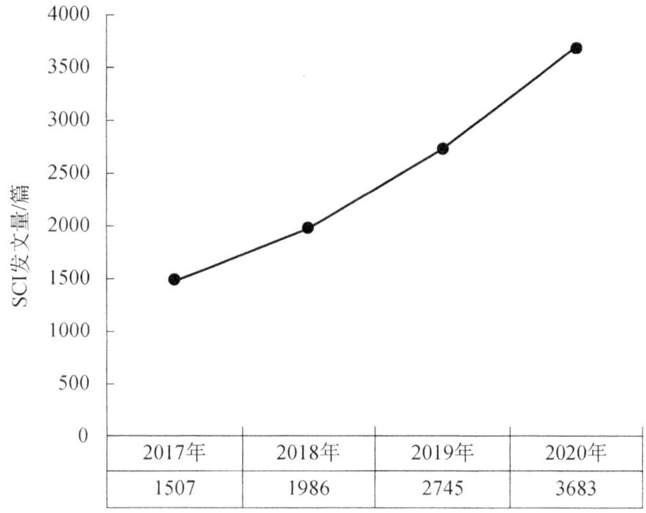

图 3-94　2017～2020 年贵州省 SCI 发文趋势

资料来源：科技大数据湖北省重点实验室

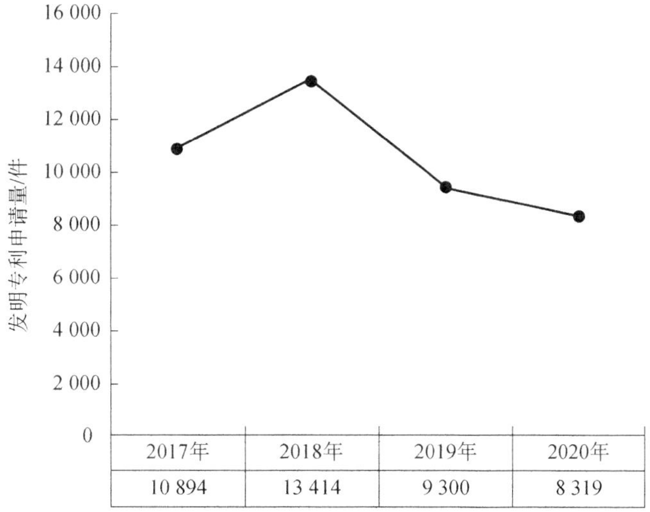

图 3-95　2017～2020 年贵州省发明专利申请趋势

资料来源：科技大数据湖北省重点实验室

3.3.24　山西省

2020 年，山西省的基础研究竞争力指数为 41.8217，排名第 24 位。综合全省各学科论文数和篇均被引量来看，2020 年山西省在全省范围内较为活跃的学科为精神病学、多学科材料、病毒学、物理化学、电子与电气工程、应用物理学、化学工程、环境科学、计算机信息系统、多学科化学。其中，精神病学的高频词包括重度抑郁症、精神分裂症、双相抑郁、双相情感障碍、抑郁症等，多学科材料的高频词包括微观结构、机械性能、纹理、石墨烯、镁合金、动态再结晶、超级电容器、机械性能、稳定等，病毒学的高频词包括基本传染数、新型冠状病毒肺炎、分数阶等（表 3-122）。综合全省各学科在全国的发文数量和排名位次来看，2020 年山西省基础研究在全国范围内较为突出的学科为法医学、犯罪与刑罚学、昆虫学、护理学、无机与核化学、晶体学、乳品与动物学、园艺、风湿病学、粒子与场物理、变态反应。山西省计算机科学、工程科学、材料科学等学科领域发表高水平论文数量分别为7篇、6篇、6篇（表3-123）；共有8个机构进入相关学科的ESI全球前1%行列（图3-96）；发明专利申请量共7501件，全国排名第24（表3-124）；主要专利权人如表3-125所示；获得国家奖励的科研机构如表3-126所示。

2017～2020年，山西省BRCI排名始终位于第24位（图3-97）；SCI论文数呈上升趋势（图3-98）；发明专利申请量呈上升趋势，2020年有所下降（图3-99）。

2020年，山西省地方财政科技投入经费65.83亿元，全国排名第17位；获得国家科技奖励10项，全国排名第17位。截至2021年9月，山西省拥有国家重点实验室6个，省级重点实验室93个，省实验室4个；拥有院士6人，全国排名第23位。

表3-122　2020年山西省基础研究SCI活跃学科及高频词

序号	活跃学科	SCI学科活跃度	高频词（词频）
1	精神病学	7.47	重度抑郁症（5）；精神分裂症（3）；双相抑郁（2）；双相情感障碍（2）；抑郁症（2）
2	多学科材料	5.64	微观结构（65）；机械性能（57）；纹理（27）；石墨烯（17）；镁合金（17）；动态再结晶（13）；超级电容器（12）；机械性能（10）；稳定（10）；腐蚀（9）；微观组织演变（9）；纳米复合材料（9）；电化学性能（7）；硬度（7）；超级电容器（7）；复合材料（6）；腐蚀行为（6）；密度泛函理论（6）；挤压（6）；接口（6）；镁合金（6）；微观结构（6）；纳米粒子（6）；降低石墨烯氧化物（6）
3	病毒学	5.11	基本传染数（2）；新型冠状病毒肺炎（2）；分数阶（2）
4	物理化学	4.31	密度泛函理论（17）；机械性能（14）；DFT（12）；超级电容器（11）；析氢反应（10）；微观结构（10）；吸附（9）；石墨烯（9）；纹理（9）；费托合成（8）；水分离（8）；氧发生反应（7）；稳定（7）；表面活性（7）；电催化作用（6）；电催化剂（6）；光催化作用（6）；超级电容器（6）；表面张力（6）
5	电子与电气工程	3.39	特征提取（12）；图像处理（12）；数学模型（12）；图像重建（8）；图像分割（8）；优化（8）；三维显示（8）；深度学习（7）；任务分析（7）；不确定性（7）；许可证（6）；机器学习（6）；云计算（5）；估计（5）；噪声测量（5）；对象检测（5）；形状（5）；宽带（4）；聚类算法（4）；计算模型（4）；爆炸（4）；图像恢复（4）；成像系统（4）；机器视觉（4）；观察人士（4）；鲁棒性（4）；稳定（4）；二维显示（4）
6	应用物理学	3.04	微观结构（17）；机械性能（8）；纳米复合材料（7）；复合材料（6）；传感器（6）；超级电容器（6）；纹理（6）；附着力（5）；生物材料（4）；密度泛函理论（4）；石墨烯（4）；降低石墨烯氧化物（4）；超级电容器（4）；阳极（3）；阳极处理（3）；催化性能（3）；能量储存与转换（3）；故障诊断（3）；高温（3）；机械性能（3）；微观组织演变（3）；纳米粒子（3）；纳米管（3）；电阻开关（3）；半导体（3）；灵敏度（3）
7	化学工程	2.93	吸附（10）；活性炭（8）；煤炭（7）；密度泛函理论（7）；光催化作用（7）；费托合成（6）；对光反应变色（6）；旋转填充床（5）；可见光（5）；灰熔度（4）；生物降解（4）；碳点（4）；协调聚合物（4）；硫化氢去除（4）；机制（4）；氧化（4）；氧空位（4）；合成气（4）；热稳定性（4）
8	环境科学	2.84	镉（10）；氟化（10）；吸附（8）；砷（8）；重金属（8）；氧化应激（7）；多环芳烃（5）；源解析（5）；空间分布（5）；生物炭（4）；中国（4）；沿海城市（4）；健康风险（4）；黄土高原（4）；机制（4）；微生物群落（4）；$PM_{2.5}$（4）；土壤特性（4）
9	计算机信息系统	2.74	特征提取（13）；优化（10）；数学模型（9）；三维显示（8）；深度学习（7）；图像重建（7）；许可证（6）；云计算（5）；聚类算法（5）；图像分割（5）；神经网络（5）；任务分析（5）；培训（5）；宽带（4）；计算模型（4）；卷积神经网络（4）；数据模型（4）；物联网（4）；机器学习（4）；鲁棒性（4）；二维显示（4）；不确定性（4）
10	多学科化学	2.57	吸附（5）；晶体结构（5）；DFT（5）；电催化作用（5）；氧化应激（5）；密度泛函理论（4）；多相催化（4）；氧化（4）；自组装（4）；稳定（4）；热分解（4）；水分离（4）；活性炭（3）；细胞凋亡（3）；铜（3）；铜的制备（3）；荧光（3）；析氢反应（3）；动力学（3）；发光（3）；纳米粒子（3）；氧空位（3）；降低石墨烯氧化物（3）；传感器（3）；超级电容器（3）；合成（3）

资料来源：科技大数据湖北省重点实验室

表 3-123　2020 年山西省各学科 SCI 论文发文情况

序号	ESI 学科	论文数/篇（全国排名，省内排名）	被引次数/次（全国排名，省内排名）	篇均被引/次（全国排名，省内排名）	高水平论文/篇（全国排名，省内排名）
1	农业科学	135（26，13）	172（27，14）	1.274 1（29，1）	0（24，16）
2	生物学与生物化学	203（25，9）	269（26，10）	1.325 1（29，2）	0（23，16）
3	化学	1 246（20，1）	2 667（21，1）	2.140 4（26，3）	4（26，4）
4	临床医学	491（24，5）	360（26，8）	0.733 2（29，4）	0（24，16）
5	计算机科学	154（23，12）	779（19，5）	5.058 4（1，5）	7（16，1）
6	经济与商学	28（22，20）	74（21，20）	2.642 9（6，6）	1（14，6）
7	工程科学	880（21，2）	1 596（22，3）	1.813 6（28，7）	6（23，2）
8	环境/生态学	266（23，6）	507（24，7）	1.906 0（24，8）	1（21，6）
9	地球科学	100（27，15）	176（25，13）	1.760 0（15，9）	1（21，6）
10	免疫学	28（27，20）	42（29，21）	1.500 0（27，10）	0（17，16）
11	材料科学	861（19，3）	2 293（20，2）	2.663 2（23，11）	6（22，2）
12	数学	212（22，8）	207（23，11）	0.976 4（18，12）	3（21，5）
13	微生物学	44（27，17）	142（23，16）	3.227 3（16，13）	1（16，6）
14	分子生物与遗传学	157（26，10）	189（26，12）	1.203 8（25，14）	0（20，16）
15	综合交叉学科	103（26，14）	96（25，18）	0.932 0（25，15）	1（25，6）
16	神经科学与行为	80（22，16）	126（22，17）	1.575 0（16，16）	1（8，6）
17	药理学与毒物学	227（25，7）	276（27，9）	1.215 9（26，17）	1（21，6）
18	物理学	503（19，4）	674（21，6）	1.340 0（24，18）	0（22，16）
19	植物与动物科学	157（25，10）	162（27，15）	1.031 8（25，19）	1（19，6）
20	精神病学/心理学	41（22，18）	1 174（6，4）	28.634 1（1，20）	1（10，6）
21	一般社会科学	41（25，18）	89（23，19）	2.170 7（4，21）	1（19，6）
22	空间科学	11（20，22）	25（17，22）	2.272 7（3，22）	0（3，16）
全省合计		6 279	12 209	1.944 4	41

资料来源：科技大数据湖北省重点实验室

注：学科排序同 ESI 学科固定排序

	机构综合排名	农业科学	化学	临床医学	工程科学	环境/生态学	材料科学	物理学	植物与动物科学	机构进入ESI学科数
山西大学	1404	—	535	—	937	1064	692	752		5
太原理工大学	1427	—	594	—	441	—	271	—	—	3
中国科学院山西煤炭化学研究所	1982	—	475	—	1008	—	494	—	—	3
山西医科大学	2758	—	—	1951	—	—	—	—	—	1
中北大学	2801	—	1102	—	1122	—	670	—	—	3
山西农业大学	4242	774	—	—	—	—	—	—	1014	2
太原科技大学	4549	—	—	—	1516	—	—	—	—	1
山西省人民医院	5933	—	—	4358	—	—	—	—	—	1

图 3-96　2020 年山西省各机构进入 ESI 前 1%的学科及排名

资料来源：科技大数据湖北省重点实验室

表 3-124　2020 年山西省发明专利申请量十强技术领域

序号	IPC 号（技术领域）	发明专利申请量/件
1	G01N（小类中化学分析方法或化学检测方法）	296
2	G06F（电子数字数据处理）	229
3	A61K［医用、牙科用或梳妆用的配制品（专门适用于将药品制成特殊的物理或服用形式的装置或方法 A61J 3/00；空气除臭，消毒或灭菌，或者绷带、敷料、吸收垫或外科用品的化学方面，或材料的使用入 A61L；肥皂组合物入 C11D）］	184
4	B01J（化学或物理方法，例如，催化作用或胶体化学；其有关设备）	172
5	C04B［石灰；氧化镁；矿渣；水泥；其组合物，例如：砂浆、混凝土或类似的建筑材料；人造石；陶瓷（微晶玻璃陶瓷入 C03C 10/00）；耐火材料（难熔金属的合金入 C22C）；天然石的处理］	128
6	A01G［园艺；蔬菜、花卉、稻、果树、葡萄、啤酒花或海菜的栽培；林业；浇水（水果、蔬菜、啤酒花等类植物的采摘入 A01D46/00；繁殖单细胞藻类入 C12N1/12）］	126
7	B65G［运输或贮存装置，例如装载或倾卸用输送机、车间输送机系统或气动管道输送机（包装用的入 B65B；搬运薄的或细丝状材料如纸张或细丝入 B65H；起重机入 B66C；便携式或可移动的举升或牵引器具，如升降机入 B66D；用于装载或卸载目的的升降货物的装置，如叉车，入 B66F9/00；不包括在其他类目中的瓶子、罐、罐头、木桶、桶或类似容器的排空入 B67C9/00；液体分配或转移入 B67D；将压缩的、液化的或固体化的气体灌入容器或从容器内排出入 F17C；流体用管道系统入 F17D）］	118
8	B01D［分离（用湿法从固体中分离固体入 B03B、B03D，用风力跳汰机或摇床入 B03B，用其他干法入 B07；固体物料从固体物料或流体中的磁或静电分离，利用高压电场的分离入 B03C；离心机、涡旋装置入 B04B；涡旋装置入 B04C；用于从含液物料中挤出液体的压力机本身入 B30B 9/02）］	109
8	E21D［竖井；隧道；平硐；地下室（土壤调节材料或土壤稳定材料入 C09K 17/00；采矿或采石用的钻机、开采机械、截割机入 E21C；安全装置、运输、救护、通风或排水入 E21F）］	109
10	C02F［水、废水、污水或污泥的处理（通过在物质中产生化学变化使有害的化学物质无害或降低危害的方法入 A62D 3/00；分离、沉淀箱或过滤设备入 B01D；有关处理水、废水或污水生产装置的水运容器的特殊设备，例如用于制备淡水入 B63J；为防止水的腐蚀用的添加物质入 C23F；放射性废液的处理入 G21F 9/04）］	103
10	G06K（数据处理）	103
全省合计		7501

资料来源：科技大数据湖北省重点实验室

表 3-125　2020 年山西省发明专利申请量优势企业和科研机构

序号	优势企业	发明专利申请量/件	序号	优势科研机构	发明专利申请量/件
1	中国煤炭科工集团太原研究院有限公司	132	1	太原理工大学	739
2	大同新成新材料股份有限公司	111	2	中北大学	472
3	国网山西省电力公司电力科学研究院	90	3	山西大学	355
4	山西太钢不锈钢股份有限公司	82	4	太原科技大学	242
5	中铁十二局集团有限公司	60	5	中国科学院山西煤炭化学研究所	108
6	中车永济电机有限公司	55	6	中国辐射防护研究院	84
7	中车大同电力机车有限公司	51	7	山西农业大学	76
8	山西省工业设备安装集团有限公司	50	8	吕梁学院	61
9	山西汾西重工有限责任公司	48	9	山西医科大学	50
10	太原重工股份有限公司	40	10	山西中医药大学	29
11	山西四建集团有限公司	37	10	运城学院	29
12	山西潞安太阳能科技有限责任公司	36	12	太原师范学院	28

续表

序号	优势企业	发明专利申请量/件	序号	优势科研机构	发明专利申请量/件
13	山西省交通科技研发有限公司	35	13	太原工业学院	24
14	中铁三局集团有限公司	34	14	山西师范大学	19
15	精英数智科技股份有限公司	31	15	山西大同大学	18
16	经纬智能纺织机械有限公司	29	16	晋中学院	14
17	山西晋城无烟煤矿业集团有限责任公司	27	17	山西省林业科学研究院	13
18	中车太原机车车辆有限公司	26		山西能源学院	
19	中船重工电机科技股份有限公司	23	19	山西工程技术学院	12
20	山西航天清华装备有限责任公司	22		忻州师范学院	

资料来源：科技大数据湖北省重点实验室

表 3-126　2020 年山西省获得国家科技奖励机构清单

序号	获奖机构	获奖数量/项		
		总计	主持	参与
1	中铁十二局集团有限公司	2	0	2
2	山西潞安矿业（集团）有限责任公司	1	1	0
3	山西众创达科技有限公司	1	0	1
4	山西农业大学	1	1	0
5	山西省测绘工程院	1	0	1

资料来源：科技大数据湖北省重点实验室

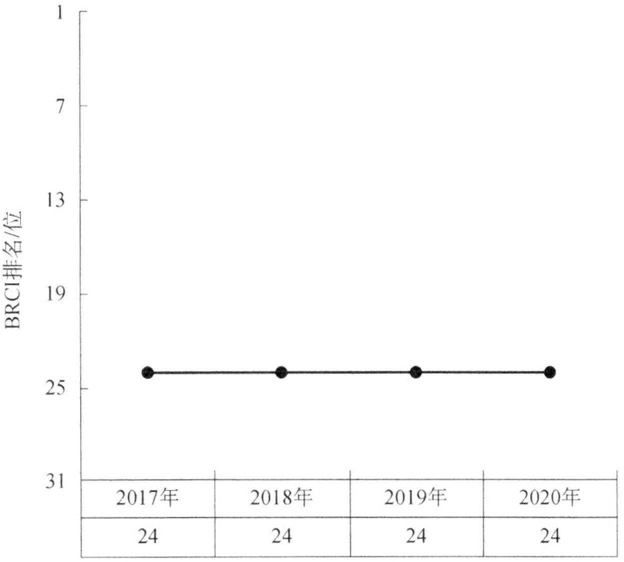

图 3-97　2017～2020 年山西省 BRCI 排名变化趋势

资料来源：科技大数据湖北省重点实验室

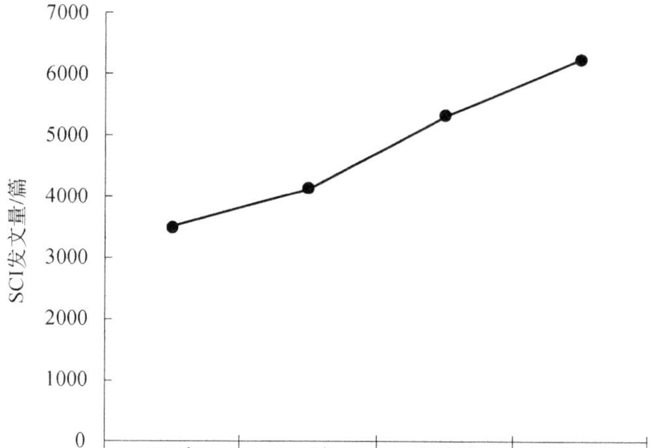

2017年	2018年	2019年	2020年
3490	4152	5348	6279

图 3-98 2017～2020 年山西省 SCI 发文趋势

资料来源：科技大数据湖北省重点实验室

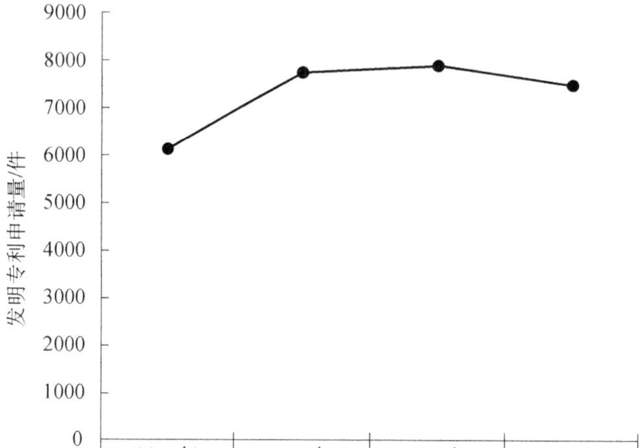

2017年	2018年	2019年	2020年
6138	7758	7908	7501

图 3-99 2017～2020 年山西省发明专利申请趋势

资料来源：科技大数据湖北省重点实验室

3.3.25 广西壮族自治区

2020 年，广西壮族自治区的基础研究竞争力指数为 41.1459，排名第 25 位。综合全区各学科论文数和篇均被引量来看，2020 年广西壮族自治区在全区范围内较为活跃的学科为控制论、电子与电气工程、多学科材料、环境科学、病毒学、护理学、肿瘤学、物理化学、自动控制、药学与药理学。其中，控制论的高频词包括概率逻辑、自适应控制、隐马尔可夫模型、人工神经网络等，电子与电气工程的高频词包括深度学习、特征提取、数学模型、卷积神经网络、云计算、物联网等，多学科材料的高频词包括微观结构、机械性能、光催化作用、超级电容器、能量储存、磁控溅射、晶体结构等（表 3-127）。综合全区各学科在全国的发文数量和排名位次来看，2020 年广西壮族自治区基础研究在全国范围内较为突出的学科为生殖生物学、水生生物学、医学检验技术、纸质和木质材料、兽医学、血液学、农艺学、林业、矿物学、口腔医学、区域和城市规划、生物医学社会学。广西壮族自治区工程科学、化学、材料科学等学科领域发表高水平论文数量分别为6篇、5篇、5篇（表3-128）；共有6个机构进入相关学科的ESI全球前1%行列（图3-100）；发明专利申请量共10 837件，全国排名第19（表3-129）；主要专利权人如表3-130所示；获得国家奖励的科研机构如表3-131所示。

2017～2020年，广西壮族自治区BRCI排名在第22～第25位之间波动（图3-101），SCI论文数呈上升趋势（图3-102），发明专利申请量呈下降趋势（图3-103）。

2020年，广西壮族自治区地方财政科技投入经费66.4503亿元，全国排名第16位；获得国家科技奖励4项，全国排名第22位。截至2021年9月，广西壮族自治区拥有国家重点实验室3个，省级重点实验室115个；拥有院士1人，全国排名第28位。

表3-127　2020年广西壮族自治区基础研究SCI活跃学科及高频词

序号	活跃学科	SCI学科活跃度	高频词（词频）
1	控制论	8.92	概率逻辑（2）；自适应控制（2）；隐马尔可夫模型（2）；人工神经网络（1）；异步过滤（1）；同步控制（1）；协作表示（1）；复杂性理论（1）；综合学习（1）；收敛（1）；数据库（1）；动态面控制（1）；人脸识别（1）；分数阶非线性系统（1）；隐马尔可夫模型（2）；间隔励磁（IE）（1）；参数估计（1）；先验知识（1）；概率量化输出（1）；量子化效应（1）
2	电子与电气工程	4.08	深度学习（11）；特征提取（10）；数学模型（10）；卷积神经网络（9）；云计算（6）；物联网（6）；对象检测（6）；人工智能学习（5）；优化（5）；电网（5）；开关（5）；注意机制（4）；编码的缓存方案（4）；数据隐私（4）；启发式算法（4）；图像增强（4）；图像重建（4）；图像分割（4）；机器学习（4）；神经网络（4）
3	多学科材料	3.94	微观结构（22）；机械性能（20）；光催化作用（8）；超级电容器（8）；能量储存（7）；磁控溅射（7）；晶体结构（6）；电化学性能（6）；石墨烯（6）；吸附（5）；铝合金（5）；阳极材料（5）；钠离子电池（5）；热稳定性（5）；描述（4）；复合（4）；扩散对（4）；电气性能（4）；电化学性能（4）；异质结（4）
4	环境科学	2.84	吸附（14）；重金属（9）；镉（8）；微生物群落（7）；北部湾（6）；生物体内积累（6）；大米（5）；铬（4）；重金属（4）；塑料微粒（4）；植物修复（4）；沉积物（4）；硒（4）；南中国海（4）；结构表征（4）；修正案（3）；抗生素（3）；珊瑚礁（3）；反硝化作用（3）；高通量测序（3）
5	病毒学	2.67	2019年冠状病毒病（3）；HIV-1型（3）；荟萃分析（3）；肺炎（2）；系统回顾（2）；URF（2）
6	护理学	2.62	工作压力（2）；武汉（2）
7	肿瘤学	2.60	预后（48）；肝细胞癌（44）；细胞凋亡（19）；鼻咽癌（19）；生物标志物（15）；转移（14）；结肠直肠癌（13）；生物信息学（12）；胃癌（11）；入侵（10）；肺腺癌（10）；生存（10）；子宫颈癌（8）；总生存期（8）；扩散（8）；乳腺癌（6）；诊断（6）；上皮间质转化（6）；肺癌（6）
8	物理化学	2.54	锂离子电池（7）；机械性能（7）；光催化作用（7）；协同效应（7）；吸附（5）；阳极材料（5）；晶体结构（5）；阳极（4）；耐蚀性（4）；DFT（4）；扩散对（4）；能量储存（4）；氢进化（4）；析氢反应（4）；原位漫反射红外光谱（4）；锂离子电池（4）；磁控溅射（4）；有机框架（4）；微观结构（4）；氧化还原反应（4）
9	自动控制	2.39	开关（3）；收敛（2）；卷积神经网络（2）；解耦控制（2）；事件驱动的方案（2）；隐马尔可夫模型（2）；马尔可夫过程（2）；马尔可夫链的切换系统（2）；网络化控制系统（2）；概率逻辑（2）；量子化效应（2）；时变延迟（2）
10	药学与药理学	2.36	细胞凋亡（17）；氧化应激（11）；肝细胞癌（9）；炎症（7）；自噬（6）；乳腺癌（6）；内质网应激（6）；扩散（6）；核因子κB（5）；破骨细胞（5）；预后（5）；结肠直肠癌（4）；荟萃分析（4）；骨关节炎（4）；抗炎（3）；新型冠状病毒肺炎（3）；铁死亡（3）；肝细胞癌（3）；丝裂原活化蛋白激酶（3）；机制（3）

资料来源：科技大数据湖北省重点实验室

表 3-128　2020 年广西壮族自治区各学科 SCI 论文发文情况

序号	ESI 学科	论文数/篇（全国排名，区内排名）	被引次数/次（全国排名，区内排名）	篇均被引/次（全国排名，区内排名）	高水平论文/篇（全国排名，区内排名）
1	农业科学	166（22，13）	305（23，12）	1.837 3（22，1）	1（19，9）
2	生物学与生物化学	292（21，5）	470（23，8）	1.609 6（23，2）	1（20，9）
3	化学	725（24，2）	1 710（25，1）	2.358 6（23，3）	5（24，2）
4	临床医学	758（22，1）	1 044（23，4）	1.377 3（21，4）	2（19，6）
5	计算机科学	202（21，11）	411（21，9）	2.034 7（19，5）	4（18，4）
6	经济与商学	15（23，21）	7（29，22）	0.466 7（29，6）	0（20，14）
7	工程科学	627（24，3）	1 411（24，2）	2.250 4（17，7）	6（23，1）
8	环境/生态学	238（24，10）	628（21，5）	2.638 7（11，8）	2（20，6）
9	地球科学	123（26，14）	161（26，15）	1.308 9（26，9）	0（25，14）
10	免疫学	58（22，19）	63（27，19）	1.086 2（29，10）	0（17，14）
11	材料科学	578（24，4）	1 363（25，3）	2.358 1（26，11）	5（23，2）
12	数学	177（24，12）	263（21，14）	1.485 9（5，12）	4（16，4）
13	微生物学	77（22，16）	329（18，11）	4.272 7（13，13）	2（13，6）
14	分子生物与遗传学	272（20，6）	550（20，6）	2.022 1（16，14）	1（17，9）
15	综合交叉学科	115（24，15）	123（24，16）	1.069 6（23，15）	0（26，14）
16	神经科学与行为	59（25，18）	86（26，17）	1.457 6（21，16）	0（17，14）
17	药理学与毒物学	257（22，7）	485（21，7）	1.887 2（14，17）	1（21，9）
18	物理学	244（24，9）	370（25，10）	1.516 4（22，18）	0（22，14）
19	植物与动物科学	256（20，8）	291（21，13）	1.136 7（21，19）	0（22，14）
20	精神病学/心理学	15（27，21）	38（25，20）	2.533 3（11，20）	1（10，9）
21	一般社会科学	63（22，17）	83（24，18）	1.317 5（21，21）	0（21，14）
22	空间科学	31（12，20）	26（16，21）	0.838 7（22，22）	0（3，14）
全区合计		5 675	10 349	1.823 6	41

资料来源：科技大数据湖北省重点实验室

注：学科排序同 ESI 学科固定排序

	机构综合排名	农业科学	化学	临床医学	工程科学	材料科学	药理学与毒物学	植物与动物科学	机构进入ESI学科数
广西大学	1567	530	931	—	617	503	—	931	5
广西医科大学	1799	—	—	1030	—	—	753	—	2
广西师范大学	2637	—	809	—	1648	—	—	—	2
桂林电子科技大学	3011	—	—	—	969	811	—	—	2
桂林理工大学	3135	—	1248	—	—	833	—	—	2
桂林医学院	4704	—	—	4046	—	—	—	—	1

图 3-100　2020 年广西壮族自治区各机构进入 ESI 前 1%的学科及排名

资料来源：科技大数据湖北省重点实验室

表3-129 2020年广西壮族自治区发明专利申请量十强技术领域

序号	IPC号（技术领域）	发明专利申请量/件
1	A61K［医用、牙科用或梳妆用的配制品（专门适用于将药品制成特殊的物理或服用形式的装置或方法A61J 3/00；空气除臭，消毒或灭菌，或者绷带、敷料、吸收垫或外科用品的化学方面，或材料的使用入A61L；肥皂组合物入C11D）］	396
2	G01N（小类中化学分析方法或化学检测方法）	388
2	G06F（电子数字数据处理）	388
4	A01G［园艺；蔬菜、花卉、稻、果树、葡萄、啤酒花或海菜的栽培；林业；浇水（水果、蔬菜、啤酒花等类植物的采摘入A01D46/00；繁殖单细胞藻类入C12N1/12）］	371
5	C02F［水、废水、污水或污泥的处理（通过在物质中产生化学变化使有害的化学物质无害或降低危害的方法入A62D 3/00；分离、沉淀箱或过滤设备入B01D；有关处理水、废水或污水生产装置的水运容器的特殊设备，例如用于制备淡水入B63J；为防止水的腐蚀用的添加物质入C23F；放射性废液的处理入G21F 9/04）］	207
6	G06Q（专门适用于行政、商业、金融、管理、监督或预测目的的数据处理系统或方法；其他类目不包含的专门适用于行政、商业、金融、管理、监督或预测目的的处理系统或方法）	197
7	G06K（数据处理）	178
8	A01K（畜牧业；禽类、鱼类、昆虫的管理；捕鱼；饲养或养殖其他类不包含的动物；动物的新品种）	170
9	C04B［石灰；氧化镁；矿渣；水泥；其组合物，例如：砂浆、混凝土或类似的建筑材料；人造石；陶瓷（微晶玻璃陶瓷入C03C 10/00）；耐火材料（难熔金属的合金入C22C）；天然石的处理］	168
10	A23L［不包含在A21D或A23B至A23J小类中的食品、食料或非酒精饮料；它们的制备或处理，例如烹调、营养品质的改进、物理处理（不能为本小类完全包含的成型或加工入A23P）；食品或食料的一般保存（用于烘焙的面粉或面团的保存入A21D）］	137
全区合计		10 837

资料来源：科技大数据湖北省重点实验室

表3-130 2020年广西壮族自治区发明专利申请量优势企业和科研机构

<table>
<tr><th>序号</th><th>优势企业</th><th>发明专利申请量/件</th><th>序号</th><th>优势科研机构</th><th>发明专利申请量/件</th></tr>
<tr><td>1</td><td>广西玉柴机器股份有限公司</td><td>554</td><td>1</td><td>桂林电子科技大学</td><td>777</td></tr>
<tr><td rowspan="2">2</td><td>东风柳州汽车有限公司</td><td rowspan="2">152</td><td>2</td><td>广西大学</td><td>488</td></tr>
<tr><td>广西电网有限责任公司电力科学研究院</td><td>3</td><td>桂林理工大学</td><td>368</td></tr>
<tr><td>4</td><td>上汽通用五菱汽车股份有限公司</td><td>132</td><td>4</td><td>广西壮族自治区农业科学院</td><td>241</td></tr>
<tr><td>5</td><td>广西交科集团有限公司</td><td>65</td><td>5</td><td>南宁学院</td><td>181</td></tr>
<tr><td>6</td><td>广西夏阳环保科技有限公司</td><td>57</td><td>6</td><td>广西科技大学</td><td>153</td></tr>
<tr><td>7</td><td>广西中烟工业有限责任公司</td><td>51</td><td>7</td><td>广西师范大学</td><td>141</td></tr>
<tr><td>8</td><td>广西路桥工程集团有限公司</td><td>48</td><td>8</td><td>广西壮族自治区林业科学研究院</td><td>91</td></tr>
<tr><td>9</td><td>桂林优利特医疗电子有限公司</td><td>46</td><td>9</td><td>玉林师范学院</td><td>88</td></tr>
<tr><td>10</td><td>柳州钢铁股份有限公司</td><td>43</td><td>10</td><td>北部湾大学</td><td>63</td></tr>
<tr><td rowspan="2">11</td><td>中国南方电网有限责任公司超高压输电公司柳州局</td><td rowspan="2">39</td><td rowspan="3">11</td><td>广西南亚热带农业科学研究所</td><td rowspan="3">51</td></tr>
<tr><td>广西电网有限责任公司</td><td>广西壮族自治区水产科学研究院</td></tr>
<tr><td>13</td><td>中船华南船舶机械有限公司</td><td>33</td><td>桂林航天工业学院</td></tr>
<tr><td>14</td><td>北海惠科光电技术有限公司</td><td>32</td><td>14</td><td>广西中医药大学</td><td>48</td></tr>
</table>

续表

序号	优势企业	发明专利申请量/件	序号	优势科研机构	发明专利申请量/件
15	中国电子科技集团公司第三十四研究所	30	15	广西农业职业技术学院	47
16	广西电网有限责任公司南宁供电局	27	16	南宁师范大学	42
17	广西强寿生物科技有限公司	26	17	广西壮族自治区亚热带作物研究所（广西亚热带农产品加工研究所）	39
	桂林市啄木鸟医疗器械有限公司			贺州学院	
19	广西建工集团第五建筑工程有限责任公司	23	19	广西民族大学	37
	广西益才农业发展有限公司		20	桂林医学院	35

资料来源：科技大数据湖北省重点实验室

表 3-131　2020 年广西壮族自治区获得国家科技奖励机构清单

序号	获奖机构	获奖数量/项		
		总计	主持	参与
1	广西大学	1	1	0
2	柳州欧维姆机械股份有限公司	1	0	1
3	桂林市思奇通信设备有限公司	1	0	1
4	广西科技大学	1	0	1
5	中国化学工业桂林工程有限公司	1	0	1
6	广西田园生化股份有限公司	1	0	1
7	广西中医药大学	1	0	1

资料来源：科技大数据湖北省重点实验室

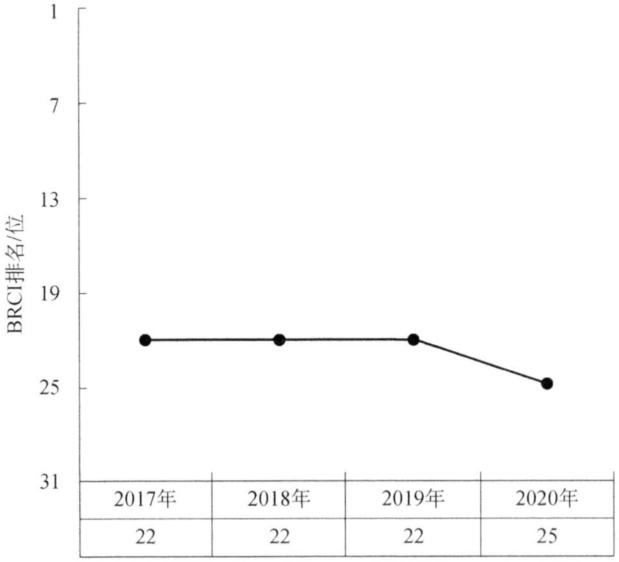

图 3-101　2017～2020 年广西壮族自治区 BRCI 排名变化趋势

资料来源：科技大数据湖北省重点实验室

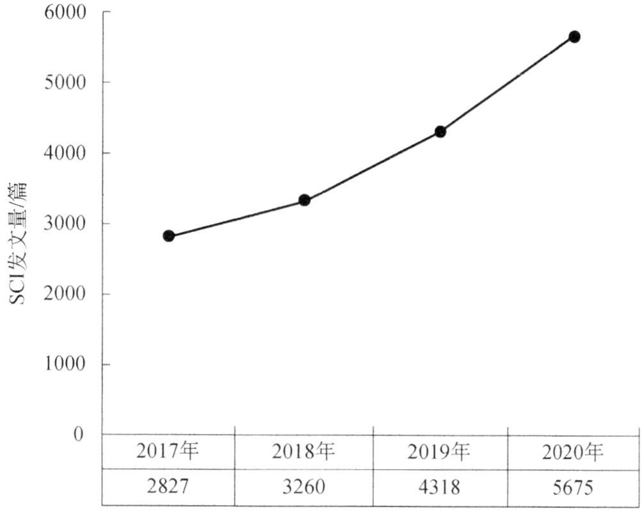

图 3-102 2017～2020 年广西壮族自治区 SCI 发文趋势

资料来源：科技大数据湖北省重点实验室

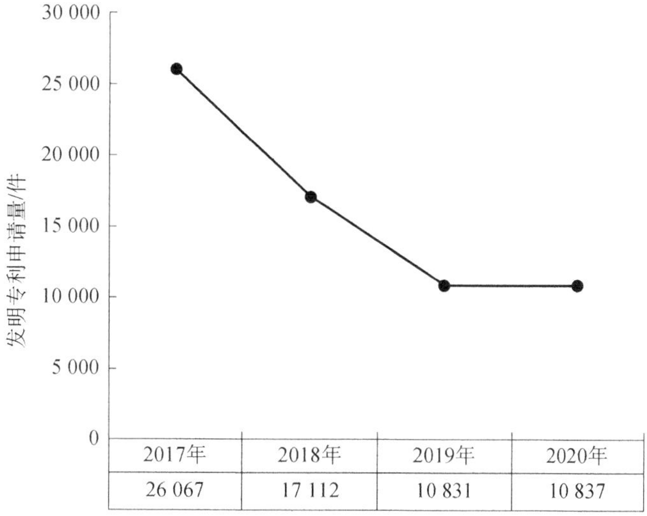

图 3-103 2017～2020 年广西壮族自治区发明专利申请趋势

资料来源：科技大数据湖北省重点实验室

3.3.26 宁夏回族自治区

2020 年，宁夏回族自治区的基础研究竞争力指数为 40.3805，排名第 26 位。综合全区各学科论文数和篇均被引量来看，2020 年宁夏回族自治区在全自治区范围内较为活跃的学科为物理化学、多学科材料、药学与药理学、涂层与薄膜材料、化学工程、凝聚态物理、应用物理学、多学科化学、能源与燃料、生物化学与分子生物学。其中，物理化学的高频词包括光催化氢进化、氢进化、机械性能、pn 异质结、光催化氢进化、可见光、水分离等，多学科材料的高频词包括机械性能、微观结构、铝合金、化学活化、电催化作用、石墨烯、氢进化、锂离子电池等，药学与药理学的高频词包括细胞凋亡、炎症、nf-κB、扩散等（表 3-132）。综合全区各学科在全国的发文数量和排名位次来看，2020 年宁夏回族自治区基础研究在全国范围内较为突出的学科为男科、耳鼻喉科学、生物心理学、社会学数学方法、城市研究、血液学、眼科学、危重病医学、区域和城市规划、麻醉学、生物医学社会学。宁夏回族自治区材料科学、化学、临床医学、药理学与毒物学等学科领域均发表高水平论文 2 篇、1 篇、1 篇（表 3-133）；共有 1 个机构进入相关学科的 ESI 全球前 1%行列（图 3-104）；发明专利申请量共 2378 件，全国排名第 28（表 3-134）；主要专利权人如表 3-135 所示。

2017～2020 年，宁夏回族自治区 BRCI 排名在第 26～第 29 位之间波动（图 3-105），SCI 论文数呈上升趋势（图 3-106），发明专利申请量呈下降趋势（图 3-107）。

2020 年，宁夏回族自治区地方财政科技投入经费 28.4813 亿元，全国排名第 27 位；获得国家科技奖励 4 项，全国排名第 22 位。截至 2021 年 9 月，宁夏回族自治区拥有国家重点实验室 3 个，省级重点实验室 41 个；拥有院士 1 人，全国排名第 28 位。

表 3-132　2020 年宁夏回族自治区基础研究 SCI 活跃学科及高频词

序号	活跃学科	SCI 学科活跃度	高频词（词频）
1	物理化学	3.42	光催化氢进化（7）；氢进化（4）；机械性能（4）；pn 异质结（4）；光催化氢进化（4）；可见光（3）；水分离（3）；钨酸钴（2）；能量密度（2）；2 进化（2）；异质结（2）；锂离子电池（2）；微观结构（2）；相平衡（2）；光催化作用（2）；光催化剂氢进化（2）；多孔碳膜（2）；稀土（2）；且电极（2）；稳定（2）
2	多学科材料	2.53	机械性能（5）；微观结构（3）；铝合金（2）；化学活化（2）；电催化作用（2）；石墨烯（2）；氢进化（2）；锂离子电池（2）；锂离子电池（2）；降低石墨烯氧化物（2）；回弹（2）
3	药学与药理学	2.38	细胞凋亡（5）；炎症（3）；nf-κB（3）；扩散（3）；一种蛋白激酶（2）；镇痛（2）；自噬（2）；细胞毒性（2）；解散（2）；Ho-1（2）；菊粉（2）；入侵（2）；脂多糖（2）；有限合伙人（2）；肺癌（2）；巨噬细胞（2）；线粒体（2）；mTOR（2）；纳米悬浮液（4）；Nrf2（2）；氧化应激（2）；药理学（2）；物理稳定性（2）；植物化学（2）；TNF（2）；湿磨（2）
4	涂层与薄膜材料	2.36	光催化氢进化（2）；超级电容器（2）
5	化学工程	2.26	二氧化碳吸附（3）；吸附（2）；电容去离子作用（2）；催化裂解（2）；描述（2）；海水淡化（2）；DFT（2）；Electrosorption（2）；感应电流的电极（2）；动力学（2）；Na_xCoO_2 晶体（2）；
6	凝聚态物理	2.10	掺杂石墨烯（2）；采用基于计算（2）；机械性能（2）；光催化氢进化（2）；超级电容器（2）
7	应用物理学	1.93	锂离子电池（2）；光催化氢进化（2）；超级电容器（2）
8	多学科化学	1.76	过山蕨（2）；电催化作用（2）；光催化剂（2）；结构测定（2）；合成（2）；
9	能源与燃料	1.69	光催化氢进化（4）；生物质（3）；pn 异质结（3）；烟煤（2）；催化裂解（2）；煤炭（2）；多孔碳膜（2）；且电极（2）；可见光（2）
10	生物化学与分子生物学	1.58	自噬（6）；氧化应激（4）；细胞凋亡（3）；胃癌（2）；高血糖（2）；Nrf2（2）；脊髓损伤（2）

资料来源：科技大数据湖北省重点实验室

表 3-133　2020 年宁夏回族自治区各学科 SCI 论文发文情况

序号	ESI 学科	论文数/篇（全国排名，区内排名）	被引次数/次（全国排名，区内排名）	篇均被引/次（全国排名，区内排名）	高水平论文/篇（全国排名，区内排名）
1	农业科学	41（30，7）	61（30，7）	1.4878（27，1）	0（24，5）
2	生物学与生物化学	40（31，8）	63（31，6）	1.5750（24，2）	0（23，5）
3	化学	192（30，1）	534（29，1）	2.7813（14，3）	1（28，2）
4	临床医学	134（30，2）	112（31，5）	0.8358（28，4）	1（22，2）

续表

序号	ESI 学科	论文数/篇（全国排名，区内排名）	被引次数/次（全国排名，区内排名）	篇均被引/次（全国排名，区内排名）	高水平论文/篇（全国排名，区内排名）
5	计算机科学	13（31，17）	21（31，11）	1.6154（25，5）	0（23，5）
6	经济与商学	1（32，21）	0（33，21）	0.0000（30，6）	0（20，5）
7	工程科学	111（30，3）	218（30，3）	1.9640（24，7）	0（29，5）
8	环境/生态学	29（31，9）	27（32，10）	0.9310（30，8）	0（26，5）
9	地球科学	16（31，15）	16（32，13）	1.0000（29，9）	0（25，5）
10	免疫学	18（28，14）	15（31，15）	0.8333（30，10）	0（17，5）
11	材料科学	98（29，4）	298（30，2）	3.0408（19，11）	2（25，1）
12	数学	52（29，6）	16（30，13）	0.3077（30，12）	0（26，5）
13	微生物学	7（31，19）	6（31，18）	0.8571（29，13）	0（20，5）
14	分子生物与遗传学	26（32，11）	29（31，9）	1.1154（27，14）	0（20，5）
15	综合交叉学科	14（32，16）	5（32，19）	0.3571（30，15）	0（26，5）
16	神经科学与行为	26（27，11）	13（30，16）	0.5000（31，16）	0（17，5）
17	药理学与毒物学	60（31，5）	132（28，4）	2.2000（5，17）	1（21，2）
18	物理学	27（30，10）	30（31，8）	1.1111（27，18）	0（22，5）
19	植物与动物科学	26（31，11）	17（31，12）	0.6538（30，19）	0（22，5）
20	精神病学/心理学	7（29，19）	7（29，17）	1.0000（24，20）	0（15，5）
21	一般社会科学	8（31，18）	2（31，20）	0.2500（31，21）	0（21，5）
全区合计		1010	1628	1.6119	3

资料来源：科技大数据湖北省重点实验室

注：学科排序同 ESI 学科固定排序

	机构综合排名	临床医学	机构进入ESI学科数
宁夏医科大学	3246	2522	1

图 3-104　2020 年宁夏回族自治区进入 ESI 前 1%的学科

资料来源：科技大数据湖北省重点实验室

表 3-134　2020 年宁夏回族自治区发明专利申请量十强技术领域

序号	IPC 号（技术领域）	发明专利申请量/件
1	A01G［园艺；蔬菜、花卉、稻、果树、葡萄、啤酒花或海菜的栽培；林业；浇水（水果、蔬菜、啤酒花等类植物的采摘入 A01D46/00；繁殖单细胞藻类入 C12N1/12）］	96
2	B01J（化学或物理方法，例如，催化作用或胶体化学；其有关设备）	71
3	G01N（小类中化学分析方法或化学检测方法）	67
4	A61K［医用、牙科用或梳妆用的配制品（专门适用于将药品制成特殊的物理或服用形式的装置或方法 A61J 3/00；空气除臭，消毒或灭菌，或者绷带、敷料、吸收垫或外科用品的化学方面，或材料的使用入 A61L；肥皂组合物入 C11D）］	62
5	A23L［不包含在 A21D 或 A23B 至 A23J 小类中的食品、食料或非酒精饮料；它们的制备或处理，例如烹调、营养品质的改进、物理处理（不能为本小类完全包含的成型或加工入 A23P）；食品或食料的一般保存（用于烘焙的面粉或面团的保存入 A21D）］	58
6	B22C［铸造造型（成型耐火材料一般入 B28B）］	55

续表

序号	IPC 号（技术领域）	发明专利申请量/件
7	G01R（G01T 物理测定方法；其设备）	54
8	B01D［分离（用湿法从固体中分离固体入 B03B、B03D，用风力跳汰机或摇床入 B03B，用其他干法入 B07；固体物料从固体物料或流体中的磁或静电分离，利用高压电场的分离入 B03C；离心机、涡旋装置入 B04B；涡旋装置入 B04C；用于从含液物料中挤出液体的压力机本身入 B30B 9/02)］	49
8	G06Q（专门适用于行政、商业、金融、管理、监督或预测目的的数据处理系统或方法；其他类目不包含的专门适用于行政、商业、金融、管理、监督或预测目的的处理系统或方法）	49
10	G06F（电子数字数据处理）	44
全区合计		2378

资料来源：科技大数据湖北省重点实验室

表 3-135　2020 年宁夏回族自治区发明专利申请量优势企业和科研机构

序号	优势企业	发明专利申请量/件	序号	优势科研机构	发明专利申请量/件
1	共享智能铸造产业创新中心有限公司	71	1	宁夏大学	211
2	国网宁夏电力有限公司电力科学研究院	51	2	北方民族大学	87
3	国家能源集团宁夏煤业有限责任公司	48	3	宁夏医科大学	47
4	宁夏隆基宁光仪表股份有限公司	37	4	宁夏农林科学院枸杞工程技术研究所	26
5	国网宁夏电力有限公司检修公司	33	5	宁夏农林科学院种质资源研究所（宁夏设施农业工程技术研究中心）	11
6	宁夏巨能机器人股份有限公司	28	6	宁夏农林科学院固原分院	10
7	国网宁夏电力有限公司	24	7	宁夏农林科学院农业资源与环境研究所（宁夏土壤与植物营养重点实验室）	9
8	宁夏共享机床辅机有限公司	22	8	宁夏农林科学院	7
	宁夏天地奔牛实业集团有限公司			宁夏农林科学院农业生物技术研究中心（宁夏农业生物技术重点实验室）	
10	共享装备股份有限公司	20		宁夏农林科学院农作物研究所（宁夏回族自治区农作物育种中心）	
11	共享铸钢有限公司	18		宁夏工商职业技术学院（宁夏化工技工学校、宁夏机电工程学校、宁夏农业机械化学校）	
12	国网宁夏电力有限公司营销服务中心（国网宁夏电力有限公司计量中心）	17	12	宁夏农林科学院农业经济与信息技术研究所（宁夏农业科技图书馆）	6
13	宁夏东方钽业股份有限公司	16		宁夏农林科学院农业资源与环境研究所（宁夏土壤与植物营养重点实验室）	
	宁夏厚泽生物医药科技有限公司			宁夏农林科学院植物保护研究所（宁夏植物病虫害防治重点实验室）	
	盐池县荣桂昌食品科技有限公司			宁夏农林科学院植物保护研究所（宁夏植物病虫害防治重点实验室）	
16	共享智能装备有限公司	14	16	宁夏师范学院	5
	宁夏金博乐食品科技有限公司		17	宁夏职业技术学院（宁夏广播电视大学）	4
18	吴忠仪表有限责任公司	12	18	宁夏回族自治区水利科学研究院	3
	国网宁夏电力有限公司银川供电公司			宁夏理工学院	
	银川威力传动技术股份有限公司		20	宁夏回族自治区气象科学研究所	2
				宁夏计量质量检验检测研究院	

资料来源：科技大数据湖北省重点实验室

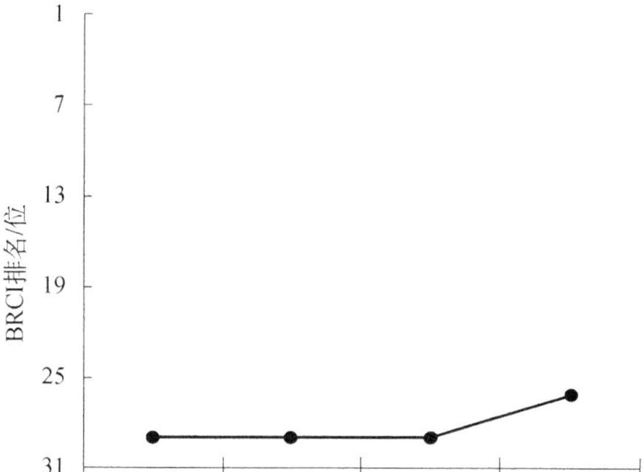

2017年	2018年	2019年	2020年
29	29	29	26

图 3-105　2017～2020 年宁夏回族自治区 BRCI 排名变化趋势

资料来源：科技大数据湖北省重点实验室

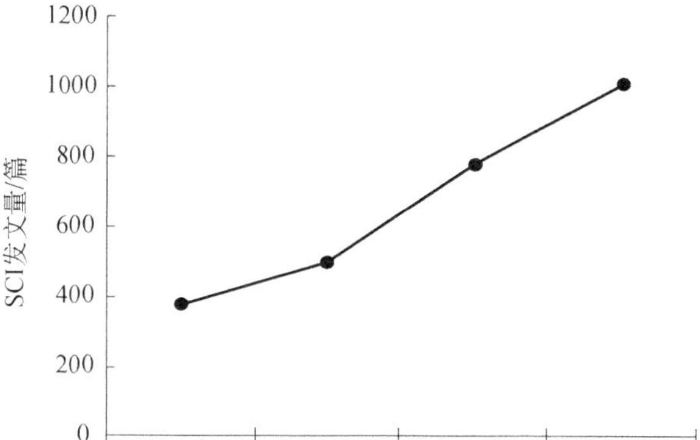

2017年	2018年	2019年	2020年
378	498	779	1010

图 3-106　2017～2020 年宁夏回族自治区 SCI 发文趋势

资料来源：科技大数据湖北省重点实验室

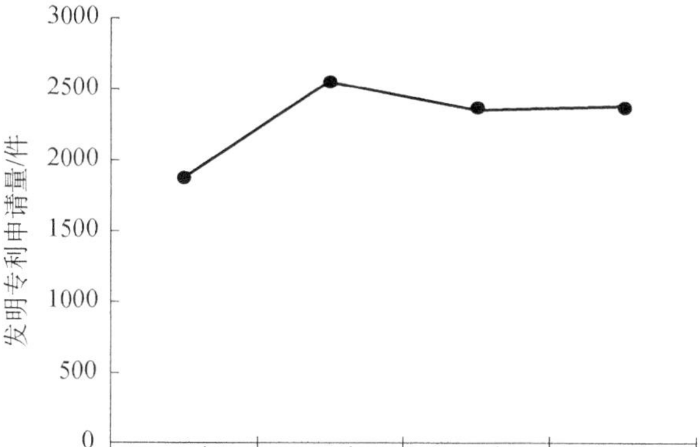

2017年	2018年	2019年	2020年
1870	2534	2365	2378

图 3-107　2017～2020 年宁夏回族自治区发明专利申请趋势

资料来源：科技大数据湖北省重点实验室

3.3.27 新疆维吾尔自治区

2020年，新疆维吾尔自治区的基础研究竞争力指数为39.5136，排名第27位。综合全区各学科论文数和篇均被引量来看，2020年新疆维吾尔自治区在全自治区范围内较为活跃的学科为环境科学、控制论、电子与电气工程、多学科材料、物理化学、影像科学、能源与燃料、遥感、多学科化学、生物化学与分子生物学。其中，环境科学的高频词包括中亚、气候变化、降水、遥感、生物质、蒸散、重金属、盐度、温度等，控制论的高频词包括同时性等，电子与电气工程的高频词包括特征提取、任务分析、深度学习、图像颜色分析、遥感等（表3-136）。综合全区各学科在全国的发文数量和排名位次来看，2020年新疆维吾尔自治区基础研究在全国范围内较为突出的学科为石油工程、初级卫生保健、寄生物学、天文学与天体物理、解剖学、热带医学、急诊医学、兽医学、林业、生态学、气象与大气科学、地质学。新疆维吾尔自治区化学、工程科学等学科领域发表高水平论文数量均为2篇（表3-137）；共有4个机构进入相关学科的ESI全球前1%行列（图3-108）；发明专利申请量共2715件，全国排名第27（表3-138）；主要专利权人如表3-139所示；获得国家奖励的科研机构如表3-140所示。

2017～2020年，新疆维吾尔自治区BRCI排名在第26～第27位之间波动（图3-109）；SCI论文数呈上升趋势（图3-110）；发明专利申请量呈上升趋势，2020年有所下降（图3-111）。

2020年，新疆维吾尔自治区地方财政科技投入经费41.2亿元，全国排名第21位；获得国家科技奖励5项，全国排名第21位。截至2021年9月，拥有国家重点实验室3个，省级重点实验室86个；拥有院士9人，全国排名第21位。

表3-136 2020年新疆维吾尔自治区基础研究SCI活跃学科及高频词

序号	活跃学科	SCI学科活跃度	高频词（词频）
1	环境科学	4.12	中亚（15）；气候变化（12）；降水（7）；遥感（6）；生物质（5）；蒸散（5）；重金属（5）；盐度（5）；温度（5）；棉花（4）；塑料微粒（4）；归一化植被指数（4）；种子发芽（4）；塔克拉玛干沙漠（4）；吸附（3）；抗生素（3）；干旱的地区（6）；砷（3）；寒冷的沙漠（3）；环境保护（3）；人类活动（3）
2	控制论	3.25	同时性（2）
3	电子与电气工程	2.78	特征提取（12）；任务分析（6）；深度学习（5）；图像颜色分析（5）；遥感（5）；图像处理（4）；激光熔覆（4）；多目标优化（4）；培训（4）；不确定性（4）；过滤算法（3）；高光谱影像（3）；图像边缘检测（3）；图像增强（3）；索引（3）；负荷建模（3）；机器学习（3）；优化（3）；语义（3）；无人驾驶飞行器（3）；可见光通信（3）
4	多学科材料	2.44	微观结构（19）；电气性能（7）；光催化作用（7）；TC4钛合金（6）；焊接（6）；304不锈钢（5）；填充金属（5）；陶瓷（4）；超级电容器（4）；抗拉强度（4）；双折射（3）；光学性质（3）；光催化活性（3）；可塑性（3）；氧化锌（3）；非对称超级电容器（2）；硼酸（2）；大块金属玻璃（2）；碳纳米纤维（2）；碳纳米管（2）；比色检测（2）；铬（Vi）（2）
5	物理化学	2.41	超级电容器（7）；Electrocatalyst（5）；氧化还原反应（5）；光催化作用（4）；碳纳米管（3）；DFT（3）；电化学性能（3）；气体传感器（3）；析氢反应（3）；氧发生反应（3）；稳定（3）；超级电容器（3）；乙炔二聚（2）；无限稀释时活度系数（2）；吸附（2）；生物质（2）；碳纳米管（2）；煤炭（2）；铬（Ⅵ）（2）；铜催化剂（2）；电气性能（2）；Electrocatalysts（2）；电子性质（2）
6	影像科学	1.96	归一化植被指数（3）；气候变化（2）；深度学习（2）；高光谱（2）；降水（2）；遥感（2）；光谱空间分类（2）；

续表

序号	活跃学科	SCI 学科活跃度	高频词（词频）
7	能源与燃料	1.95	准噶尔盆地（5）；Mahu 凹陷（3）；氧发生反应（3）；参数识别（3）；塔里木盆地（3）；电池储能系统（2）；碳酸盐岩储层（2）；煤炭（2）；堆肥（2）；郊狼优化算法（2）；沉积环境（2）；发达（2）；电催化剂（4）；提高原油采收率（2）；析氢反应（2）；核磁共振（2）；优化配置（2）；最优规模（2）；储层性质（2）；超级电容器（2）；超级电容器（2）；火山岩储层（2）
8	遥感	1.93	遥感（4）；归一化植被指数（3）；气候变化（2）；深度学习（2）；机器学习（2）；降水（2）
9	多学科化学	1.87	碳（3）；乙炔氢氯化反应（2）；阿克苷（2）；吸附（2）；晶体结构（2）；石墨烯氧化物（2）；Higuchi 模型（2）；氢键（2）；简易炸药（2）；有机框架（2）；非线性光学材料（2）；氧化还原反应（2）；光催化作用（2）；回收（2）；释放机制（2）；二次谐波发生（2）；分离（2）；硫（2）；超级电容器（2）；合成（2）；二氧化钛（2）
10	生物化学与分子生物学	1.85	抗氧化活性（5）；细胞凋亡（4）；氧化应激（4）；抗氧化肽（3）；荟萃分析（3）；净化（3）；抗肿瘤（2）；冠状动脉疾病（2）；药物输送（2）；血脂异常（2）；基因表达（2）；炎症（2）；入侵（2）；Pd-L1（2）；多糖（2）；扩散（2）；白细胞计数（2）

资料来源：科技大数据湖北省重点实验室

表 3-137 2020 年新疆维吾尔自治区各学科 SCI 论文发文情况

序号	ESI 学科	论文数/篇（全国排名，区内排名）	被引次数/次（全国排名，区内排名）	篇均被引/次（全国排名，区内排名）	高水平论文/篇（全国排名，区内排名）
1	农业科学	146（24，7）	261（25，7）	1.7877（23，1）	1（19，3）
2	生物学与生物化学	141（27，9）	258（27，8）	1.8298（21，2）	0（23，8）
3	化学	463（27，1）	855（27，1）	1.8467（28，3）	2（27，1）
4	临床医学	329（27，2）	296（27，5）	0.8997（27，4）	0（24，8）
5	计算机科学	68（28，15）	112（27，12）	1.6471（24，5）	0（23，8）
6	经济与商学	3（29，21）	8（26，20）	2.6667（5，6）	0（20，8）
7	工程科学	231（28，3）	428（28，3）	1.8528（25，7）	2（28，1）
8	环境/生态学	220（26，4）	458（27，2）	2.0818（21，8）	1（21，3）
9	地球科学	144（24，8）	288（22，6）	2.0000（6，9）	1（21，3）
10	免疫学	33（26，18）	44（28，17）	1.3333（28，10）	0（17，8）
11	材料科学	192（28，5）	400（27，4）	2.0833（27，11）	0（28，8）
12	数学	103（27，12）	67（28，16）	0.6505（27，12）	0（26，8）
13	微生物学	48（26，16）	36（29，18）	0.7500（30，13）	0（20，8）
14	分子生物与遗传学	72（29，14）	76（30，15）	1.0556（29，14）	0（20，8）
15	综合交叉学科	113（25，11）	96（25，13）	0.8496（27，15）	0（26，8）
16	神经科学与行为	17（30，19）	32（28，19）	1.8824（7，16）	1（8，3）
17	药理学与毒物学	86（30，13）	121（29，10）	1.4070（23，17）	1（21，3）
18	物理学	115（28，10）	117（28，11）	1.0174（28，18）	0（22，8）
19	植物与动物科学	156（26，6）	160（28，9）	1.0256（26，19）	0（22，8）
20	精神病学/心理学	1（31，22）	0（31，22）	0.0000（29，20）	0（15，8）
21	一般社会科学	13（30，20）	6（30，21）	0.4615（29，21）	0（21，8）
22	空间科学	38（10，17）	81（8，14）	2.1316（6，22）	0（3，8）
全区合计		2911	4244	1.4579	8

资料来源：科技大数据湖北省重点实验室

注：学科排序同 ESI 学科固定排序

	机构综合排名	农业科学	化学	临床医学	工程科学	环境/生态学	地球科学	材料科学	植物与动物科学	机构进入ESI学科数
新疆大学	2435	—	1018	—	1174	—	—	880	—	3
石河子大学	2696	690	1146	4483	—	—	—	—	—	3
中国科学院新疆生态与地理研究所	2750	859	—	—	—	615	483	—	1297	4
新疆医科大学	3043	—	—	1686	—	—	—	—	—	1

图 3-108　2020 年新疆维吾尔自治区各机构进入 ESI 前 1%的学科及排名

资料来源：科技大数据湖北省重点实验室

表 3-138　2020 年新疆维吾尔自治区发明专利申请量十强技术领域

序号	IPC 号（技术领域）	发明专利申请量/件
1	A01G［园艺；蔬菜、花卉、稻、果树、葡萄、啤酒花或海菜的栽培；林业；浇水（水果、蔬菜、啤酒花等类植物的采摘入 A01D46/00；繁殖单细胞藻类入 C12N1/12）］	127
2	G01N（小类中化学分析方法或化学检测方法）	113
3	A61K［医用、牙科用或梳妆用的配制品（专门适用于将药品制成特殊的物理或服用形式的装置或方法 A61J 3/00；空气除臭，消毒或灭菌，或者绷带、敷料、吸收垫或外科用品的化学方面，或材料的使用入 A61L；肥皂组合物入 C11D）］	110
4	G06F（电子数字数据处理）	77
5	C12N［微生物或酶；其组合物（杀生剂、害虫驱避剂或引诱剂，或含有微生物、病毒、微生物真菌、酶、发酵物的植物生长调节剂，或从微生物或动物材料产生或提取制得的物质入 A01N63/00；药品入 A61K；肥料入 C05F）；繁殖、保藏或维持微生物；变异或遗传工程；培养基（微生物学的试验介质入 C12Q1/00）］	67
6	A01C［种植；播种；施肥（与一般整地结合的入 A01B 49/04；农业机械或农具的部件、零件或附件一般入 A01B 51/00 至 A01B 75/00）］	66
7	E21B［土层或岩石的钻进（采矿、采石入 E21C；开凿立井、掘进平巷或隧洞入 E21D）；从井中开采油、气、水、可溶解或可熔化物质或矿物泥浆］	60
8	C02F［水、废水、污水或污泥的处理（通过在物质中产生化学变化使有害的化学物质无害或降低危害的方法入 A62D 3/00；分离、沉淀箱或过滤设备入 B01D；有关处理水、废水或污水生产装置的水运容器的特殊设备，例如用于制备淡水入 B63J；为防止水的腐蚀用的添加物质入 C23F；放射性废液的处理入 G21F 9/04）］	56
9	C04B［石灰；氧化镁；矿渣；水泥；其组合物，例如：砂浆、混凝土或类似的建筑材料；人造石；陶瓷（微晶玻璃陶瓷入 C03C 10/00）；耐火材料（难熔金属的合金入 C22C）；天然石的处理］	52
	G06Q（专门适用于行政、商业、金融、管理、监督或预测目的的数据处理系统或方法；其他类目不包含的专门适用于行政、商业、金融、管理、监督或预测目的的处理系统或方法）	52
全区合计		2715

资料来源：科技大数据湖北省重点实验室

表 3-139　2020 年新疆维吾尔自治区发明专利申请量优势企业和科研机构

序号	优势企业	发明专利申请量/件	序号	优势科研机构	发明专利申请量/件
1	国网新疆电力有限公司电力科学研究院	42	1	石河子大学	234
2	新疆八一钢铁股份有限公司	40	2	塔里木大学	119
3	国网新疆电力有限公司乌鲁木齐供电公司	29	3	新疆大学	114
4	新疆众和股份有限公司	25	4	中国科学院新疆理化技术研究所	59
5	国网新疆电力有限公司经济技术研究院	21	5	新疆农业大学	57
6	天康生物股份有限公司	19	6	新疆农垦科学院	39
7	国网新疆电力有限公司	18	7	中国科学院新疆生态与地理研究所	25

续表

序号	优势企业	发明专利申请量/件	序号	优势科研机构	发明专利申请量/件
7	国网新疆电力有限公司阿克苏供电公司	18	8	新疆农业科学院农业机械化研究所	24
9	国网新疆电力有限公司昌吉供电公司	16	9	新疆医科大学	13
10	国网新疆电力有限公司塔城供电公司	14	10	中国科学院新疆天文台	11
11	国网新疆电力有限公司信息通信公司	13		新疆农业科学院土壤肥料与农业节水研究所（新疆维吾尔自治区新型肥料研究中心）	
12	中石油西北联合管道有限责任公司	12	12	伊犁师范大学	10
	国网新疆电力有限公司检修公司			新疆工程学院	
14	中国石油集团工程股份有限公司	11	14	新疆畜牧科学院畜牧研究所	9
	德蓝水技术股份有限公司			新疆维吾尔自治区交通规划勘察设计研究院	
	新疆爱华盈通信息技术有限公司		16	新疆农业科学院植物保护研究所	6
17	中建新疆建工集团第五建筑工程有限公司	10		新疆师范大学	
	新疆中泰创新技术研究院有限责任公司			新疆林业科学院	
	新疆中泰化学阜康能源有限公司			新疆水利水电科学研究院	
	新疆中泰纺织集团有限公司			新疆畜牧科学院兽医研究所（新疆畜牧科学院动物临床医学研究中心）	
	新疆华丹原牧农业科技有限公司			新疆维吾尔自治区计量测试研究院	

资料来源：科技大数据湖北省重点实验室

表 3-140　2020 年新疆维吾尔自治区获得国家科技奖励机构清单

序号	获奖机构	获奖数量/项		
		总计	主持	参与
1	新疆金风科技股份有限公司	1	0	1

资料来源：科技大数据湖北省重点实验室

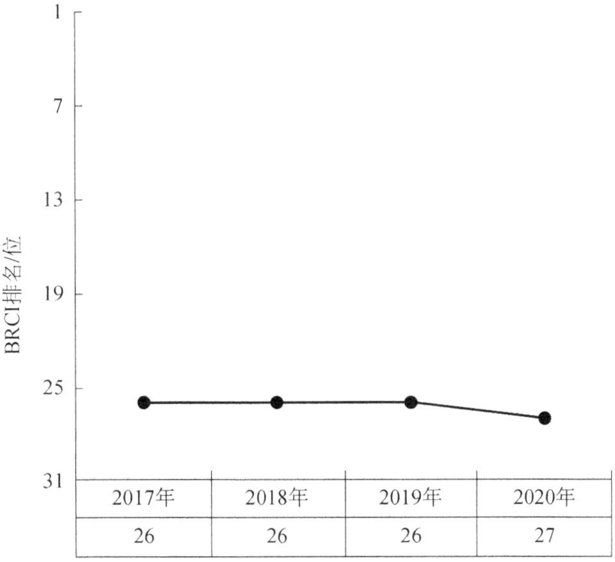

图 3-109　2017～2020 年新疆维吾尔自治区 BRCI 排名变化趋势

资料来源：科技大数据湖北省重点实验室

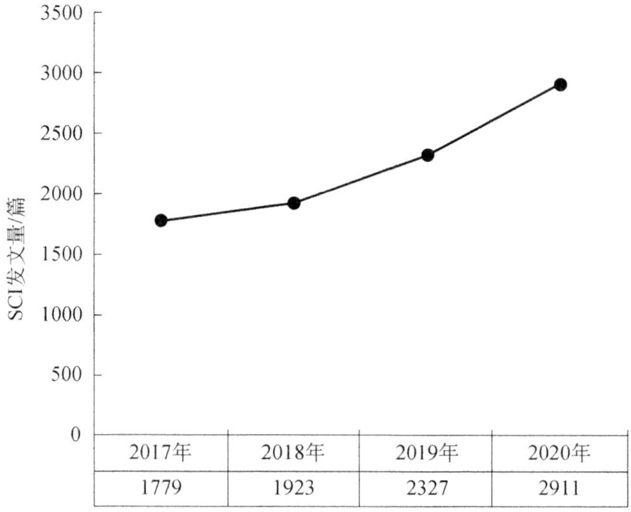

图 3-110　2017～2020 年新疆维吾尔自治区 SCI 发文趋势

资料来源：科技大数据湖北省重点实验室

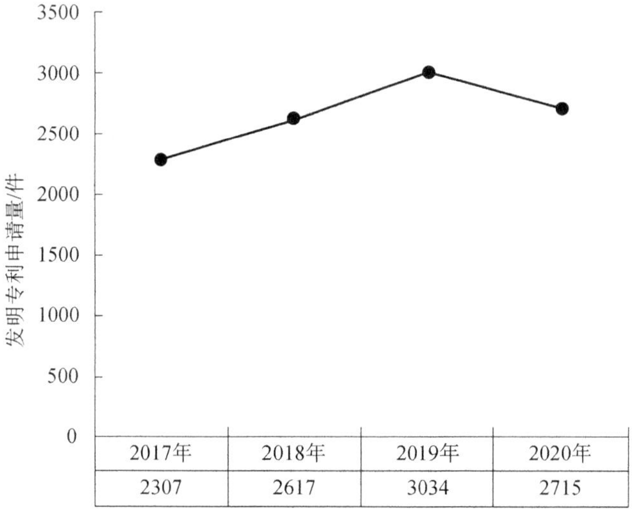

图 3-111　2017～2020 年新疆维吾尔自治区发明专利申请趋势

资料来源：科技大数据湖北省重点实验室

3.3.28　青海省

2020 年，青海省的基础研究竞争力指数为 38.8665，排名第 28 位。综合全省各学科论文数和篇均被引量来看，2020 年青海省在全省范围内较为活跃的学科为多学科材料、地质学、环境科学、电子与电气工程、自然地理学、物理化学、遗传学、多学科化学、药学与药理学、冶金。其中，多学科材料的高频词包括机械性能、双晶、加工硬化、吸附、位错滑移、微观结构等，地质学的高频词包括呵叻高原等，环境科学的高频词包括高山草甸、气候变化、青藏高原、吸附、高山地区、碳封存、放牧管理等（表 3-141）。综合全省各学科在全国的发文数量和排名位次来看，2020 年青海省基础研究在全国范围内较为突出的学科为城市研究、社会学数学方法、寄生物学、地质学、真菌学、石油工程、热带医学、乳品与动物学、生物多样性保护、周围血管病。青海省发明专利申请量共1359件，全国排名第30（表3-143）；主要专利权人如表3-144所示；获得国家奖励的科研机构如表3-145所示。

2017～2020年，青海省BRCI排名在第28～第30位之间波动（图3-112），SCI论文数呈上升趋势（图3-113），发明专利申请量呈上升趋势（图3-114）。

2020年，青海省地方财政科技投入经费6.4亿元，全国排名第30位；获得国家科技奖励2项，全国排名第28位。截至2021年9月，青海省拥有国家重点实验室2个，省级重点实验室72个；拥有院士2人，全国排名第26位。

表3-141　2020年青海省基础研究SCI活跃学科及高频词

序号	活跃学科	SCI学科活跃度	高频词（词频）
1	多学科材料	2.29	机械性能（7）；双晶（5）；加工硬化（5）；吸附（4）；位错滑移（3）；微观结构（3）；Bimodal-Grained结构（2）；抗压强度（2）；$CuInSe_2$（2）；密度泛函理论（2）；电化学性能（2）；接口工程（2）；锂（2）；镁（2）；镁合金（2）；微观结构演化（2）；熔盐（2）；钙钛矿太阳能电池（2）；光电特性（2）；太阳能（2）；Solvothermal方法（2）；合成（2）；纹理（2）；结构演变（2）；薄膜（2）
2	地质学	2.18	可叻高原（2）
3	环境科学	2.12	高山草甸（3）；气候变化（3）；青藏高原（3）；吸附（2）；高山地区（2）；碳封存（2）；放牧管理（2）；青海（2）；土壤氮（2）；土壤有机碳（2）；野生动物（2）
4	电子与电气工程	1.75	深层神经网络（2）；生成对抗的网络（2）；图像处理（2）；索引（2）；物联网（2）；学习（人工智能）（2）；数学模型（2）；优化（2）；遥感（2）
5	自然地理学	1.75	古气候（2）；青海湖盆地（2）
6	物理化学	1.70	吸附（6）；锂（3）；机制（3）；耐蚀性（2）；共价有机框架（2）；DFT（2）；化学镀（2）；石墨烯（2）；水解机制（2）；离子液体（2）；锂提取（2）；锂同位素分离（2）；相变材料（2）；聚合（2）；盐湖卤水（2）
7	遗传学	1.58	叶绿体基因组（19）；系统发育分析（14）；线粒体基因组（7）；种系发生树（7）；线粒体基因组（6）；系统发育关系（5）；种系发生（5）；完整的叶绿体基因组（4）；质体基因组（3）；食蚜蝇科（3）；完整的叶绿体（2）；基因组组装（2）；迭代映射（2）；百合科（2）；新一代测序（2）；木犀科（2）；食蚜蝇（2）；
8	多学科化学	1.44	吸附（4）；抗氧化活性（2）；ICSC-36（2）；纳米结构（2）；亚临界水萃取（2）；小麦（2）
9	药学与药理学	1.41	急性胰腺炎（2）；动脉粥样硬化（2）；细胞因子（2）；预后（2）；类风湿性关节炎（2）；鼠尾草Przewalskii（2）；x射线（2）
10	冶金	1.40	双晶（4）；机械性能（3）；加工硬化（3）；Bimodal-Grained结构（2）；位错滑移（2）；镁合金（2）；结构演变（2）

资料来源：科技大数据湖北省重点实验室

表3-142　2020年青海省各学科SCI论文发文情况

序号	ESI学科	论文数/篇（全国排名，省内排名）	被引次数/次（全国排名，省内排名）	篇均被引/次（全国排名，省内排名）	高水平论文/篇（全国排名，省内排名）
1	农业科学	29（31，9）	32（31，7）	1.1034（30，1）	0（24，/）
2	生物学与生物化学	24（32，11）	17（32，10）	0.7083（31，2）	0（23，/）
3	化学	103（31，1）	124（32，1）	1.2039（30，3）	0（30，/）
4	临床医学	59（32，4）	63（32，3）	1.0678（24，4）	0（24，/）
5	计算机科学	9（32，17）	8（32，15）	0.8889（30，5）	0（23，/）

续表

序号	ESI 学科	论文数/篇（全国排名，省内排名）	被引次数/次（全国排名，省内排名）	篇均被引/次（全国排名，省内排名）	高水平论文/篇（全国排名，省内排名）
6	经济与商学	2（31，18）	1（31，19）	0.5000（28，6）	0（20，/）
7	工程科学	47（32，6）	40（32，6）	0.8511（30，7）	0（29，/）
8	环境/生态学	55（30，5）	51（30，4）	0.9273（31，8）	0（26，/）
9	地球科学	26（30，10）	44（29，5）	1.6923（17，9）	0（25，/）
10	免疫学	2（33，18）	8（32，15）	4.0000（19，10）	0（17，/）
11	材料科学	67（32，2）	67（32，2）	1.0000（31，11）	0（28，/）
12	数学	17（32，13）	9（32，13）	0.5294（28，12）	0（26，/）
13	微生物学	24（30，11）	16（30，11）	0.6667（31，13）	0（20，/）
14	分子生物与遗传学	63（30，3）	21（32，9）	0.3333（30，14）	0（20，/）
15	综合交叉学科	15（31，14）	5（32，18）	0.3333（31，15）	0（26，/）
16	神经科学与行为	11（31，16）	8（32，15）	0.7273（30，16）	0（17，/）
17	药理学与毒物学	36（32，8）	25（32，8）	0.6944（31，17）	0（27，/）
18	物理学	13（32，15）	9（33，13）	0.6923（30，18）	0（22，/）
19	植物与动物科学	44（30，7）	15（32，12）	0.3409（31，19）	0（22，/）
20	精神病学/心理学	1（31，21）	0（31，21）	0.0000（30，20）	0（15，/）
21	一般社会科学	2（33，18）	1（32，19）	0.5000（27，21）	0（21，/）
全省合计		693	575	0.8297	0

资料来源：科技大数据湖北省重点实验室

注：学科排序同 ESI 学科固定排序

表 3-143　2020 年青海省发明专利申请量十强技术领域

序号	IPC 号（技术领域）	发明专利申请量/件
1	A61K［医用、牙科用或梳妆用的配制品（专门适用于将药品制成特殊的物理或服用形式的装置或方法 A61J 3/00；空气除臭，消毒或灭菌，或者绷带、敷料、吸收垫或外科用品的化学方面，或材料的使用入 A61L；肥皂组合物入 C11D）］	68
2	G01N（小类中化学分析方法或化学检测方法）	57
3	B01D［分离（用湿法从固体中分离固体入 B03B、B03D，用风力跳汰机或摇床入 B03B，用其他干法入 B07；固体物料从固体物料或流体中的磁或静电分离，利用高压电场的分离入 B03C；离心机、涡旋装置入 B04B；涡旋装置入 B04C；用于从含液物料中挤出液体的压力机本身入 B30B 9/02）］	43
4	G06F（电子数字数据处理）	36
	H02J（供电或配电的电路装置或系统；电能存储系统）	36
6	A23L［不包含在 A21D 或 A23B 至 A23J 小类中的食品、食料或非酒精饮料；它们的制备或处理，例如烹调、营养品质的改进、物理处理（不能为本小类完全包含的成型或加工入 A23P）；食品或食料的一般保存（用于烘焙的面粉或面团的保存入 A21D）］	32
7	A01G［园艺；蔬菜、花卉、稻、果树、葡萄、啤酒花或海菜的栽培；林业；浇水（水果、蔬菜、啤酒花等类植物的采摘入 A01D46/00；繁殖单细胞藻类入 C12N1/12）］	31
8	B08B［一般清洁；一般污垢的防除（刷子入 A46；家庭或类似清洁装置入 A47L；颗粒从液体或气体中分离入 B01D；固体分离入 B03，B07；一般对表面喷射或涂覆液体或其他流体材料入 B05；用于输送机的清洗装置入 B65G 45/10；对瓶子同时进行清洗、灌注和封装的入 B67C 7/00；一般腐蚀或积垢的防止入 C23；街道、永久性道路、海滨或陆地的清洗入 E01H；专门用于游泳池或仿海滨浴场浅水池或池子的部件、零件或辅助设备清洁的入 E04H 4/16；防止或清除静电荷入 H05F）］	26

续表

序号	IPC 号（技术领域）	发明专利申请量/件
9	B02C［一般破碎、研磨或粉碎；碾磨谷物（用破碎、磨碎或碾磨方法制取金属粉末入 B22F 9/04）］	24
	C01D［碱金属，即锂、钠、钾、铷、铯或钫的化合物（金属氢化物入 C01B 6/00；卤素的含氧酸盐入 C01B 11/00；过氧化物、过氧酸盐入 C01B 15/00；硫化物或多硫化物入 C01B 17/22；硫代硫酸盐、连二亚硫酸盐、连多硫酸盐入 C01B 17/64；含硒或碲的化合物入 C01B 19/00；金属与氮的二元化合物入 C01B 21/06；叠氮化物入 C01B 21/08；金属氨化物入 C01B 21/092；亚硝酸盐入 C01B 21/50；磷化物入 C01B 25/08；磷的含氧酸盐入 C01B 25/16；碳化物入 C01B 32/90；含硅的化合物入 C01B 33/00；含硼的化合物入 C01B 35/00；氰化物入 C01C 3/08；氰酸盐入 C01C 3/14；氰氨盐入 C01C 3/16；硫氰酸盐入 C01C 3/20；发酵或使用酶的方法制备元素或二氧化碳之外的无机化合物入 C12P 3/00；从混合物，如矿石，制取作为提炼游离金属的冶金工艺中间化合物的金属化合物入 C22B；通过电解法或电泳法生产非金属元素或无机化合物入 C25B）］	24
全省合计		1359

资料来源：科技大数据湖北省重点实验室

表 3-144　2020 年青海省发明专利申请量优势企业和科研机构

序号	优势企业	发明专利申请量/件
1	中国水利水电第四工程局有限公司	44
2	青海盐湖工业股份有限公司	34
3	青海黄河上游水电开发有限责任公司光伏产业技术分公司	24
4	亚洲硅业（青海）股份有限公司	16
	青海辽泽水利工程有限公司	
6	国网青海省电力公司海东供电公司	15
7	国网青海省电力公司海西供电公司	14
	国网青海省电力公司黄化供电公司	
	青海绿能数据有限公司	
10	国网青海省电力公司电力科学研究院	12
	西部矿业股份有限公司	
12	国网青海省电力公司	10
	青海送变电工程有限公司	
14	国网青海省电力公司果洛供电公司	8
	国网青海省电力公司西宁供电公司	
16	亚洲硅业（青海）股份有限公司	7
17	中国电建集团青海省电力设计院有限公司	6
	国网青海省电力公司清洁能源发展研究院	
	国网青海省电力公司经济技术研究院	
	青海瑞肽生物科技有限公司	
	青海省能源发展（集团）有限责任公司	

序号	优势科研机构	发明专利申请量/件
1	青海大学	91
2	青海民族大学	54
3	中国科学院西北高原生物研究所	51
4	中国科学院青海盐湖研究所	38
5	青海师范大学	22
	青海省农林科学院	
7	青海省畜牧兽医科学院	17
8	青海交通职业技术学院	13
9	青海省交通科学研究院	3
	青海省藏医药研究院	
11	青海高等职业技术学院（海东市中等职业技术学校）	2
12	青海柴达木职业技术学院（海西蒙古族藏族自治州职业技术学校）	1
	青海省核工业核地质研究院（青海省核工业检测试验中心）	
	青海省气象科学研究所	
	青海省重工业职业技术学校	
	青海高等职业技术学院（海东市中等职业技术学校）	

资料来源：科技大数据湖北省重点实验室

表 3-145　2020 年青海省获得国家科技奖励机构清单

序号	获奖机构	获奖数量/项		
		总计	主持	参与
1	中国水利水电第四工程局有限公司	1	0	1

资料来源：科技大数据湖北省重点实验室

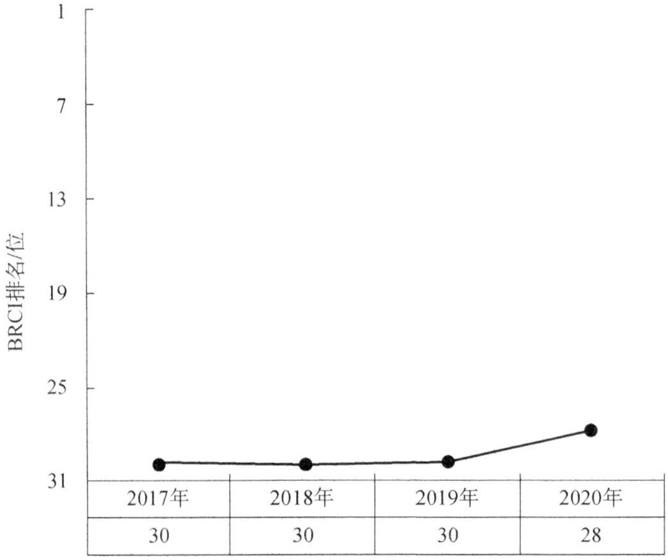

图 3-112　2017～2020 年青海省 BRCI 排名变化趋势

资料来源：科技大数据湖北省重点实验室

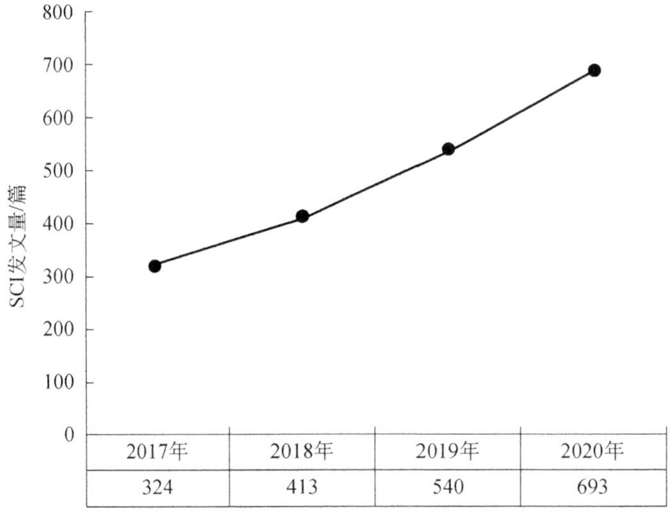

图 3-113　2017～2020 年青海省 SCI 发文趋势

资料来源：科技大数据湖北省重点实验室

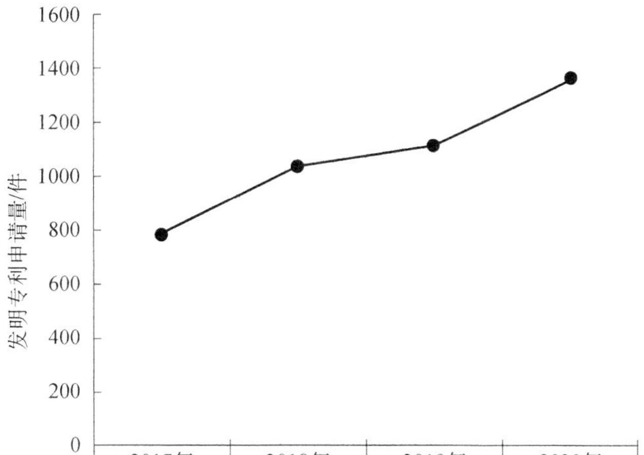

2017年	2018年	2019年	2020年
787	1037	1115	1359

图 3-114　2017～2020 年青海省发明专利申请趋势

资料来源：科技大数据湖北省重点实验室

3.3.29　内蒙古自治区

2020 年，内蒙古自治区的基础研究竞争力指数为 38.2869，排名第 29 位。综合全区各学科论文数和篇均被引量来看，2020 年内蒙古自治区在全自治区范围内较为活跃的学科为多学科材料、环境科学、物理化学、多学科化学、电子与电气工程、生物化学与分子生物学、计算机信息系统、通信、应用物理学、冶金。其中，多学科材料的高频词包括微观结构、耐蚀性、采用基于、石墨烯、硬度、磁热效应、磁致伸缩、机械性能、光学性质、光催化作用、黏度等，环境科学的高频词包括气候变化、沉积物、数值模拟、铜、酶活性等，物理化学的高频词包括光催化作用、密度、活化能、吸附、黏度、配位聚合物、密度泛函理论、电催化作用、表面张力等（表 3-146）。综合全区各学科在全国的发文数量和排名位次来看，2020 年内蒙古自治区基础研究在全国范围内较为突出的学科为鸟类学、乳品与动物学、解剖学、药物滥用、进化生物学、兽医学、生物多样性保护、法医学、发展学。内蒙古自治区数学领域发表高水平论文数量 3 篇（表 3-147）；共有 3 个机构进入相关学科的 ESI 全球前 1%行列（图 3-115）；发明专利申请量共 3973 件，全国排名第 26（表 3-148）；主要专利权人如表 3-149 所示；获得国家奖励的科研机构如表 3-150 所示。

2017～2020 年，内蒙古自治区 BRCI 排名在第 27 位和第 29 位之间波动（图 3-116）；SCI 论文数呈上升趋势（图 3-117）；发明专利申请量呈上升趋势，2020 年有所下降（图 3-118）。

2020 年，内蒙古自治区地方财政科技投入经费 32.5 亿元，全国排名第 24 位；获得国家科技奖励 3 项，全国排名第 25 位。截至 2021 年 9 月，内蒙古自治区拥有国家重点实验室 3 个，省级重点实验室 148 个；拥有院士 2 人，全国排名第 26 位。

表 3-146　2020 年内蒙古自治区基础研究 SCI 活跃学科及高频词

序号	活跃学科	SCI 学科活跃度	高频词（词频）
1	多学科材料	3.90	微观结构（9）；耐蚀性（4）；采用基于（4）；石墨烯（4）；硬度（4）；磁热效应（4）；磁致伸缩（4）；机械性能（4）；光学性质（4）；光催化作用（4）；黏度（4）；高炉矿渣（3）；电纺的（3）；能量储存（3）；Fe-Ga 合金（3）；玻璃陶瓷（3）；发光（3）；不锈钢渣（3）；超级电容器（3）；热导率（3）
2	环境科学	3.40	气候变化（7）；沉积物（5）；数值模拟（4）；中国（3）；铜（3）；酶活性（3）；放牧（3）；氮沉降（3）；遥感（3）；热力学（3）；植被恢复（3）；斑马鱼（3）；活性污泥（2）；吸附（2）；生物质（2）；气候（2）；相关（2）；沙漠生态系统（2）；发展（2）；滴灌（2）；生态环境（2）；环境因素（2）；功能多样性（2）；地下水（2）
3	物理化学	3.00	光催化作用（7）；密度（6）；活化能（5）；吸附（5）；黏度（5）；配位聚合物（4）；密度泛函理论（4）；电催化作用（4）；表面张力（4）；能量储存（3）；石墨烯（3）；多相催化（3）；高岭石（3）；发光（3）；Mg-based 合金（3）；纳米复合材料（3）；氧化还原反应（3）；可见光照射（3）
4	多学科化学	2.63	分子对接（5）；合成（3）；吸附（2）；电荷转移（2）；配位聚合物（2）；密度泛函理论（2）；电催化作用（2）；玻璃态（2）；石墨烯氧化物（2）；发光（2）；光学吸收（2）；光物理性质（2）；稀土尾矿（2）；半导体（2）；稳定（2）；可见光照射（2）
5	电子与电气工程	2.61	特征提取（8）；深度学习（6）；图像处理（6）；计算模型（5）；边缘计算（5）；数学模型（5）；任务分析（5）；培训（5）；物联网（4）；预测模型（4）；数据挖掘（3）；数据模型（3）；疾病（3）；许可证（3）；机器学习（3）；大规模分布式天线（3）；逆向工程（3）；可视化（3）
6	生物化学与分子生物学	2.16	细胞凋亡（4）；扩散（4）；STAT3（3）；生化分类（2）；环烯醚萜苷（2）；分子对接（2）；RNA 干扰（2）；RNA-seq（2）；核交付（2）
7	计算机信息系统	2.05	特征提取（8）；深度学习（5）；计算模型（4）；边缘计算（4）；数学模型（4）；预测模型（4）；数据挖掘（3）；疾病（3）；许可证（3）；局部微分隐私（3）；机器学习（3）；任务分析（3）；可视化（3）；访问控制（2）；适应模型（2）；分析模型（2）；贝叶斯网络（2）；区块链技术（2）；信道估计（2）；卷积神经网络（2）；电极（2）；频繁项集挖掘（2）
8	通信	1.96	深度学习（5）；特征提取（5）；计算模型（4）；数据挖掘（4）；边缘计算（4）；数学模型（4）；预测模型（4）；疾病（3）；许可证（3）；机器学习（3）；任务分析（3）；培训（3）；可视化（3）
9	应用物理学	1.86	光催化作用（4）；氧化锌（4）；电纺的（3）；采用基于（3）；异质结构（3）；声发射（2）；碳材料（2）；相干时间（2）；结晶度（2）；达布变换（2）；兴奋剂（2）；电催化作用（2）；电催化剂（2）；电子结构（2）；明确的解决方案（2）；第一性原理（2）；石墨烯（2）；析氢反应（2）；静水压力（2）；接口（2）；主曲线（2）；光学材料及性能（2）；光学性质（2）；量子阱（2）
10	冶金	1.82	微观结构（8）；耐蚀性（5）；稀土（4）；熔模铸造（3）；机械性能（3）；表面改性（3）；奥氏体（2）；电化学腐蚀（2）；电化学性能（2）；能量储存（2）；Fe-Ga 合金（2）；纤维增强层（2）；硬度（2）；IN718（2）；抑制剂（2）；激光熔覆（2）；磁致伸缩（2）；主曲线（2）；机械加工（2）；熔融纺丝（2）；Mg-Ni-based 合金（2）；微观组织演变（2）；沉淀（2）；拉伸性能（2）；纹理（2）；超细粒度的铁氧体（2）

资料来源：科技大数据湖北省重点实验室

表 3-147　2020 年内蒙古自治区各学科 SCI 论文发文情况

序号	ESI 学科	论文数/篇（全国排名，区内排名）	被引次数/次（全国排名，区内排名）	篇均被引/次（全国排名，区内排名）	高水平论文/篇（全国排名，区内排名）
1	农业科学	89（28，9）	145（29，8）	1.6292（25，1）	1（19，2）
2	生物学与生物化学	79（29，11）	97（30，9）	1.2278（30，2）	0（23，6）
3	化学	339（28，1）	609（28，1）	1.7965（29，3）	1（28，2）
4	临床医学	205（28，4）	149（29，7）	0.7268（30，4）	0（24，6）
5	计算机科学	67（29，13）	73（30，14）	1.0896（29，5）	1（22，2）
6	经济与商学	3（29，21）	5（30，20）	1.6667（14，6）	0（20，6）

续表

序号	ESI 学科	论文数/篇（全国排名，区内排名）	被引次数/次（全国排名，区内排名）	篇均被引/次（全国排名，区内排名）	高水平论文/篇（全国排名，区内排名）
7	工程科学	272（26，3）	306（29，3）	1.1250（29，7）	0（29，6）
8	环境/生态学	166（28，5）	223（28，4）	1.3434（29，8）	1（21，2）
9	地球科学	58（28，15）	79（28，13）	1.3621（23，9）	0（25，6）
10	免疫学	16（29，18）	41（30，16）	2.5625（22，10）	0（17，6）
11	材料科学	289（26，2）	411（26，2）	1.4221（29，11）	0（28，6）
12	数学	82（28，10）	152（25，5）	1.8537（3，12）	3（21，1）
13	微生物学	36（29，16）	66（27，15）	1.8333（22，13）	0（20，6）
14	分子生物与遗传学	77（28，12）	87（29，11）	1.1299（26，14）	0（20，6）
15	综合交叉学科	60（28，14）	25（30，17）	0.4167（29，15）	0（26，6）
16	神经科学与行为	18（29，17）	16（29，18）	0.8889（28，16）	0（17，6）
17	药理学与毒物学	109（27，8）	89（31，10）	0.8165（30，17）	0（27，6）
18	物理学	166（26，5）	150（27，6）	0.9036（29，18）	0（22，6）
19	植物与动物科学	114（28，7）	86（29，12）	0.7544（28，19）	0（22，6）
20	精神病学/心理学	4（30，20）	3（30，21）	0.7500（27，20）	0（15，6）
21	一般社会科学	15（29，19）	7（29，19）	0.4667（28，21）	0（21，6）
全区合计		2450	2867	1.1702	8

资料来源：科技大数据湖北省重点实验室

注：学科排序同 ESI 学科固定排序

	机构综合排名	农业科学	化学	临床医学	工程科学	环境/生态学	机构进入ESI学科数
内蒙古大学	2940	—	1345	—	1654	1193	3
内蒙古农业大学	4309	632	—	—	—	—	1
内蒙古医科大学	4420	—	—	2652	—	—	1

图 3-115　2020 年内蒙古自治区各机构进入 ESI 前 1%的学科及排名

资料来源：科技大数据湖北省重点实验室

表 3-148　2020 年内蒙古自治区发明专利申请量十强技术领域

序号	IPC 号（技术领域）	发明专利申请量/件
1	G01N（小类中化学分析方法或化学检测方法）	160
2	C22C［合金（合金的处理入 C21D、C22F）］	140
3	G06F（电子数字数据处理）	113
4	A01G［园艺；蔬菜、花卉、稻、果树、葡萄、啤酒花或海菜的栽培；林业；浇水（水果、蔬菜、啤酒花等类植物的采摘入 A01D46/00；繁殖单细胞藻类入 C12N1/12）］	105
5	A61K［医用、牙科用或梳妆用的配制品（专门适用于将药品制成特殊的物理或服用形式的装置或方法 A61J 3/00；空气除臭，消毒或灭菌，或者绷带、敷料、吸收垫或外科用品的化学方面，或材料的使用入 A61L；肥皂组合物入 C11D）］	102
6	G06Q（专门适用于行政、商业、金融、管理、监督或预测目的的数据处理系统或方法；其他类目不包含的专门适用于行政、商业、金融、管理、监督或预测目的的处理系统或方法）	82

续表

序号	IPC 号（技术领域）	发明专利申请量/件
7	B01D［分离（用湿法从固体中分离固体入 B03B、B03D，用风力跳汰机或摇床入 B03B，用其他干法入 B07；固体物料从固体物料或流体中的磁或静电分离，利用高压电场的分离入 B03C；离心机、涡旋装置入 B04B；涡旋装置入 B04C；用于从含液物料中挤出液体的压力机本身入 B30B 9/02）］	81
8	C02F［水、废水、污水或污泥的处理（通过在物质中产生化学变化使有害的化学物质无害或降低危害的方法入 A62D 3/00；分离、沉淀箱或过滤设备入 B01D；有关处理水、废水或污水生产装置的水运容器的特殊设备，例如用于制备淡水入 B63J；为防止水的腐蚀用的添加物质入 C23F；放射性废液的处理入 G21F 9/04）］	78
	C12N［微生物或酶；其组合物（杀生剂、害虫驱避剂或引诱剂，或含有微生物、病毒、微生物真菌、酶、发酵物的植物生长调节剂，或从微生物或动物材料产生或提取制得的物质入 A01N63/00；药品入 A61K；肥料入 C05F）；繁殖、保藏或维持微生物；变异或遗传工程；培养基（微生物学的试验介质入 C12Q1/00）］	78
10	A23L［不包含在 A21D 或 A23B 至 A23J 小类中的食品、食料或非酒精饮料；它们的制备或处理，例如烹调、营养品质的改进、物理处理（不能为本小类完全包含的成型或加工入 A23P）；食品或食料的一般保存（用于烘焙的面粉或面团的保存入 A21D）］	76
全区合计		3973

资料来源：科技大数据湖北省重点实验室

表 3-149　2020 年内蒙古自治区发明专利申请量优势企业和科研机构

序号	优势企业	发明专利申请量/件	序号	优势科研机构	发明专利申请量/件
1	包头钢铁（集团）有限责任公司	227	1	内蒙古工业大学	187
2	内蒙古电力（集团）有限责任公司内蒙古电力科学研究院分公司	82	2	内蒙古农业大学	127
3	中国二冶集团有限公司	32	3	内蒙古科技大学	83
4	内蒙古第一机械集团股份有限公司	26	4	内蒙古自治区农牧业科学院	71
5	内蒙古蒙牛乳业（集团）股份有限公司	18	5	内蒙古大学	62
6	神华包神铁路集团有限责任公司	16	6	包头稀土研究院	57
	鄂尔多斯市瀚博科技有限公司		7	内蒙古民族大学	34
8	内蒙古昆明卷烟有限责任公司	15	8	中国农业科学院草原研究所	25
9	内蒙古久科康瑞环保科技有限公司	14	9	水利部牧区水利科学研究所	24
	包头常铝北方铝业有限责任公司		10	内蒙古医科大学	20
	国网内蒙古东部电力有限公司		11	内蒙古师范大学	16
12	内蒙古赛思普科技有限公司	13	12	鄂尔多斯应用技术学院	15
	神华准能资源综合开发有限公司		13	内蒙古自治区生物技术研究院	13
14	中天合创能源有限责任公司化工分公司	12	14	呼伦贝尔学院	8
	内蒙古万众炜业科技环保股份公司		15	内蒙古自治区林业科学研究院	7
	内蒙古拜克生物有限公司		16	中国科学院包头稀土研发中心	6
	内蒙古浦瑞芬环保科技有限公司			赤峰学院	
	内蒙古铂贝曼科技有限公司		18	内蒙合成化工研究所	5
19	内蒙古北方重型汽车股份有限公司	11		包头职业技术学院	
	国网内蒙古东部电力有限公司呼伦贝尔供电公司			锡林郭勒职业学院	

资料来源：科技大数据湖北省重点实验室

表 3-150　2020 年内蒙古自治区获得国家科技奖励机构清单

序号	获奖机构	获奖数量/项		
		总计	主持	参与
1	内蒙古普因药业有限公司	1	0	1
2	中国移动通信集团有限公司	1	1	0
3	内蒙古自治区测绘地理信息局	1	1	0

资料来源：科技大数据湖北省重点实验室

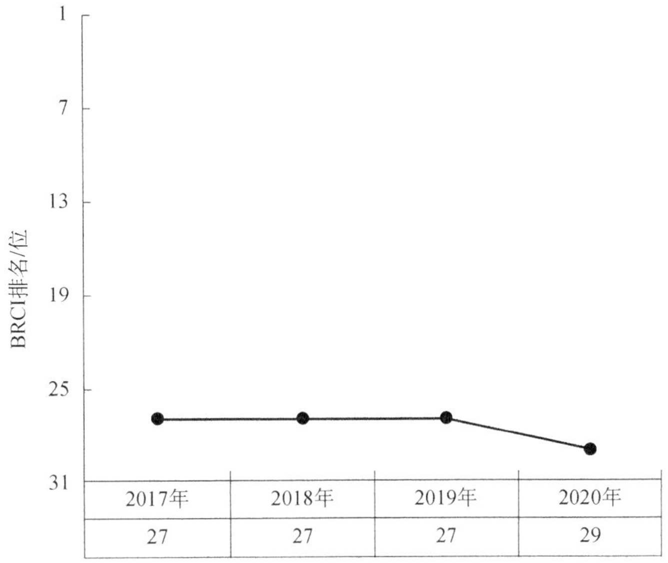

图 3-116　2017～2020 年内蒙古自治区 BRCI 排名变化趋势

资料来源：科技大数据湖北省重点实验室

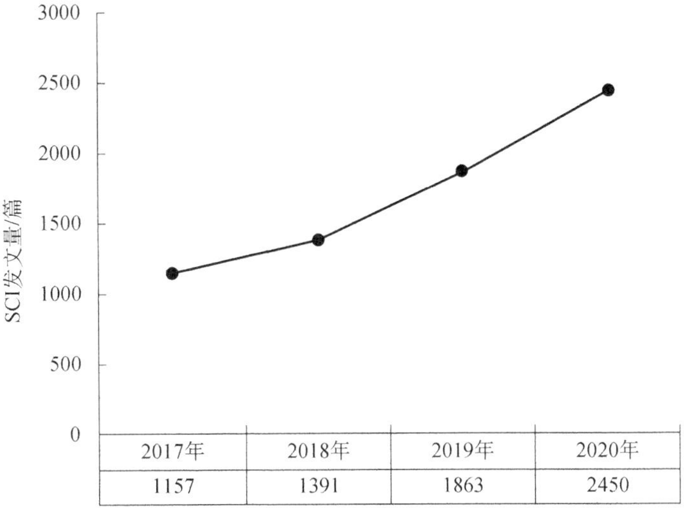

图 3-117　2017～2020 年内蒙古自治区 SCI 发文趋势

资料来源：科技大数据湖北省重点实验室

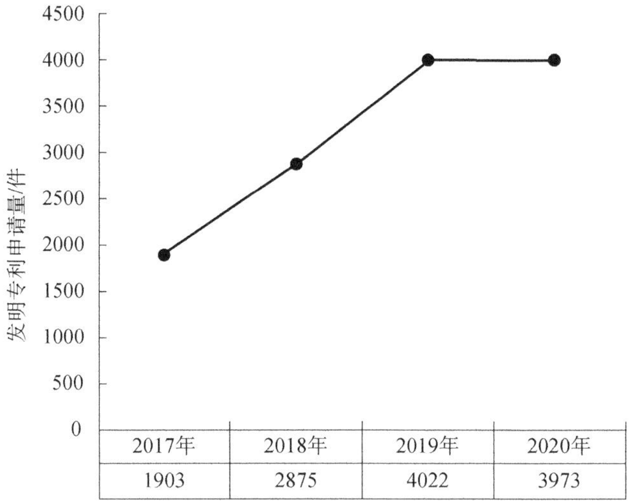

图 3-118　2017～2020 年内蒙古自治区发明专利申请趋势

资料来源：科技大数据湖北省重点实验室

3.3.30　西藏自治区

2020 年，西藏自治区的基础研究竞争力指数为 37.1820，排名第 30 位。综合全区各学科论文数和篇均被引量来看，2020 年西藏自治区在全自治区范围内较为活跃的学科为环境科学、植物学、生物化学与分子生物学、生态学、遗传学、微生物学、进化生物学、动物学。其中，环境科学的高频词包括青藏高原等；植物学与生物化学与分子生物学的高频词包括青稞等（表 3-151）。西藏自治区综合交叉学科、植物与动物科学学科领域均发表高水平论文 1 篇（表 3-152）；发明专利申请量共 477 件，全国排名第 31（表 3-153）；主要专利权人如表 3-154 所示；获得国家奖励的科研机构如表 3-155 所示。

2017～2020 年，西藏自治区 BRCI 排名在第 30 位和第 31 位之间波动（图 3-119）；SCI 论文数呈上升趋势（图 3-120），2020 年有所下降；发明专利申请量呈波动趋势（图 3-121）。

2020 年，西藏自治区地方财政科技投入经费 3.92 亿元，全国排名第 31 位；获得国家科技奖励 1 项，全国排名第 30 位。截至 2021 年 9 月，西藏自治区拥有国家重点实验室 1 个，省级重点实验室 23 个；拥有院士 1 人，全国排名第 28 位。

表 3-151　2020 年西藏自治区基础研究 SCI 活跃学科及高频词

序号	活跃学科	SCI 学科活跃度	高频词（词频）
1	环境科学	1.60	青藏高原（2）
2	植物学	1.44	青稞（2）
3	生物化学与分子生物学	1.42	青稞（2）
4	生态学	1.36	青藏高原（2）
5	遗传学	0.73	系统发育分析（6）；线粒体基因组（4）；叶绿体基因组（3）；完整的叶绿体基因组（2）；濒危物种（2）；喜马拉雅紫茉莉（2）
6	微生物学	0.63	宏基因组组装基因组（2）
7	进化生物学	0.45	牦牛（2）
8	动物学	0.37	高海拔（2）

资料来源：科技大数据湖北省重点实验室

表 3-152　2020 年西藏自治区各学科 SCI 论文发文情况

序号	ESI 学科	论文数/篇（全国排名，区内排名）	被引次数/次（全国排名，区内排名）	篇均被引/次（全国排名，区内排名）	高水平论文/篇（全国排名，区内排名）
1	农业科学	1（33，16）	0（33，13）	0.0000（31，1）	0（24，3）
2	生物学与生物化学	9（33，4）	12（33，4）	1.3333（28，2）	0（23，3）
3	化学	5（33，8）	3（33，8）	0.6000（31，3）	0（30，3）
4	临床医学	8（33，6）	2（34，9）	0.2500（31，4）	0（24，3）
5	工程科学	10（33，3）	2（33，9）	0.2000（31，5）	0（29，3）
6	环境/生态学	7（33，7）	13（33，3）	1.8571（25，6）	0（26，3）
7	地球科学	3（33，10）	0（33，13）	0.0000（31，7）	0（25，3）
8	免疫学	2（33，14）	0（34，13）	0.0000（31，8）	0（17，3）
9	材料科学	3（33，10）	6（33，6）	2.0000（28，9）	0（28，3）
10	数学	1（33，16）	0（33，13）	0.0000（31，10）	0（26，3）
11	微生物学	3（33，10）	6（31，6）	2.0000（20，11）	0（20，3）
12	分子生物与遗传学	12（33，2）	0（33，13）	0.0000（31，12）	0（20，3）
13	综合交叉学科	9（33，4）	18（31，2）	2.0000（18，13）	1（25，1）
14	神经科学与行为	1（33，16）	2（33，9）	2.0000（6，14）	0（17，3）
15	药理学与毒物学	5（33，8）	12（33，4）	2.4000（3，15）	0（27，3）
16	植物与动物科学	18（32，1）	23（30，1）	1.2778（20，16）	1（19，1）
17	一般社会科学	3（32，10）	1（32，12）	0.3333（30，17）	0（21，3）
18	空间科学	2（29，14）	0（29，13）	0.0000（28，18）	0（3，3）
全区合计		111	105	0.9459	2

资料来源：科技大数据湖北省重点实验室
注：学科排序同 ESI 学科固定排序

表 3-153　2020 年西藏自治区发明专利申请量十强技术领域

序号	IPC 号（技术领域）	发明专利申请量/件
1	A61K [医用、牙科用或梳妆用的配制品（专门适用于将药品制成特殊的物理或服用形式的装置或方法 A61J 3/00；空气除臭，消毒或灭菌，或者绷带、敷料、吸收垫或外科用品的化学方面，或材料的使用入 A61L；肥皂组合物入 C11D）]	22
2	A01K（畜牧业；禽类、鱼类、昆虫的管理；捕鱼；饲养或养殖其他类不包含的动物；动物的新品种）	16
	G01N（小类中化学分析方法或化学检测方法）	16
	G06F（电子数字数据处理）	16
5	A23L [不包含在 A21D 或 A23B 至 A23J 小类中的食品、食料或非酒精饮料；它们的制备或处理，例如烹调、营养品质的改进、物理处理（不能为本小类完全包含的成型或加工入 A23P）；食品或食料的一般保存（用于烘焙的面粉或面团的保存入 A21D）]	15
6	A01G [园艺；蔬菜、花卉、稻、果树、葡萄、啤酒花或海菜的栽培；林业；浇水（水果、蔬菜、啤酒花等类植物的采摘入 A01D46/00；繁殖单细胞藻类入 C12N1/12）]	13
7	C02F [水、废水、污水或污泥的处理（通过在物质中产生化学变化使有害的化学物质无害或降低危害的方法入 A62D 3/00；分离、沉淀箱或过滤设备入 B01D；有关处理水、废水或污水生产装置的水运容器的特殊设备，例如用于制备淡水入 B63J；为防止水的腐蚀用的添加物质入 C23F；放射性废液的处理入 G21F 9/04）]	11
8	F16B [紧固或固定构件或机器零件用的器件，如钉、螺栓、簧环、夹、卡箍或楔；连接件或连接（用于传送旋转运动的联轴器入 F16D）]	9
9	C12Q（包含酶、核酸或微生物的测定或检验方法（免疫检测入 G01N33/53）；其所用的组合物或试纸；这种组合物的制备方法；在微生物学方法或酶学方法中的条件反应控制）	7
10	B01D [分离（用湿法从固体中分离固体入 B03B、B03D，用风力跳汰机或摇床入 B03B，用其他干法入 B07；固体物料从固体物料或流体中的磁或静电分离，利用高压电场的分离入 B03C；离心机、涡旋装置入 B04B；涡旋装置入 B04C；用于从含液物料中挤出液体的压力机本身入 B30B 9/02）]	6
	B02C [一般破碎、研磨或粉碎；碾磨谷物（用破碎、磨碎或碾磨方法制取金属粉末入 B22F 9/04）]	6
全区合计		137

资料来源：科技大数据湖北省重点实验室

表 3-154　2020 年西藏自治区发明专利申请量优势企业和科研机构

序号	优势企业	发明专利申请量/件
1	西藏新好科技有限公司	12
2	西藏天虹科技股份有限责任公司	11
3	西藏净源科技有限公司	10
	西藏昌都高争建材股份有限公司	
5	西藏华阳供热工程服务有限公司	9
6	西藏神州瑞霖环保科技股份有限公司	6
7	万兴科技集团股份有限公司	5
	西藏达热瓦青稞酒业股份有限公司	
9	华能西藏雅鲁藏布江水电开发投资有限公司	4
	君泰天创工程咨询有限公司	
	西藏中环热力技术有限公司	
	西藏天湖放牧人农牧科技开发有限公司	
	西藏德康生物科技有限公司	
	西藏道一科技设备有限公司	
	西藏阿秘达藏药有限责任公司	
16	中国烟草总公司西藏自治区公司	3
	西藏天路股份有限公司	
	西藏宁算科技集团有限公司	
	西藏杰措康巴牦牛产业有限公司	
20	国网西藏电力有限公司拉萨供电公司	2
	天阳宏业科技股份有限公司	
	拉萨市暖心供暖供气服务有限责任公司	
	拉萨波玛拉生物科技有限公司	
	日喀则市鼎峰养殖有限责任公司	
	曲水净土玫瑰产业开发有限公司	
	朗明智诚科技股份有限公司	
	西藏云朵玫瑰科技有限公司	
	西藏君怡装饰材料有限公司	
	西藏天源路桥有限公司	
	西藏富鼎实业有限公司	
	西藏智材新材料有限公司	
	西藏涛扬新型建材科技有限公司	
	西藏湛恩新能源科技有限公司	
	西藏睿雪信息科技有限公司	
	西藏藏雄特色农产品科技发展有限公司	

序号	优势科研机构	发明专利申请量/件
1	西藏大学	23
2	西藏自治区农牧科学院水产科学研究所	20
3	西藏自治区农牧科学院农业研究所	8
4	西藏自治区农牧科学院农业质量标准与检测研究所	7
	西藏藏医药大学	
6	西藏自治区农牧科学院畜牧兽医研究所	6
7	西藏自治区农牧科学院蔬菜研究所	5
8	西藏自治区农牧科学院农业资源与环境研究所	3
	西藏自治区农牧科学院农产品开发与食品科学研究所	
10	西藏职业技术学院	2
	西藏自治区农牧科学院草业科学研究所	
12	拉萨市高原生物研究所	1
	西藏自治区高原生物研究所	

资料来源：科技大数据湖北省重点实验室

表 3-155　2020 年西藏自治区获得国家科技奖励机构清单

序号	获奖机构	获奖数量/项		
		总计	主持	参与
1	国网西藏电力有限公司	1	0	1

资料来源：科技大数据湖北省重点实验室

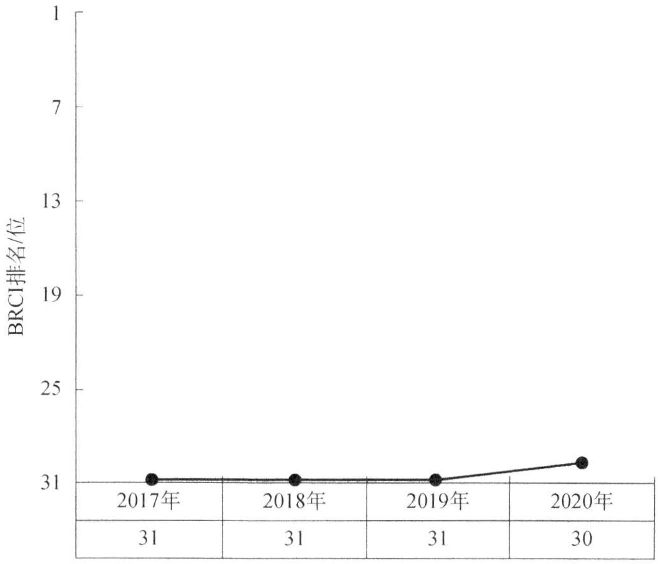

图 3-119　2017～2020 年西藏自治区 BRCI 排名变化趋势

资料来源：科技大数据湖北省重点实验室

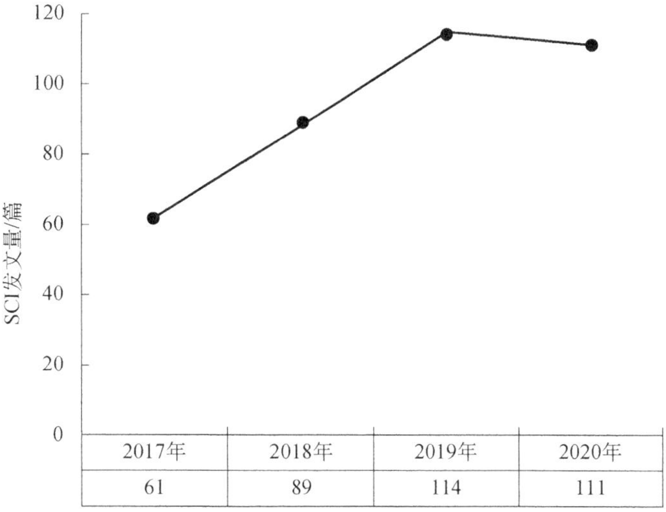

图 3-120　2017～2020 年西藏自治区 SCI 发文趋势

资料来源：科技大数据湖北省重点实验室

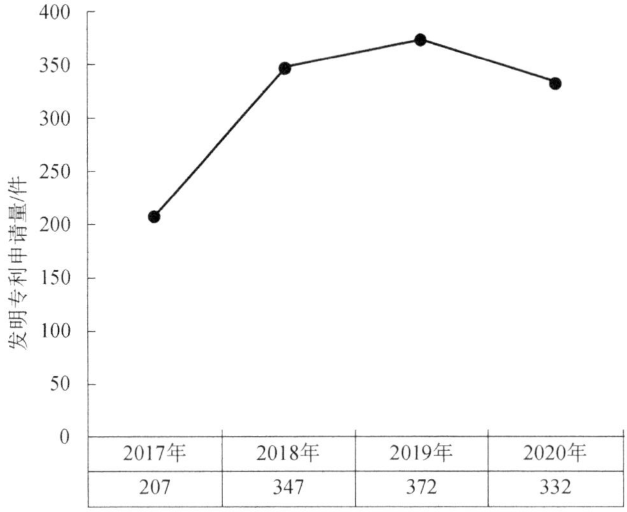

图 3-121 2017～2020 年西藏自治区发明专利申请趋势
资料来源：科技大数据湖北省重点实验室

3.3.31 海南省

2020 年，海南省的基础研究竞争力指数为 36.7080，排名第 31 位。综合全省各学科论文数和篇均被引量来看，2020 年海南省在全省范围内较为活跃的学科为危重病医学、植物学、多学科材料、生物化学与分子生物学、结合与补充医学、多学科化学、纳米科学与技术、物理化学、食品科学、环境科学。其中，危重病医学的高频词包括心脏按压心脏骤停、复苏等，植物学的高频词包括分类、木薯、叶斑病、香蕉、真菌、脱落酸、干旱胁迫、遗传多样性等，多学科材料的高频词包括稳定、气凝胶薄膜、碳纳米管、阴极材料、新型冠状病毒肺炎、DDOS 攻击检测、动态拉伸试验等（表 3-156）。综合全省各学科在全国的发文数量和排名位次来看，2020 年海南省基础研究在全国范围内较为突出的学科为鸟类学、渔业、水生生物学、湖沼生物学、海洋学、园艺、农艺学、热带医学、器官移植、生物心理学。海南省综合交叉学科、材料科学、植物与动物科学学科领域发表高水平论文数量分别为 4 篇、2 篇、2 篇（表 3-157）；共有 3 个机构进入相关学科的 ESI 全球前 1%行列（图 3-122）；发明专利申请量共 2160 件，全国排名第 29（表 3-158）；主要专利权人如表 3-159 所示。

2017～2020 年，海南省 BRCI 排名在第 28 位和第 31 位之间波动（图 3-123），SCI 论文数呈上升趋势（图 3-124），发明专利申请量呈上升趋势（图 3-125）。

2020 年，海南省地方财政科技投入经费 35.6652 亿元，全国排名第 23 位。截至 2021 年 9 月，海南省拥有国家重点实验室 1 个，省级重点实验室 75 个，省实验室 1 个。

表 3-156 2020 年海南省基础研究 SCI 活跃学科及高频词

序号	活跃学科	SCI 学科活跃度	高频词（词频）
1	危重病医学	2.47	心脏按压心脏骤停（2）；复苏（2）
2	植物学	2.38	分类（7）；木薯（6）；叶斑病（6）；香蕉（5）；真菌（5）；脱落酸（4）；干旱胁迫（4）；遗传多样性（4）；病原体检测（4）；转录因子（4）；鳄梨（3）；抗病性（3）；草本开花植物（3）；橡胶树取代巴西橡胶树（3）；观赏植物（3）；活性氧（3）；RNA-seq（3）；龙胆科植物（3）

续表

序号	活跃学科	SCI 学科活跃度	高频词（词频）
3	多学科材料	2.29	稳定（3）；气凝胶薄膜（2）；碳纳米管（2）；阴极材料（2）；新型冠状病毒肺炎（2）；DDOS 攻击检测（2）；动态拉伸试验（2）；析氢反应（2）；羟磷灰石（2）；锂电池（2）；锂离子电池（2）；氧化还原反应（2）；光催化作用（2）；聚偕胺肟（2）；隐私保护（2）；海水（2）；自洁（2）；溶液纺丝（2）；应变率（2）；铀提取（2）
4	生物化学与分子生物学	2.14	抗炎作用（3）；多糖（3）；扩散（3）；转录组（3）；抗菌活性（2）；抗菌肽（2）；抗氧化活性（2）；抗增殖活动（2）；细胞凋亡（2）；香蕉（2）；胶孢炭疽菌（2）；细胞毒性（2）；氨基末端激酶（2）；核因子 κB（2）；多酮类化合物（2）；海藻酸丙二醇酯（2）
5	结合与补充医学	2.11	新型冠状病毒肺炎（2）
6	多学科化学	2.09	铀提取（4）；细胞毒性（3）；气凝胶薄膜（2）；碳纳米管（2）；刺盘孢属、炭疽（2）；直接电化学（2）；氟化作用（2）；铱（Ⅲ）复合物（2）；锂离子电池（2）；光致发光（2）；传感器（2）
7	纳米科学与技术	2.09	气凝胶薄膜（2）；碳纳米管（2）；配位聚合物（2）；功能纳米材料（2）；羟磷灰石（2）；纳米流体力学（2）；聚偕胺肟（2）；海水（2）；铀提取（2）
8	物理化学	2.08	稳定（4）；氧化还原反应（3）；气凝胶薄膜（2）；碳纳米管（2）；蒙脱石（2）；有机蒙脱土（2）；聚偕胺肟（2）；海水（2）；自洁（2）；海藻酸钠（2）；铀提取（2）
9	食品科学	2.05	肠道微生物群（3）；褪黑激素（3）；淀粉（3）；氨基酸（2）；抗氧化剂（2）；木薯（2）；绿原酸（2）；能量状态（2）；金鲳鱼（2）；炎症（2）；肠屏障（2）；荔枝（2）；微观结构（2）；物理化学性质（2）；多糖（2）；风险评估（2）；罗非鱼（2）；番茄（2）；超声治疗（2）；挥发性化合物（2）
10	环境科学	2.05	生物炭（4）；可持续发展（3）；急性毒性（2）；沿海水域（2）；冷渗（2）；森林砍伐（2）；分布（2）；重金属（2）；印度太平洋驼背海豚（2）；影响因素（2）；海洋环境（2）；塑料微粒（2）；邻苯二甲酸（2）；钯（2）；植物多样性（2）；污染（2）；QuEChERs（2）；橡胶种植园（2）；热带土壤（2）；城市绿色空间（2）

资料来源：科技大数据湖北省重点实验室

表 3-157 2020 年海南省各学科 SCI 论文发文情况

序号	ESI 学科	论文数/篇（全国排名，省内排名）	被引次数/次（全国排名，省内排名）	篇均被引/次（全国排名，省内排名）	高水平论文/篇（全国排名，省内排名）
1	农业科学	121（27，4）	315（22，3）	2.6033（3，1）	1（19，5）
2	生物学与生物化学	95（28，7）	187（29，7）	1.9684（17，2）	0（23，11）
3	化学	218（29，2）	476（30，1）	2.1835（25，3）	1（28，5）
4	临床医学	137（29，3）	213（28，6）	1.5547（18，4）	1（22，5）
5	计算机科学	37（30，13）	83（28，12）	2.2432（16，5）	0（23，11）
6	经济与商学	11（26，18）	15（25，18）	1.3636（23，6）	0（20，11）
7	工程科学	95（31，7）	176（31，8）	1.8526（26，7）	2（28，2）
8	环境/生态学	92（29，9）	149（29，9）	1.6196（28，8）	1（21，5）
9	地球科学	33（29，14）	22（31，17）	0.6667（30，9）	0（25，11）
10	免疫学	11（30，18）	306（20，4）	27.8182（1，10）	1（14，5）
11	材料科学	86（30，10）	328（28，2）	3.8140（4，11）	2（25，2）
12	数学	29（31，15）	11（31，19）	0.3793（29，12）	0（26，11）
13	微生物学	57（25，12）	71（26，13）	1.2456（28，13）	0（20，11）
14	分子生物与遗传学	111（27，5）	137（27，10）	1.2342（24，14）	0（20，11）
15	综合交叉学科	61（27，11）	48（28，14）	0.7869（28，15）	4（21，1）
16	神经科学与行为	11（31，18）	9（31，20）	0.8182（29，16）	0（17，11）
17	药理学与毒物学	103（29，6）	100（30，11）	0.9709（29，17）	1（21，5）
18	物理学	28（29，16）	32（30，15）	1.1429（26，18）	0（22，11）

续表

序号	ESI 学科	论文数/篇（全国排名，省内排名）	被引次数/次（全国排名，省内排名）	篇均被引/次（全国排名，省内排名）	高水平论文/篇（全国排名，省内排名）
19	植物与动物科学	241（21，1）	257（22，5）	1.0664（23，19）	2（16，2）
20	精神病学/心理学	11（28，18）	9（28，20）	0.8182（26，20）	0（15，11）
21	一般社会科学	17（28，17）	29（27，16）	1.7059（15，21）	0（21，11）
22	空间科学	1（30，22）	0（29，22）	0.0000（27，22）	0（3，11）
全省合计		1711	3012	1.7604	14

资料来源：科技大数据湖北省重点实验室

注：学科排序同 ESI 学科固定排序

	机构综合排名	农业科学	化学	临床医学	材料科学	植物与动物科学	机构进入ESI学科数
海南大学	2571	791	1169	—	816	874	4
中国热带农业科学院	3614	636	—	—	—	769	2
海南医学院	4350	—	—	3153	—	—	1

图 3-122　2020 年海南省各机构进入 ESI 前 1%的学科及排名

资料来源：科技大数据湖北省重点实验室

表 3-158　2020 年海南省发明专利申请量十强技术领域

序号	IPC 号（技术领域）	发明专利申请量/件
1	A61K［医用、牙科用或梳妆用的配制品（专门适用于将药品制成特殊的物理或服用形式的装置或方法 A61J 3/00；空气除臭，消毒或灭菌，或者绷带、敷料、吸收垫或外科用品的化学方面，或材料的使用入 A61L；肥皂组合物入 C11D）］	148
2	G06F（电子数字数据处理）	124
3	G01N（小类中化学分析方法或化学检测方法）	102
4	G06Q（专门适用于行政、商业、金融、管理、监督或预测目的的数据处理系统或方法；其他类目不包含的专门适用于行政、商业、金融、管理、监督或预测目的的处理系统或方法）	90
5	A01G［园艺；蔬菜、花卉、稻、果树、葡萄、啤酒花或海菜的栽培；林业；浇水（水果、蔬菜、啤酒花等类植物的采摘入 A01D46/00；繁殖单细胞藻类入 C12N1/12）］	87
6	A01K（畜牧业；禽类、鱼类、昆虫的管理；捕鱼；饲养或养殖其他类不包含的动物；动物的新品种）	67
7	C12N［微生物或酶；其组合物（杀生剂、害虫驱避剂或引诱剂，或含有微生物、病毒、微生物真菌、酶、发酵物的植物生长调节剂，或从微生物或动物材料产生或提取制得的物质入 A01N63/00；药品入 A61K；肥料入 C05F）；繁殖、保藏或维持微生物；变异或遗传工程；培养基（微生物学的试验介质入 C12Q1/00）］	64
8	A23L［不包含在 A21D 或 A23B 至 A23J 小类中的食品、食料或非酒精饮料；它们的制备或处理，例如烹调、营养品质的改进、物理处理（不能为本小类完全包含的成型或加工入 A23P）；食品或食料的一般保存（用于烘焙的面粉或面团的保存入 A21D）］	56
	C02F［水、废水、污水或污泥的处理（通过在物质中产生化学变化使有害的化学物质无害或降低危害的方法入 A62D 3/00；分离、沉淀箱或过滤设备入 B01D；有关处理水、废水或污水生产装置的水运容器的特殊设备，例如用于制备淡水入 B63J；为防止水的腐蚀用的添加物质入 C23F；放射性废液的处理入 G21F 9/04）］	56
10	C12Q［包含酶、核酸或微生物的测定或检验方法（免疫检测入 G01N33/53）；其所用的组合物或试纸；这种组合物的制备方法；在微生物学方法或酶学方法中的条件反应控制］	47
全省合计		2160

资料来源：科技大数据湖北省重点实验室

表 3-159 2020 年海南省发明专利申请量优势企业和科研机构

序号	优势企业	发明专利申请量/件	序号	优势科研机构	发明专利申请量/件
1	海南电网有限责任公司电力科学研究院	46	1	海南大学	284
2	海南电网有限责任公司	35	2	海南师范大学	65
3	海南金盘智能科技股份有限公司	27	3	海南医学院	42
4	海南太美航空股份有限公司	26	4	中国热带农业科学院热带生物技术研究所	39
5	海南晨海水产有限公司	23	5	海南热带海洋学院	28
6	爱诗欧迪生物科技（海南）有限公司	20	6	中国科学院深海科学与工程研究所	25
7	德鲁动力科技（海南）有限公司	19	7	中国热带农业科学院热带作物品种资源研究所	21
	牛津（海南）区块链研究院有限公司		8	中国热带农业科学院橡胶研究所	19
9	海南波莲水稻基因科技有限公司	18		中国热带农业科学院环境与植物保护研究所	
	海南聚能科技创新研究院有限公司		10	海南经贸职业技术学院	15
11	海南广军实业有限公司	17	11	中国热带农业科学院椰子研究所	13
12	海南中金德航科技股份有限公司	15	12	中国热带农业科学院海口实验站	10
13	中生源（海南）生态环境发展有限公司	13		中国热带农业科学院香料饮料研究所	
14	海口健康岛生物科技有限公司	12		海南科技职业大学	
15	一码一路（海南）人工智能有限公司	11	15	三亚中科遥感研究所	8
	海南中橡科技有限公司		16	海南省农业科学院热带园艺研究所	7
17	中康再生医学科技（海南）有限公司	10		琼台师范学院	
	拍拍看（海南）人工智能有限公司		18	海南省农业科学院农产品加工设计研究所	6
	海南发控智慧环境建设集团有限公司		19	三亚市南繁科学技术研究院	5
	海南电网有限责任公司信息通信分公司			中国热带农业科学院分析测试中心	
	海南耐威科技系统技术研究院有限公司			中国科学院声学研究所南海研究站	
				海南省林业科学研究院（海南省红树林研究院）	
				海南省水利水电勘测设计研究院	

资料来源：科技大数据湖北省重点实验室

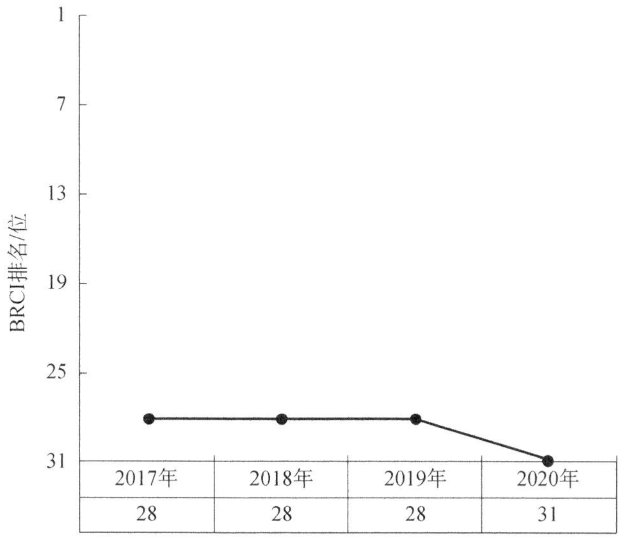

图 3-123 2017～2020 年海南省 BRCI 排名变化趋势

资料来源：科技大数据湖北省重点实验室

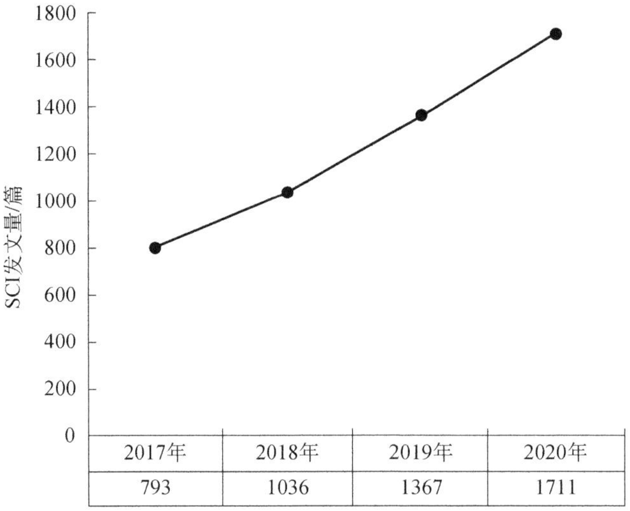

图 3-124　2017～2020 年海南省 SCI 发文趋势

资料来源：科技大数据湖北省重点实验室

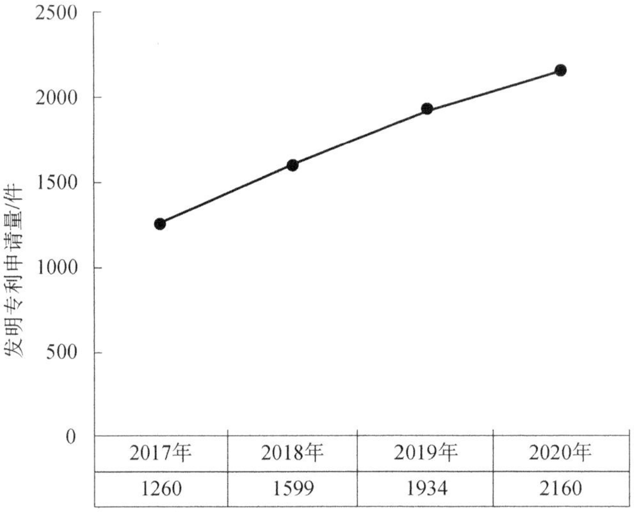

图 3-125　2017～2020 年海南省发明专利申请趋势

资料来源：科技大数据湖北省重点实验室